科学出版社"十四五"普通高等教育本科规划教材

自然语言处理原理与应用

刘　刚　编著

科 学 出 版 社
北 京

内 容 简 介

自然语言处理是一门集语言学、计算机科学、数学于一体的科学，它包含很广泛的内容，根据其应用目的不同，所采用的技术手段也不尽相同。本书从数理基础到模型介绍，再到生活应用，从不同的层次，由浅入深、循序渐进地展示一个完整的自然语言处理学习体系。

本书分两部分。第一部分为理论基础，其中第 1~4 章对什么是自然语言处理、当前主流的自然语言处理技术，以及目前自然语言处理遇到的困境进行介绍；第 5、6 章从数学基础、语言模型，以及词法分析、语义分析等方面介绍自然语言处理的底层逻辑和模型原理。第二部分为实践应用，第 7~11 章介绍自然语言处理在生活中的应用。

本书实用性强、案例贴近生活，每章配有习题及其答案，读者可以扫描二维码查看习题答案。

本书可作为"自然语言处理"课程的本科生教材，也可作为"人工智能""文本挖掘""语料库语言学"课程的辅导书，还可作为自然语言处理领域的入门书籍。

图书在版编目(CIP)数据

自然语言处理原理与应用 / 刘刚编著. — 北京：科学出版社，2023.10
科学出版社"十四五"普通高等教育本科规划教材
ISBN 978-7-03-076422-5

Ⅰ.①自⋯ Ⅱ.①刘⋯ Ⅲ.①自然语言处理－高等学校－教材
Ⅳ.①TP391

中国国家版本馆 CIP 数据核字(2023)第 177295 号

责任编辑：张丽花 于海云 / 责任校对：王 瑞
责任印制：赵 博 / 封面设计：马晓敏

科 学 出 版 社 出版
北京东黄城根北街 16 号
邮政编码：100717
http://www.sciencep.com

北京科印技术咨询服务有限公司数码印刷分部印刷
科学出版社发行 各地新华书店经销
*
2023 年 10 月第 一 版 开本：787×1092 1/16
2025 年 1 月第三次印刷 印张：16 3/4
字数：394 000
定价：59.00 元
(如有印装质量问题，我社负责调换)

前　言

这是一本有关自然语言处理的书,自然语言就是日常生活中交流所使用的语言,如汉语、英语、法语、西班牙语等。自然语言在日常生活的使用中大都较为口语化,很难总结完整的规则进行处理,不像编程语言这样可以通过格式加以限定。广义上"自然语言处理"包含所有用计算机对自然语言进行处理的操作,从简单的文本分类,到复杂的语义理解,都属于自然语言处理的范畴。

党的二十大报告指出:"教育、科技、人才是全面建设社会主义现代化国家的基础性、战略性支撑。"本书理论与实践相结合,案例丰富,操作性强,可以供不同学习目标的读者使用,以提高人才自主培养质量。

大多与自然语言处理相关的书籍过于偏向理论或者实践,当书籍过于偏向理论的时候,读者在阅读的过程中,很难把握其中的意思,阅读过后也并不清楚如何实现书中介绍的那些模型,更不清楚在现实生活中如何利用书中介绍的模型;相反,当书籍偏向实践的时候,读者只会跟着代码进行复现,而在为什么这么做以及如何对书中介绍的模型进行优化等方面就会缺少思考。

可以想象这样一个场景,清晨我们被闹钟叫起,我们找到手机说"Siri,帮我设定一个十分钟后的闹钟"。起床后我们看看早晨的英文报纸,有个单词不认识,于是打开了翻译软件。突然想起,买的快递应该到了,于是打开京东 App 与智能客服进行对话。以上在生活中很常见的情景用到了语音识别、机器翻译、聊天机器人等技术。自然语言处理作为一门迅速成长的技术,其很多理论和方法在大量的新语言技术中得到了广泛应用,所以对很多人来说,掌握自然语言处理知识是十分重要的。

本书内容按照由易到难,从理论到实践的方式进行编排。第 1 章讲述自然语言处理的基本概念,便于读者对自然语言处理的概念、用途,以及自然语言处理当前的主要难点有一个基本的了解。第 2 章对自然语言处理中所要用到的数学知识进行论述。第 3、4 章是全书中的重点内容,对目前主流的机器学习模型、深度学习模型进行详细的论述,为读者后续的实践应用打下基础。建议感兴趣的读者尝试推导书中介绍的各种模型,以加深理解。第 5、6 章介绍一些基本下游任务的实现,如文本分类、命名实体识别、问答等,讲述语言模型、马尔可夫模型等的应用,既涉及生活中常见的问题,又与基础模型直接相连,便于读者展开想象。第 7~11 章的内容是完全贴近日常生活生产中的应用,阐述理论知识(如深度学习神经网络)如何在生产生活中带来实际的价值。熟悉理论知识的读者可以跟着本书介绍的步骤来完成几项任务,一定会有更多的收获与感悟。

读者阅读本书的理论基础部分(第 1~6 章),会对自然语言处理中的大部分问题有了自己的认知,同时对自然语言处理中常见模型的原理结构也会有一定的了解。实践应用部分(第 7~11 章)通过生活中常见的一个个情景,让读者明白,在什么情况下应该采用什么样的手段进行处理,同时通过这部分内容的学习还可以回顾前面的知识。

通过本书将学到以下内容。

(1) 自然语言中的基本概念、自然语言处理当前面临的主要困难。

(2) 自然语言处理中需要的数学知识。

(3) 自然语言处理中常见的语言模型。

(4) 自然语言处理在现实生活中的场景应用。

(5) 当前社会中主流的自然语言处理技术。

在此，作者感谢参与本书编写和测试代码的课题组同事和研究生，他们对本书的撰写提供了宝贵的建议。

本书编写时间仓促及作者水平有限，若书中存在疏漏之处，敬请读者批评指正。

作　者

2023 年 2 月

目　　录

第一部分　理　论　基　础

第二部分　实 践 应 用

第一部分 理论基础

第1章 绪 论

本章导读

　　自然语言处理是将计算机学习、语言学习、心理学学习、数学学习集于一体的学科。它所处理的内容包括人类的语言机制、语言学习路程以及语言的生成方式等，同时也包括计算机和人类的交互能力。本章主要介绍自然语言处理的概念、发展历史，以及其当前面对的问题、困难和实际应用。读者在阅读完本章后，会对自然语言处理有一个基本的了解，熟悉相关的应用场景。

本章要点

　　(1) 自然语言的基本概念。
　　(2) 自然语言处理的发展历史。
　　(3) 自然语言处理面对的基本问题和主要困难。
　　(4) 自然语言处理的实际应用。

1.1 基 本 概 念

　　当今世界上所有的语言都是自然语言(Natural Language)，如汉语、英语和法语等。关于"处理"方面，在单靠人工处理的情况下，与其强调"自然"，不如学习专门的语言学。因此，这个"处理"必须由计算机来进行。但计算机毕竟不是人，它不能像人一样处理文本，必须有自己的处理方式。因此，自然语言处理是指计算机接收用户以自然语言形式输入的内容，通过对人为定义的算法的理解，在内部进行处理、计算等一系列操作，即模拟返回自然语言和用户期望。因此，就像机器解放了人的双手一样，自然语言处理的目的是用计算机代替人处理大量的自然语言信息。这是人工智能、计算机科学和信息技术的交叉点，包括了统计学、语言学等知识。

1. 自然语言

　　语言是区分人类与其他动物的重要特征。在所有生物中，只有人类有说话的能力，

人类的许多智力都与语言密切相关，人类的逻辑思维是以语言的形式出现的，而人类的大部分知识都是以语言的形式记录和继承的，因此，它是人工智能的重要核心部分。自然语言通常是指随着文化自然演变的语言，是人类交流和思考的主要工具。同样地，自然语言处理研究充满了魅力和挑战。

2. 自然语言处理

自然语言处理(Natural Language Processing，NLP)是指人类在交流中使用的自然语言和计算机交流，自然语言经过人工处理以使计算机能够阅读和理解它，自然语言处理的研究始于对人机翻译的研究。自然语言处理包括语音、语法、语义和语用学等多维研究方法。本质上，管理自然语言的基本任务是使用自然语言词典进行一种词频分析，对语言中的一些词进行处理，研究相关语境意义等。

自然语言处理包括对语言进行相应的计算机处理、计算机理解及计算机生成，进行相应处理后人可以和计算机进行交互，相关内容包含自然语言理解和生成两部分，相当于理解完成后，根据对应的理解内容去生成对应的结果。

3. 自然语言处理标准

如何去评判"理解"呢？一个怎么样的结果是好的理解结果呢？针对其评判标准方面，英国数学家图灵提出了著名的"图灵测试"，该测试就是将计算机当作一个有意识的实体进行对应的语言理解和语言生成，在两个实体(一台计算机和一个人)之间进行交互，确定双方能否理解并回答对方的问题，将能否通过这样一种测试作为评判计算机是否能够正常进行自然语言处理的标准。在问答系统、文本摘要、机器翻译等领域，人们通常使用图灵测试来检查计算机系统是否具备语言理解和生成能力。

根据人和机器之间的交互输入与输出确定计算机系统是否具备语言理解的能力，这样能够有效帮助人们优化计算机系统。因此在开发计算机理解能力的同时，也要尽可能满足人类理解的标准和要求，以利于后续的改进和优化。

1.2 自然语言处理的产生与发展

在英国数学家图灵提出著名的"图灵测试"后，开始有了自然语言处理的思想，在20世纪50～70年代，自然语言处理一般采用的是基于规则的方法，因为人类学习自然语言的过程也是按照规则进行的，所以也可以采用相同的方法让计算机进行相应的处理。但是基于规则的方法有个很显著的缺点，就是语言规则太多了，没办法用一条规则去处理所有的自然语言句子，而且这种开发模式对程序员的要求很高，程序员必须精通语言学才能够进行规则的制定。

随着20世纪80年代以来计算机硬件及互联网的极速发展，许多以前无法实现的语料库能够成功建立，原先基于规则的方法逐步被基于统计的方法所替代，各种语言模型更换了训练规则后，在实体抽取、文本分类、语音识别等自然语言处理任务上都有了很大的进步，并且随着语料库的不断扩增，其准确率还在稳步上升中，基于统计的方法也从学术界慢慢推广到工业界中。

从 2008 年至今,在图像识别和语音识别成果的推动下,人们慢慢开始采用深度学习进行自然语言处理研究。2013 年第一个词向量 Word2Vec 被提出,深度学习和自然语言处理成功结合。这种结合在机器翻译、问答系统和阅读理解等领域取得了很大的成功。深度学习是一个多层神经网络,从一个输入层开始,得到一个逐层非线性变化的输出,从而实现输入到输出的端到端训练。准备好输入和输出对数据后,可以设计、训练和执行希望神经网络执行的任何操作,RNN 是自然语言处理中最常用的技术之一。

1.3 基本问题和主要困难

1.3.1 自然语言处理的基本问题

自然语言处理研究的问题非常广泛,根据不同应用的目的,大致可以列出以下几个基本问题。

1. 机器翻译

机器翻译(Machine Translation)也可以理解为机器自动翻译,和人类翻译相似,当机器读取到一种语言时,输出另一种语言,一般翻译过程有两种情况:基于转换和基于中间语言的方法。传统的机器翻译方式是构建对应的神经网络,通过神经网络计算获得翻译后的结果。而近些年比较流行基于编码器的神经机器翻译模型,对于输入的语言将其编码成一个固定长度的向量,然后通过对应的解码器得到翻译结果。

2. 信息检索

信息检索(Information Retrieval)就是利用计算机在海量文本、图片等数据中找到最满足用户检索请求的信息,如果数据有多种语言信息,则表示为跨语种信息检索,常见的有百度、谷歌等。早期采用等值查询的方式进行信息检索,使用等值查询时,用户必须构建合适的检索信息,必须考虑复杂的检索条件以及编译语言,而且对于每个检索只有"相等"和"不相等"两种结果,这样会导致检索的结果过于单一且无相关度排序功能,因此等值查询并未得到普及使用。

3. 自动文摘

大多数传统的摘要生成系统都是抽取类型的。这种类型的系统从给定的文章中抽取关键句子或短语,并将它们重新组合成简洁的提要,而无须创造性地改变原始内容,深度学习和以往的抽取方法有很大的差别,最近的研究主要集中在了神经注意力模型方面,相关研究人员使用注意力机制使模型效果得到了显著的改善。

4. 文档分类

文档分类(Document Classification)面对的问题是针对大量的文档内容,根据不同的标签进行分类，实现文档的自动分类，文档分类可以基于机器学习(SVM、决策树等)或深度学习(CNN、RNN 等)。

5. 问答系统

问答系统(Question-Answering System)模型一般包括基于搜索结果的模型和基于生成问题的模型。基于搜索结果的模型答案通常是通过规则引擎、正则性匹配或深度学习训练中的分类器预定义的，并在数据库中选出与相应规则对应的最佳答案，而基于生成问题的模型则大多使用了深度学习技术，常使用的方式有 Seq2Seq、Attention Model 等。

6. 舆情分析

舆论是指公众对特定社会空间内中间社会事件的发生、发展和变化的社会政治态度，它是许多人对社会中各种现象和问题所表达的信念、态度、观点和感受的总和。网络环境中舆论的主要来源是新闻报道、网络论坛、聊天室、博客、新浪微博、聚合新闻、Facebook、QQ、X(原 Twitter)等。但是由于互联网上的信息量巨大，人工收集和处理大量信息很困难，为及时响应网络舆情，需要加强信息技术领域的相关研究，构建网络舆情自动分析系统，提供主动指导。显然，民意调查分析是一项非常复杂和综合的技术，存在许多问题，包括网络文本挖掘和意见挖掘的各个方面。

1.3.2 自然语言处理面对的主要困难

自然语言处理有很多困难，但最重要的是要消除在词法分析、语法分析和语义分析等过程中的歧义问题，称为消歧。此外，对术语的正确解释需要大量的预备知识，如语言技能(词汇、句子结构、含义、上下文等)和世界知识(与语言无关)。在自然语言的描述中，主要存在的两个问题为描述和结果的不确定性。

1. 单词界定问题

由于语言描述的复杂性，通常讲的语言都是一口气说出来的，但是在书面表达中，汉字词之间没有分割，对句子的分割就是自然语言处理的一个难点，因为在汉语中，每个句子的组成是多种多样的，同一个句子采用不同的分割方式有可能会表达出多种的意思。因此在做中文的处理时，需要比英文处理多一步，即句子的分割，即中文文本的"中文分词"任务，需要在中文句子中加入间隔符，表示将其分割为多个词语。因为"中文分词"的分割结果也很大程度会影响后续自然语言处理结果的准确性，所以"中文分词"任务成为自然语言处理要做的第一件事情。

2. 短语级别歧义问题

在短语层面，"进口彩电"可以理解为动宾关系(从国外进口的彩电)或正向关系(从国外进口彩电)。再举一个例子，在句子层面，"父亲做手术"可以理解为父亲病了，正在做手术，或者一个帮助别人做手术的医生父亲。简而言之，同一个词、短语或句子有多种可能的理解，代表多种可能的语义，如果不能理解并解决各种语言之间存在的歧义问题，就不可能正确理解一种语言的含义。

3. 上下文知识的获取问题

另外，获得、表达和应用概念化所需的知识是非常困难的。由于语言处理的复杂性，很难设计出合适的语言处理方法和模型。例如，在试图理解一个句子时，获取上下文知识通常需要考虑上下文的含义，即使是没有歧义的时候，也需要考虑当时的"语境"，"语境"就是说话者所处的环境或句子当前所处的语言环境，如句子的第一句或最后一句。如果当前句子有代词，必须从这句话之前的句子中猜出代词指的是什么。比如，"小王欺负小张，因此我批评了他。"在第二句中，"他"是指"小王"还是"小张"？要正确理解这句话，必须明白上一句"小王欺负小张"的意思是"小王"做错了，因此，第二句中的"他"应指"小王"。这句话包含了很多上下文信息，因此当处理句子的时候，也需要考虑对应的上下文信息。

从上述几点可以看出，由于自然语言描述的复杂性以及结果的不确定性导致自然语言处理技术的发展困难重重，自然语言在人类交流、文章阅读等方面起着重要的作用。而人类根本无法学习完自然语言那无穷无尽的知识，因此需要靠人们发挥自己的创新性以灵活运用自然语言。

1.4 深度学习在自然语言处理中的应用

1.4.1 深度学习概述

深度学习是近些年新兴的一种计算机技术，深度学习采用神经网络来模拟人类的学习、理解等过程，将人类学习的过程转换为对应的神经网络信息。目前，它在图像和音频处理领域得到了广泛的应用，并取得了显著成果。

深度学习是 2006 年提出的基于机器学习的概念，它的框架是通过模拟来分析、学习和解释人脑的神经网络。它采用多层次和包含隐藏层的学习结构，和浅层学习不同，它要构建的模型结构要足够深。一般来说，隐藏层结点有二或三层以上，甚至几十或上百层，可以完成非常复杂的功能分析。它还强调特征学习，由于深度学习是一种无监督学习，无监督预训练算法将每个输入的原始样本映射到新的特征空间，以更好地实现预测、分类等，它也比浅层学习更有效，一些在浅层结构中无法表示的特征可以在深层结构中得到更好的解释，正因为如此，深度学习在我国各个行业得到了广泛的应用。

1.4.2 面向自然语言处理的深度学习方法

在自然语言处理中使用深度学习一般分为以下几个步骤：首先搭建多层的神经网络模型，然后将原始的训练文本输入搭建好的模型中，模型通过训练学习到对应的语言特征信息，随后将获得的语言特征信息作为神经网络的输入，针对不同的任务可以采用不同的神经网络模型，以下列举不同的神经网络模型。

1. 前馈神经网络应用

前馈神经网络(Feedforward Neural Network，FNN)是一种能够在多任务环境下运行的神经网络模型。随着自然语言处理环境的日益复杂，神经网络模型也需要不断更新和优化，但神经网络的训练问题也影响着自然语言的处理。目前，预测神经网络主要依靠 FNN 反向传播算法来提高自然语言处理的效率，这种算法可以实现不同层次的问题优化和相关网络参数的及时调整。卷积神经网络(Convolutional Neural Networks，CNN)是一种常见的神经网络模型，卷积核可用于扩展描述空间和增加模型深度，这是一个改进的深度神经元网络。一般来说，对于 FNN 的输入层和隐藏层，是通过完全连接的结构进行连接的，而 CNN 可以通过不同的卷积层结点实现区域间的连接，中心卷积结点是卷积核。目前，CNN 在 NLP 领域被广泛应用于语义角色标注、语料库构建、文本分析等方面的改进。

2. 神经网络词向量

词向量是指利用神经网络对稀疏文本进行综合分析后，通过大规模的小特征语料库分析，得到与上下文相关的分布式特征词编码的技术。词向量的主要功能是进行词汇分析，通过分割并分析文本中的句子，可以丰富语料库中的词汇。在词向量方面，国内的研究主要集中在 Word2Vec 词向量、Senna 词向量和 Glove 词向量。不同的词向量有不同的规则。词向量主要表示词与词之间的组合关系，例如，向另一个单词或属性中添加或减去一个单词或属性会赋予它不同的含义。因此，词向量具有很强的应用价值。例如，Glove 的词向量可以用矩阵的形式表示不同的性能。这使得测量标准的使用更加有针对性，有助于快速解决许多自然语言处理问题。

3. 循环神经网络与长期、短期记忆模型

循环神经网络(Recurrent Neural Network，RNN)通常是指有一个隐藏层与自身相连，其计算结果包含在下一个隐藏层的计算中。RNN 优化算法是一种 BPTT 算法，可用于语料库的机器翻译、语音识别、文本生成等处理任务中。在此基础上，可以建立不同的长期和短期记忆模型，因为 RNN 的反馈只能返回到第 5～10 层。长期记忆模型基于先前的记忆结构输入，帮助网络学习新的结构。RNN 和长短期记忆模型广泛应用于情感分析、语篇标记和实体名称识别等领域。另外，针对改进的长期、短期记忆模型的复杂性，人们提出了另一种门循环单元(Gated Recurrent Unit，GRU)变体，有效地简化了长期、短期记忆模型的建立过程。它可以用在自然语言中并得到更好的结果。

1.4.3　目前深度学习应用存在的局限及展望

虽然深度学习应用在自然语言处理中可以有效地改善处理效果，但是依然存在着一些局限性，未来还需要进一步使用优化技术进行突破。

1. 数据表示的局限及展望

目前，词嵌入的概念主要用于基于深度学习的自然语言处理的数据表示，一个词的

表达单位因语言而异。例如,在英语中,一个词是一个单词或词缀,而在中文中它是一个字或词语。本质上,单词是通过特定的映射规则进行变换,并以向量的形式表达的。事实上,其不需要遵循任何变换规则。对于未来,建议可以添加一个半监督学习系统,这对于深度学习及应用和组合自然语言处理任务很有用。

2. 学习模型的局限及展望

自然语言处理应用了前馈神经网络、循环神经网络等深度学习算法模型,效果显著,但我国的深度学习在自然语言处理方面仍处于起步阶段,受到诸多限制,如深度网络层数、归一化问题和网络学习率,还有发展空间,而且还需要优化算法来提高网络训练速度。

3. 自然语言的局限及展望

自然语言的局限性主要是因为它的不确定性。随着语言歧义问题的频频发生,这些不确定性问题又往往会引起很多错误,而且随着深度学习模式的不同层次的发展,其显得越来越不确定。因此,在未来需要了解自然语言的不确定性,如汉字、单词、语句等的不确定性,通过综合篇章信息来实现深度语义认知与处理。

1.5 本 章 小 结

本章首先介绍了自然语言及自然语言处理的基本概念、自然语言处理的产生与发展、自然语言处理的基本问题,以及当前面对的主要困难;然后,引入深度学习在自然语言处理中的应用,展开描述面向自然语言处理的深度学习方法;最后,介绍目前深度学习应用存在的局限及展望。

习 题 1

1. 叙述什么是自然语言处理。
2. 自然语言处理的基本问题有哪些?
3. 举例说明语言学和语言技术的不同角色。
4. 简述自然语言处理中的语法分析。

习题 1 答案

第2章 数学基础

在学习使用统计方法解决自然语言处理问题时，学习统计学和信息论等方面的知识是不可缺少的。因此，本章将对概率论、信息论等有关概念做简要的介绍。

(1) 概率论基础知识。
(2) 信息论基础知识。
(3) 深度学习中的数学。

2.1　概率论基础

概率论的主要研究内容是随机现象中的数量规律，概率论的应用十分广泛，遍及现代科学的各个领域。

2.1.1　样本空间和概率

1. 样本空间

样本空间是一次随机试验所有可能结果的集合，也就是说，样本空间是样本点或者基本事件的集合。例如，一次随机试验中抛掷一枚硬币，则样本空间就是集合 {正面，反面}。随机试验中如果投掷一个骰子，那么样本空间就是{1,2,3,4,5,6}。在随机试验中的每个可能结果称为样本点。样本空间 Ω 可以是离散的(这代表样本空间有可数个样本点)，也可以是连续的(这代表样本空间有不可数个样本点，比如，在测量身高时，身高取样为连续的值)。

2. 概率

随机事件(简称事件)指的是一个被赋予概率的事物集合，随机事件是样本空间中的一个子集。一个随机事件发生的可能性大小即为概率，概率为0~1的实数。比如，如果概率为 0.5，表示一个事件有 50%的可能性发生。如果事件 A 的概率为 $P(A)$，试验的样本空间为 Ω，则概率函数必须满足如下三条公理：

公理 2-1(非负性)　$P(A) \geq 0$。

公理 2-2(规范性) $P(\Omega)=1$。

公理 2-3(可列可加性)   对于可列无穷多个事件 $A_1, A_2, \cdots$，如果事件两两互不相容，即对于任意的 i 和 $j(i \neq j)$，事件 A_i 和 A_j 不相交($A_i \cap A_j = \varnothing$)，则有

$$P\left(\bigcup_{i=1}^{\infty} A_i\right) = \sum_{i=1}^{\infty} P(A_i) \tag{2-1}$$

2.1.2 随机变量

1. 随机变量定义

在随机试验中，可以用一个数 X 来表示试验的结果，随着试验结果的不同，这个 X 是变化的，也就是说 X 是样本点的一个函数。把这种数称为随机变量(Random Variable)。例如，随机掷一个骰子,得到的点数就可以看成一个随机变量 X, X 的取值为 $\{1,2,3,4,5,6\}$。

2. 离散随机变量

如果随机变量 X 所可能取的值为有限可列举的，如有 N 个有限取值 $\{x_1, x_2, \cdots, x_N\}$，则称 X 为离散随机变量。要了解 X 的统计规律，就必须知道它取每个可能值 x_n 的概率，即 $P(X=x_n)=p(x_n)$，$\forall n \in \{1,2,\cdots,N\}$。其中 $p(x_1), p(x_2), \cdots, p(x_n)$ 称为离散随机变量 X 的概率分布(Probability Distribution)，并且满足 $\sum_{n=1}^{N} p(x_n)=1$ ($p(x_n) \geqslant 0$ $\forall n \in \{1,2,\cdots,N\}$)。

在自然语言处理中常用的离散随机变量的概率分布如下。

伯努利分布：在一次试验中，事件 A 出现的概率为 p，不出现的概率为 $1-p$。若用变量 X 表示事件出现的次数，则 X 的取值为 0 和 1，其相应的分布为 $P(X=1)=p$，$P(X=0)=1-p(0 \leqslant p \leqslant 1)$。这个分布称为伯努利分布(Bernoulli Distribution)，又称为两点分布或者 0-1 分布。

二项分布：如果试验是一个 n 重独立伯努利试验，每次伯努利试验的成功概率为 p，X 代表成功的次数，则 X 的概率分布是二项分布，记为 $X \sim B(n,p)$，其分布为 $P(X=k)=C_k^n p^k (1-p)^{n-k}$ $(k=0,1,\cdots,N)$。

3. 连续随机变量

有些时候，因为 X 由全部实数或者一部分区间组成，不可列举随机变量 X 的取值，比如，$X=\{x \mid a \leqslant x \leqslant b\}$ ($-\infty < a < b < \infty$)，则称 X 为连续随机变量。

对于连续随机变量 X，它取一个具体值 x_i 的概率为 0，因此一般用概率密度函数(Probability Density Function，PDF) $p(x)$ 来描述连续随机变量 X 的概率分布，有 $\int_{-\infty}^{\infty} p(x)\mathrm{d}x=1$。

给定概率密度函数 $p(x)$，便可以计算出随机变量落入某一个区域 $[a,b]$ 的概率，即 $P(a \leqslant x \leqslant b) = \int_a^b p(x)\mathrm{d}x$。

在自然语言处理中常用的连续随机变量的概率分布如下。

均匀分布：变量在其取值范围之内的每个等长区间上取值的概率均相等。均匀分布由两个参数 a 和 b 定义，通常写为 $U(a,b)$，均匀分布的概率密度函数为

$$p(x) = \frac{1}{b-a}, \quad a \leqslant x \leqslant b$$

$$p(x) = 0, \quad x < a \text{ 或 } x > b \tag{2-2}$$

正态分布：又称为高斯分布，是自然界中最常见的一种分布，具有很多良好的性质，在很多领域都有非常重要的影响，若随机变量 X 服从一个参数为 μ 和 σ 的概率分布，简记 $X \sim N(\mu, \sigma^2)$，则其概率密度函数为

$$p(x) = \frac{1}{\sqrt{2\pi}\sigma} \exp\left(-\frac{(x-\mu)^2}{2\sigma^2}\right) \tag{2-3}$$

2.1.3　条件概率公式、全概率公式和贝叶斯公式

1. 条件概率公式

设 A、B 是两个事件，且 $P(B) > 0$，则在事件 B 发生的条件下，事件 A 发生的条件概率(Conditional Probability)为 $P(A|B) = P(AB)/P(B)$。由条件概率公式可得乘法公式 $P(AB) = P(A|B)P(B) = P(B|A)P(A)$。

2. 全概率公式

如果事件组 $B_1, B_2, \cdots$ 满足：

(1) $B_1, B_2, \cdots$ 两两互斥，即 $B_i \bigcap B_j = \varnothing (i \neq j, \ i, j = 1, 2, \cdots)$，且 $P(B_i) > 0 (i = 1, 2, \cdots)$；

(2) $B_1 \bigcup B_2 \bigcup \cdots = \Omega$，则称事件组 $B_1, B_2, \cdots$ 是样本空间 Ω 的一个划分。

设 $B_1, B_2, \cdots$ 是样本空间 Ω 的一个划分，A 为任一事件，则

$$P(A) = \sum_{i=1}^{\infty} p(B_i) p(A|B_i) \tag{2-4}$$

例如，一个车间用 A、B、C 三台机床生产产品，各台机床的次品率分别为 2%、4%、5%，它们各自的产品分别占总量的 40%、35%、25%，将它们的产品混在一起，求任取一个产品，这个产品是次品的概率。

设任取一个产品是次品为事件 X。通过全概率公式可以计算出

$$P(X) = 2\% \times 40\% + 4\% \times 35\% + 5\% \times 25\% = 0.0345$$

3. 贝叶斯公式

贝叶斯公式解决的问题与全概率公式解决的问题相反，贝叶斯公式建立在条件概率的基础上，用于寻找事件发生的原因(即大事件 A 已经发生的条件下，与 A 相关的小事

件 B_i 发生的概率),设 $B_1,B_2,\cdots$ 是样本空间 Ω 的一个划分,则对任一事件 A ($P(A)>0$),有

$$p(B_i\mid A)=\frac{P(B_i)P(A\mid B_i)}{\sum_{j=1}^{n}P(B_j)P(A\mid B_j)} \tag{2-5}$$

式(2-5)即为贝叶斯公式(Bayes Formula),B_i 常被视为导致事件 A 发生的"原因",$P(B_i)$ ($i=1,2,\cdots$) 表示各种原因发生的可能性大小,故称为先验概率;$P(B_i\mid A)$ ($i=1,2,\cdots$) 则反映当事件 A 发生之后,对各种原因概率的新认识,故称为后验概率。

例如,发报台分别以概率 0.6 和 0.4 发出信号"∪"和"—"。由于通信系统受到干扰,当发报台发出信号"∪"时,收报台分别以概率 0.8 和 0.2 收到信号"∪"和"—";当发报台发出信号"—"时,收报台分别以概率 0.9 和 0.1 收到信号"—"和"∪"。求当收报台收到信号"∪"时,发报台发出"∪"的概率。

设事件 X 为收报台收到信号"∪",事件 Y_1 为发报台发出信号"∪",则由贝叶斯公式得

$$P(Y_1\mid X)=(0.6\times0.8)/(0.6\times0.8+0.4\times0.1)=0.923$$

2.1.4 期望和方差

1. 期望

概率论中可以用数学期望这个概念描述一个随机事件中的随机变量的平均值的大小,试验中可能的结果的概率乘以其结果的总和称为数学期望。

对于有 N 个取值的离散随机变量 X,其概率分布为 $p(x_1),p(x_2),\cdots,p(x_N)$,则 X 的期望定义为

$$E(X)=\sum_{n=1}^{N}x_np(x_n) \tag{2-6}$$

对于连续随机变量 X,概率密度函数为 $p(x)$,其期望定义为

$$E(X)=\int_{-\infty}^{\infty}xp(x)\mathrm{d}x \tag{2-7}$$

2. 方差

随机变量 X 的方差(Variance)用来定义它的概率分布的离散程度,定义为

$$\mathrm{var}(X)=E[(X-E(X))^2]$$

随机变量 X 的方差也称为它的二阶矩。$\sqrt{\mathrm{var}(X)}$ 则称为 X 的标准差。

2.2 信息论基础

1940 年香农获得麻省理工学院数学博士学位和电子工程硕士学位,1941 年香农加入了贝尔实验室数学部,并在那里工作了 15 年。1948 年 6 月和 10 月,由贝尔实验室出版

的《贝尔系统技术学报》连载了香农的《通信的数学原理》，该文章奠定了信息论的基础。其中熵(Entropy)是信息论的基本概念，用来衡量一个随机事件的不确定性。

2.2.1　自信息和熵

1. 自信息

信息论的基本想法是一个不太可能发生的事件居然发生了，这要比一个非常可能发生的事件发生能提供更多的信息。想要通过这种基本想法来量化信息，特别地，有以下三个要求：

(1) 非常可能发生的事件的信息量比较少，并且极端情况下，确保能够发生的事件应该没有信息量；

(2) 较不可能发生的事件具有更多的信息量；

(3) 独立事件应具有增量的信息，例如，投掷两次硬币，正面朝上的信息量应该是投掷一次硬币正面朝上的信息量的两倍。

为了满足上述三个要求，定义一个随机变量 X(概率分布为 $p(x)$)，将 $X = x$ 时的自信息 $I(x)$ 定义为 $I(x) = -\log p(x)$ [①]。

在自信息的定义中，对数的底可以使用 2、自然常数 e，当底为 2 时，自信息的单位为 bit；当底为 e 时，自信息的单位为 nat。

2. 熵

在信息论与概率统计中，用熵表示随机变量的不确定性。设 X 是一个取有限个值的离散随机变量，其概率分布为 $P(X = x_i) = p_i (i = 1, 2, \cdots, n)$，则随机变量 X 的熵定义为

$$H(X) = -\sum_{i=1}^{N} p_i \log p_i \tag{2-8}$$

若 $p_i = 0$，则定义 0log0=0。由定义可知，熵只依赖于 X 的分布，而与 Y 的取值无关，所以也可将 X 的熵记作 $H(p)$。

例如，假设 a、b、c、d、e、f 六个字符在某一简单的语言中随机出现，每个字符出现的概率分别为 1/8、1/4、1/8、1/4、1/8 和 1/8，那么，每个字符的熵为

$$H(p) = -\sum_{i=1}^{N} p_i \log p_i = -\left(4 \times \frac{1}{8} \log \frac{1}{8} + 2 \times \frac{1}{4} \log \frac{1}{4} \right) = 2.5(\text{bit})$$

熵越高，随机变量的信息越多；熵越低，随机变量的信息越少。考虑伯努利分布的熵，设随机变量 X 的分布为 $P(X = 1) = p$，$P(X = 0) = 1 - p$ $(0 \leqslant p \leqslant 1)$，则熵为 $H(p) = -p \log p - (1 - p) \log(1 - p)$。绘制出熵 $H(p)$ 随概率 p 变化的曲线，如图 2-1 所示。

由图 2-1 可知，当 $p = 0$ 或 $p = 1$ 时，$H(p) = 0$。也就是说，对于一个确定的信息，其熵为 0，信息量也为 0。当 $p = 0.5$ 时，熵取值最大，即如果一个随机变量的概率分布为一个均匀分布，则熵最大，包含的信息量也最大。

---

① 书中 log 的底数为 2。

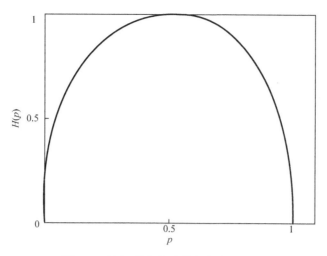

图 2-1 伯努利分布时熵与概率的关系

2.2.2 联合熵和条件熵

1. 联合熵

如果 (X,Y) 是一对离散随机变量，其联合概率分布密度函数为 $p(x,y)$，(X,Y) 的联合熵 $H(X,Y)$ 定义为

$$H(X,Y)=-\sum_{x\in X}\sum_{y\in Y}p(x,y)\log p(x,y) \tag{2-9}$$

联合熵实际上就是描述一对随机变量平均所需要的信息量。

2. 条件熵

如果离散随机变量 (X,Y) 的联合概率分布密度函数为 $p(x,y)$，已知随机变量 X 的情况下，随机变量 Y 的条件熵实际上表示的是随机变量 Y 的不确定性，随机变量 X 给定的条件下，随机变量 Y 的条件熵 $H(Y|X)$ 定义为 Y 的条件概率分布的熵对 X 的数学期望：

$$\begin{aligned}H(Y|X)&=\sum_{x\in X}p(x)H(Y|X=x)\\&=\sum_{x\in X}p(x)\left[-\sum_{y\in Y}p(y|x)\log p(y|x)\right]\\&=-\sum_{x\in X}\sum_{y\in Y}p(x,y)\log p(y|x)\end{aligned} \tag{2-10}$$

将 $H(X,Y)$ 中的 $\log p(x,y)$ 拆为 $\log p(x)$ 和 $\log p(y|x)$，可得 $H(X,Y)=H(X)+H(Y|X)$。

2.2.3 互信息、相对熵和交叉熵

1. 互信息

两个离散随机变量 X 和 Y 的互信息定义为

$$I(X;Y) = \sum_{x \in X} \sum_{y \in Y} p(x,y) \log \frac{p(x,y)}{p(x)p(y)} \tag{2-11}$$

由式(2-11)可推出 $I(X;Y) = H(X) - H(X|Y) = H(Y) - H(Y|X)$。因此，实际上互信息表示在已知 Y 的值后 X 的不确定性的减少量，即随机变量 Y 揭示了多少关于 X 的信息量。

有 $I(X;X) = H(X) - H(X|X)$，因为 $H(X,X) = 0$，故 $I(X;X) = H(X)$，因此熵又称为自互信息。

2. 相对熵和交叉熵

信息论的研究目标之一是如何用最少的编码表示传递信息，一种高效的编码原则是字母的出现概率越高，其编码长度越短，以二进制编码为例，给定一串要传输的文本信息，其中字母 x 的出现概率为 $p(x)$，其最佳编码长度为 $-\log_2 p(x)$，整段文本的平均编码长度为 $-\sum_x p(x) \log_2 p(x)$，即底为 2 的熵，在对 $p(x)$ 的符号进行编码时，熵 $H(p)$ 也是理论上最优的平均编码长度。

交叉熵是按照概率分布 $q(x)$ 的最优编码对真实分布为 $p(x)$ 的信息进行编码的长度，定义为

$$H(p(x), q(x)) = E_{p(x)} \left(\log \frac{1}{q(x)} \right) = -\sum_X p(x) \log q(x) \tag{2-12}$$

在给定 $p(x)$ 的情况下，如果 $q(x)$ 和 $p(x)$ 越接近，交叉熵越小；如果 $q(x)$ 和 $p(x)$ 越远，交叉熵就越大。

给定两个概率密度函数 $p(x)$ 和 $q(x)$，它们的相对熵定义为

$$D(p(x), q(x)) = \sum_{x \in X} p(x) \log \frac{p(x)}{q(x)} \tag{2-13}$$

有 $D(p(x), q(x)) = H(p(x), q(x)) - H(p(x))$，即相对熵为当按照概率分布 $q(x)$ 的最优编码对真实分布 $p(x)$ 的信息进行编码时，其平均编码长度(即交叉熵) $H(p(x), q(x))$ 和 $p(x)$ 的最优平均编码长度(即熵) $H(p(x))$ 之间的差值。因此，相对熵表示了两个随机分布之间的差异程度，当两个随机分布的差异程度增大时，它们的相对熵也增大，所以它通常被用来衡量随机分布之间的近似程度，相对熵也称为 KL 散度。

2.2.4 困惑度

根据 2.2.3 节交叉熵的定义，可以定义语言 $L = (X_i \sim p(x))$ 与其模型 m 的交叉熵为 $H(L,m) = -\lim_{n \to \infty} \frac{1}{n} \sum_{x_1^n} p(x_1^n) \log m(x_1^n)$，其中 $x_1^n = x_1, x_2, \cdots, x_n$ 为 L 的语句，$p(x_1^n)$ 为 L 中 x_1^n 的概

率，$m(x_1^n)$ 为模型 m 对 x_1^n 的概率估计，至此，仍然无法计算这个语言的交叉熵，因为并不知道真实概率 $p(x_1^n)$。不过可以假设这种语言是"理想"的，即 n 趋于无穷大时，其全部"单词"的概率和为 1。也就是说，根据信息论的定理：假定语言 L 是稳态遍历的随机过程，L 与其模型 m 的交叉熵计算公式就变为 $H(L,m) = -\lim_{n\to\infty}\frac{1}{n}\log m(x_1^n)$，由此，可以根据模型 m 和一个含有大量数据的 L 样本来计算交叉熵。在设计模型 m 时，目的是使交叉熵最小，从而使模型最接近真实的概率分布 $p(x)$。一般地，在 n 足够大时，近似地采用如下计算方法：$H(L,m) \approx -\frac{1}{n}\log m(x_1^n)$。

交叉熵与模型在测试语料中分配给每个单词的平均概率所表达的含义正好相反，模型的交叉熵越小，模型的表现越好。

在设计语言模型时，一般用困惑度(Perplexity)来代替交叉熵来衡量语言模型的好坏。给定语言 L 的样本 $l_1^n = l_1,\cdots,l_n$，L 的困惑度 PP_q 定义为

$$PP_q = 2^{H(L,m)} \approx 2^{-\frac{1}{n}\log m(l_1^n)} = [m(l_1^n)]^{-\frac{1}{n}} \tag{2-14}$$

同样，语言模型设计的任务就是寻找困惑度最小的模型，使其最接近真实语言的情况。在自然语言处理中，所说的语言模型的困惑度通常是指语言模型对于测试数据的困惑度。一般情况下，将所有数据分成两部分：一部分作为训练数据，用于估计模型的参数；另一部分作为测试数据，用于评估语言模型的质量。

2.2.5　噪声信道模型

通过信息熵可以定量地估计信源每发送一个字符所提供的平均信息量，但对于通信系统来说，最根本的问题在于如何定量地估计从信道输出中获取的信息量。

香农为了模型化信道的通信问题，在熵这一概念的基础上提出了噪声信道模型(Noisy Channel Model)，其目标就是提高噪声信道中信号传输的吞吐量和准确率，其基本假设是一个信道的输出以一定的概率依赖于输入。一般情况下，在信号传输的过程中都要进行双重性处理：一方面要对编码进行压缩，尽量消除所有的冗余；另一方面要通过增加一定的可控冗余以保障输入信号经过噪声信道传输以后可以很好地恢复原状。这样，信息编码时要尽量少占用空间，但又必须保持足够的冗余以便能够检测和校验传输造成的错误。信道输出信号解码后应该尽量恢复到原始输入信号。这个过程可以示意性地用图 2-2 表示。

图 2-2　信道的通信模型

将噪声信道模型应用到自然语言处理中后，在自然语言处理中不需要进行编码，一种自然语言的句子可以视为已编码的字符序列，但需要进行解码，使观察到的输出序列更接近于输入序列。因此，可以用图 2-3 来表示自然语言处理噪声信道模型。

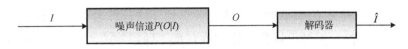

图 2-3　自然语言处理噪声信道模型

模拟信道模型,在自然语言处理中,很多问题都可以归结为在给定输出 O(可能含有误传信息)的情况下,如何从所有可能的输入 I 中求解最有可能的输入,即求出使 $P(I|O)$ 最大的 I 作为输入,有

$$\hat{I} = \arg\max_I P(I|O) = \arg\max_I \frac{P(I)P(O|I)}{P(O)} = \arg\max_I P(I)P(O|I) \qquad (2\text{-}15)$$

式(2-15)中,有两个概率分布需要考虑:一个是 $P(I)$,称为语言模型(Language Model),是指在输入语言中"词"序列的概率分布;另一个是 $P(O|I)$,称为信道概率。

举例而言,有一个法语句子 F,要把它翻译成英语句子 E,即找到一个 E 使得 $P(E|F)$ 最大。由贝叶斯定理可知, $P(E|F) = P(E)P(F|E)/P(F)$。这里, $P(F)$ 固定,故要找的就是一个 E 使得 $P(E)P(F|E)$ 最大,从噪声信道(Noisy Channel)的角度来分析就是在头脑里按照 $P(E)$ 生成了一个英语句子,结果在该句子被说出或写出的时候发生了噪声干扰,这个干扰的概率分布是 $P(F|E)$,最后表现出来的就是一个法语句子。那么,根据上面的解释,相应的翻译信道模型就是假定法语句子 F 作为信道模型的输出,它原本是一个英语句子 E,但通过噪声信道传输时被改变成了法语句子 F,那么,现在需要解决的问题就是如何根据概率分布 $P(E)$ 和 $P(F|E)$ 的计算求出最接近原始英语句子 E 的解 $\hat{E}$,或者说如何对给定的法语句子 F 进行解码以得到最有可能的英语句子 $\hat{E}$。

噪声信道模型在自然语言处理中有着非常广泛的用途,除了机器翻译以外,还用于词性标注、语音识别、文字识别等很多问题的研究。

2.3　深度学习的数学基础

2.3.1　最大似然估计

如果 $\{s_1, s_2, \cdots, s_n\}$ 是一个试验的样本空间,在相同的情况下重复试验 N 次,观察到样本 $s_k (1 \leqslant k \leqslant n)$ 的次数为 $n_N(s_k)$,那么, s_k 在这 N 次试验中的相对频率为 $q_N(s_k) = \dfrac{n_N(s_k)}{N}$。

由于 $\sum\limits_{k=1}^{n} n_N(s_k) = N$,因此 $\sum\limits_{k=1}^{n} q_N(s_k) = 1$。

当 N 越来越大时,相对频率 $q_N(s_k)$ 就越来越接近 s_k 的概率 $p(s_k)$。

因此,通常用相对频率作为概率的估计值。这种估计概率值的方法称为最大似然估计(Maximum Likelihood Estimation)。

在机器学习中,样本的真实分布和所预测的分布的差别需要有一定的准则去衡量,而目前最常用的准则是最大似然估计。下面举例说明最大似然估计的用法。

考虑一组含有 m 个样本的数据集 $X = \{x^1, x^2, \cdots, x^m\}$,独立地由未知的真实数据 $p_{\text{data}}(x)$

生成。令 $p_{\text{model}}(x;\theta)$ 是一族由 θ 确定的在相同空间上的概率分布。换言之，$p_{\text{model}}(x;\theta)$ 通过将任意输入 x 映射到实数来估计真实概率 $p_{\text{data}}(x)$。

对 θ 的最大似然估计被定义为

$$\theta_{\text{ML}} = \arg\max_\theta p_{\text{model}}(X;\theta) = \arg\max_\theta \prod_{i=1}^{m} p_{\text{model}}(x^i;\theta) \tag{2-16}$$

多个概率的乘积会因很多原因不便于计算。例如，计算中很可能会出现数值下溢。为了把该问题转化为一个便于计算的等价优化问题，可以观察到似然对数不会改变其 argmax 值，但是将乘积转化成了便于计算的求和形式：

$$\theta_{\text{ML}} = \arg\max_\theta \sum_{i=1}^{m} \log p_{\text{model}}(x^i;\theta) \tag{2-17}$$

因为当重新缩放代价函数时，argmax 值不会改变，可以除以 m 得到和训练数据经验分布 $\hat{p}_{\text{data}}$ 相关的期望作为准则：

$$\theta_{\text{ML}} = \arg\max_\theta E_{x \sim \hat{p}_{\text{data}}}[\log p_{\text{model}}(x;\theta)] \tag{2-18}$$

由此得出一种解释最大似然估计的观点，即将它看作最小化训练集上的经验分布 $\hat{p}_{\text{data}}$ 和模型分布之间的差异，两者之间的差异程度可以通过 KL 散度度量。KL 散度被定义为

$$D_{\text{KL}}(\hat{p}_{\text{data}}, p_{\text{model}}) = E_{x \sim \hat{p}_{\text{data}}}[\log \hat{p}_{\text{data}}(x) - p_{\text{model}}(x)] \tag{2-19}$$

式中，$\log \hat{p}_{\text{data}}(x)$ 仅涉及数据生成过程，和模型无关。这意味着当训练模型最小化 KL 散度时，只需要最小化 $-E_{x \sim \hat{p}_{\text{data}}}[p_{\text{model}}(x)]$。

可见，使用 KL 散度解释的最大似然估计和式(2-16)定义的对 θ 的最大似然估计一致。

2.3.2　梯度分析

1. 导数

为了刻画所有物理量的瞬时变化率，数学中对它们做了归纳和抽象，并引入了导数的概念，用导数来定义一切物理量的变化率。设任意物理量用 $y = f(x)$ 表示，其上任意点 P_0 记为 $(x_0, f(x_0))$，再在该点邻域附近取一点 $P(x, f(x))$ 作割线 P_0P。若记 $\Delta x = x - x_0$，$\Delta y = f(x_0 + \Delta x) - f(x_0)$，显然，物理量 $y = f(x)$ 在 $[x_0, x]$ 的平均变化率为 $\dfrac{\Delta y}{\Delta x} = \dfrac{f(x_0 + \Delta x) - f(x_0)}{x - x_0}$，正是割线的斜率。当点 P 沿曲线移动，无限接近点 P_0 时，直线与曲线只有一个交点，割线变成了切线，相应地，平均变化率也变成了瞬时变化率，其数值等于切线的斜率，这就是该点的导数。

下面对导数进行定义。设函数 $y = f(x)$ 在点 $(x_0, f(x_0))$ 的邻域内有定义，这样，当自变量从 x_0 变化到 $x_0 + \Delta x$ 时，函数值的变化为 $\Delta y = f(x_0 + \Delta x) - f(x_0)$，若自变量的变化量 Δx 趋于无穷小，比率 $\Delta y / \Delta x$ 的极限存在，如式(2-20)所示，则该极限称为函数 $f(x)$ 在点

$(x_0, f(x_0))$ 处的导数，通常记为 $f'(x_0)$ 或 $\frac{dy}{dx}|x=x_0$，并称函数在点 $(x_0, f(x_0))$ 处可导/可微；若极限不存在，则称在点 $(x_0, f(x_0))$ 处不可导。

$$\lim_{\Delta x \to 0}\frac{\Delta y}{\Delta x} = \lim_{\Delta x \to 0}\frac{f(x_0 + \Delta x) - f(x_0)}{x - x_0} \tag{2-20}$$

2. 偏导数

设函数 $z = f(x, y)$ 在点 (x_0, y_0) 的邻域内有定义，这样，当自变量 x 从 x_0 变化到 $x_0 + \Delta x$ 且 y 固定在 y_0 时，函数值的变化为 $\Delta z = f(x_0 + \Delta x, y_0) - f(x_0, y_0)$，若自变量的变化量 Δx 趋于无穷小，比率 $\Delta z / \Delta x$ 的极限存在，如式(2-21)所示，则该极限称为函数 $f(x, y)$ 在点 (x_0, y_0) 处的导数，通常记为 $f'(x_0, y_0)$ 或 $(\partial y / \partial x)|(x_0, y_0)$，并称函数 $z = f(x, y)$ 在点 (x_0, y_0) 处可导/可微；若极限不存在，则称 $z = f(x, y)$ 在点 (x_0, y_0) 处不可导。

$$\frac{\partial y}{\partial x}|(x_0, y_0) = \lim_{\Delta x \to 0}\frac{\Delta z}{\Delta x} = \lim_{\Delta x \to 0}\frac{f(x_0 + \Delta x, y_0) - f(x_0, y_0)}{x - x_0} \tag{2-21}$$

3. 梯度

根据上面偏导数的定义，当对某个变量求偏导数时函数中所有其他变量要被当作常数，即把函数当作只含该变量的一元函数，然后根据一元函数的求导法则进行求导即可。这样，二元函数的偏导数定义可以推广到三元函数和多元函数，它们的偏导数求解都是类似的。记 n 元实函数 $f: R^n \to R$ 为 $f(X)$，其中 $X = (x_1, x_2, \cdots, x_n)$ 为自变量。如果 $f(X)$ 在每一个分量 $x_i(i = 1, 2, \cdots, n)$ 处一阶可导，即偏导数 $\frac{\partial y}{\partial x_i}(i = 1, 2, \cdots, n)$ 都存在，则称 $f(X)$ 在点 X 处一阶可导，并且把偏导数组成的向量 $\nabla f(X) = \left(\frac{\partial y}{\partial x_1}, \frac{\partial y}{\partial x_2}, \cdots, \frac{\partial y}{\partial x_n}\right)$ 称为 $f(X)$ 在点 X 处的一阶导数，即梯度，常记为 $\nabla f(X)$。

4. 海森矩阵

记 n 实函数 $f: R^n \to R$ 为 $f(X)$，其中 $X = (x_1, x_2, \cdots, x_n)$ 是 n 个自变量。如果 $f(X)$ 在每一个分量 $x_i(i = 1, 2, \cdots, n)$ 处二阶可导，即二阶偏导数 $\frac{\partial^2 y}{\partial^2 x_i x_j}(i = 1, 2, \cdots, n, \ j = 1, 2, \cdots, n)$ 都存在，则称 $f(X)$ 在点 X 处二阶可导，并且把偏导数组成的矩阵称为 $f(X)$ 在点 X 处的二阶导数，即海森(Hessian)矩阵，常记为 $\nabla^2 f(X)$。$\nabla^2 f(X)$ 定义见式(2-22)：

$$\nabla^2 f(X) = \begin{bmatrix} \frac{\partial^2 f(x)}{\partial^2 x_1{}^2} & \cdots & \frac{\partial^2 f(x)}{\partial^2 x_1 x_n} \\ \vdots & & \vdots \\ \frac{\partial^2 f(x)}{\partial^2 x_n x_1} & \cdots & \frac{\partial^2 f(x)}{\partial^2 x_n{}^2} \end{bmatrix} \tag{2-22}$$

2.3.3　梯度下降法

从数学的角度来看，梯度的方向是函数值增长速度最快的方向，那么梯度的反方向就是函数值减小最快的方向，那么，如果想计算一个函数的最小值，就可以使用梯度下降法的思想。假设希望求解目标函数 $f(X)=f(x_1,x_2,\cdots,x_n)$ 的最小值，可以从一个初始点 $x^{(0)}=(x_1^{(0)},x_2^{(0)},\cdots,x_n^{(0)})$ 开始，基于学习率 $\alpha>0$ 构建一个迭代过程：当 $i\geqslant0$ 时，有

$$x_1^{(i+1)}=x_1^{(i)}-\alpha\frac{\partial f}{\partial x_1}(x^{(i)})$$
$$\vdots$$
$$x_n^{(i+1)}=x_n^{(i)}-\alpha\frac{\partial f}{\partial x_n}(x^{(i)})$$

(2-23)

式中，$x^{(i)}=(x_1^{(i)},x_2^{(i)},\cdots,x_n^{(i)})$，一旦达到收敛条件，迭代就结束。从梯度下降法的迭代公式来看，下一个点的选择与当前点的位置和它的梯度相关。反之，如果要计算函数 $f(X)=f(x_1,x_2,\cdots,x_n)$ 的最大值，沿着梯度的反方向前进即可，也就是说：

$$x_1^{(i+1)}=x_1^{(i)}+\alpha\frac{\partial f}{\partial x_1}(x^{(i)})$$
$$\vdots$$
$$x_n^{(i+1)}=x_n^{(i)}+\alpha\frac{\partial f}{\partial x_n}(x^{(i)})$$

(2-24)

整体来看，无论计算函数的最大值还是最小值，都需要构建一个迭代关系 g，那就是 $x^{(0)}\to^g x^{(1)}\to^g x^{(2)}\to^g\cdots$。也就是说，对于所有的 $i\geqslant0$，都满足迭代关系 $x^{(i+1)}=g(x^{(i)})$。因此，在以上的两个方法中，可以写出函数 g 的表达式为

$$g(x)=x-\alpha\nabla f(x)\,(梯度下降法)$$

$$g(x)=x+\alpha\nabla f(x)\,(梯度上升法)$$

2.3.4　梯度消失和梯度爆炸

深度神经网络由许多线性层和非线性层堆叠而来，每一层非线性层都可以视为一个非线性函数(非线性来自非线性激活函数)，因此整个深度网络可以视为一个复合的非线性多元函数。

最终的目的是希望这个非线性函数很好地完成输入到输出之间的映射，也就是让损失函数取得最小值。因此，最终的问题就变成了一个寻找函数最小值的问题，在数学上，很自然地就会想到使用梯度下降来解决。而在深度神经网络中，一般根据损失函数计算的误差，通过反向传播的方式，指导深度网络参数的更新优化。

在进行神经网络的权重更新时，经常会产生梯度消失和梯度爆炸的情况，以最简单的网络结构为例，假如有三个隐藏层，每层的神经元个数都是 1，且对应的非线性函数为 $y_i=\sigma(z_i)=\sigma(w_ix_i+b_i)$(其中 σ 为某个激活函数)，如图 2-4 所示。

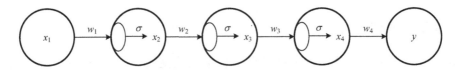

图 2-4　神经网络示意图

现在假设需要更新参数 w_2，那么就要求出损失函数对参数 w_2 的导数，根据链式法则，可以写成 $\dfrac{\partial y}{\partial w_2}=\dfrac{\partial y}{\partial w_4}\dfrac{\partial \sigma}{\partial w_3}\dfrac{\partial \sigma}{\partial w_2}$，而对于激活函数，之前一直使用 Sigmoid 函数，其函数图像呈 S 形，它会将正无穷到负无穷的数映射到 0～1。

当对 Sigmoid 函数求导时，得到其结果为 $S'(x)=S(x)(1-S(x))$，从求导结果可以看出，Sigmoid 导数的取值范围为 0～0.25，而初始化的网络权重 w 通常都小于 1，因此，当层数增多时，小于 0 的值不断相乘，最后就导致梯度消失的情况出现。同理，梯度爆炸的问题也就很明显了，就是当权重 w 过大时，导致大于 1 的值不断相乘，就会产生梯度爆炸。

解决梯度消失、梯度爆炸主要有以下几种方案。

1. 重新设计网络模型

梯度爆炸可以通过重新设计层数更少的网络来解决。使用更小的批尺寸对网络进行训练也有好处。另外，也许是学习率过大导致的问题，可以适当减小学习率。

2. 使用 ReLU 激活函数

梯度消失、梯度爆炸的发生可能是因为激活函数，如之前很流行的 Sigmoid 和 tanh 函数。使用 ReLU 激活函数可以减少梯度爆炸。ReLU 激活函数是最适合隐藏层使用的，是目前使用最多的激活函数。

ReLU 激活函数的导数在正数部分是恒等于 1 的，因此在深层网络中使用 ReLU 激活函数就不会导致梯度消失和爆炸的问题。

3. 使用梯度截断

梯度截断(Gradient Truncation)这个方案主要是针对梯度爆炸提出的，其思想是设置一个梯度剪切阈值，然后更新梯度的时候，如果梯度超过这个阈值，那么就将其强制限制在这个范围之内，这可以防止梯度爆炸。

4. 使用长短期记忆网络

在循环神经网络中，梯度爆炸的发生可能是因为某种网络的训练本身就存在不稳定性，使用长短期记忆(LSTM)单元和相关的门类型神经元结构可以减少梯度爆炸问题。

5. 使用权重正则化

如果梯度爆炸仍然存在，可以尝试另一种方法，即检查网络权重的大小，并惩罚产生较大权重的损失函数。该过程称为权重正则化(Weight Regularization)，通常使用的是 L1 惩罚项(权重绝对值)或 L2 惩罚项(权重平方)。

6. 批量归一化

Batchnorm 具有加速网络收敛速度、提升训练稳定性的效果，Batchnorm 本质上是解决反向传播过程中的梯度问题。Batchnorm 全名是 Batch Normalization，简称 BN，即批规范化，通过规范化操作可以保证网络的稳定性。

2.4 本 章 小 结

本章首先介绍了本书应用到的一些数学基础知识，包括概率论中的样本空间、概率、随机变量、条件概率公式、全概率公式、贝叶斯公式、期望、方差，信息论中的自信息、熵、联合熵、条件熵、互信息、相对熵、交叉熵、困惑度和噪声信道模型；然后，介绍深度学习中的一些数学知识，包括最大似然估计、梯度分析、梯度下降法、梯度消失和梯度爆炸问题。

习 题 2

1. 介绍条件概率和贝叶斯公式的应用。

2. 用通俗的语言介绍联合熵、条件熵和相对熵。

3. 分析困惑度与交叉熵的关系。

4. 甲、乙两个盒子都存放长、短两种规格的螺栓，甲盒有 60 个长螺栓、40 个短螺栓，乙盒有 20 个长螺栓、10 个短螺栓。现从中任取一盒，再从此盒中任取一个螺栓，求此螺栓是长螺栓的概率；若发现是长螺栓，求此螺栓是从甲盒中取出的概率。

5. 在自然语言中寻找一种"语言现象"，使之可以用二项分布描述，并且给出参数 p 的最佳估计。

6. 选取一段短文本，计算文本中字母的相对频率，假设这些都是实际的概率分布，试给出该分布的熵。

7. 另外选取一段短文本，用相同的方法计算它的概率分布，试给出该分布和习题 6 概率分布之间的 KL 散度。可能需要对该习题中的分布进行一些平滑，用一个小概率值 c 代替那些零概率事件。

8. 举例说明 KL 散度的非对称性，例如对于两个分布函数 p 和 q，$D(p,q) \neq D(q,p)$。

习题 2 答案

第3章 语言模型

语言模型在自然语言处理领域的应用一般有以下几个方面：文本分类、机器翻译、词性标注、解析和文本摘要等。简单来说，语言模型就是一组单词的概率分布，它表示该文本存在的可能性，概率越高，该文本就越像"人说的话"。本章主要介绍语言模型的基本概念、评价标准、数据平滑、种类和应用等。读者在理解相关概念的基础上进行相关应用练习。

(1) 语言模型的基本概念。
(2) 语言模型的性能指标及评价标准。
(3) 语言模型数据平滑的方法及应用。
(4) 神经网络语言模型的种类及应用。

3.1 语言模型概念及基础理论

语言模型是通过给定文本进行有效向量化表示的操作，以便后续进行相应的处理，语言模型几乎是所有自然语言处理任务的第一步，语言模型一开始是通过语法规则进行处理，后续发展为概率模型，如今最常用的是神经概率语言模型。本节主要介绍基于深度学习的语言模型的基本理论内容。

3.1.1 n 元语法模型

n-gram(n 元)语法模型是一种概率语言模型，在文本分类、情感预测和机器翻译等领域发挥了巨大的作用。

假设有文本序列 $(w_1, w_2, \cdots, w_n)$，其中，w_i 表示一个单词，计算为

$$P(w_1, w_2, \cdots, w_n) = \prod_{i=1}^{n} P(w_i \mid w_1, w_2, \cdots, w_{i-1}) \tag{3-1}$$

则某一个单词 i 在其给定上下文 s 中的最大似然概率表示为

$$P(w_i \mid s) = \frac{C(s, w_i)}{C(s)} \tag{3-2}$$

式中，$C(s,w_i)$ 为上下文 s 与单词 i 共同出现的次数，上下文 s 通常由几个单词组成，以三元语法模型为例，$|s|=2$，当不考虑上下文时称为一元语法模型。当 n 选择较大的值时，计算种类复杂多变，但是效果会比较好；n 选择较小的值会使统计结果更可靠、更通用，但约束性会更弱。

具体来说，如果有一个由 m 个词组成的序列(或者说一个句子)，希望算得概率 $P(w_1,w_2,\cdots,w_m)$，根据链式法则进行计算：

$$P(w_1,w_2,\cdots,w_m) = P(w_1)P(w_2\mid w_1)P(w_3\mid w_1,w_2)\cdots P(w_m\mid w_1,w_2,\cdots,w_{m-1}) \qquad (3\text{-}3)$$

这个概率显然不容易计算，所以此时也可以使用马尔可夫链假设，即当前词只与前一个定界词相关，因此无须回溯到第一个词，上面的公式可以显著减少其长度，计算为

$$P(w_1,w_2,\cdots,w_m) = P(w_i\mid w_{i-n+1},\cdots,w_{i-1}) \qquad (3\text{-}4)$$

为什么这个马尔可夫链假设有效？人们在现实情况下尝试了 $n=1,2,\cdots$ 的值后，再根据时间和空间权衡真实效果，发现它的效果非常好，因此其得到了人们普遍的认可。下面分别给出一元、二元及三元模型的定义。

当 $n=1$ 时，一个一元模型计算见式(3-5)：

$$P(w_1,w_2,\cdots,w_m) = \prod_{i=1}^{m} P(w_i) \qquad (3\text{-}5)$$

当 $n=2$ 时，一个二元模型计算见式(3-6)：

$$P(w_1,w_2,\cdots,w_m) = \prod_{i=1}^{m} P(w_i\mid w_{i-1}) \qquad (3\text{-}6)$$

当 $n=3$ 时，一个三元模型计算见式(3-7)：

$$P(w_1,w_2,\cdots,w_m) = \prod_{i=1}^{m} P(w_i\mid w_{i-2},w_{i-1}) \qquad (3\text{-}7)$$

接下来的做法就很简单了，在给定的训练语料中，以上所有的条件概率(因为一个句子出现的概率被转换为右边条件概率值的乘积)都是在统计上使用贝叶斯定理计算的，该公式可以导出如下。

对于二元模型而言，计算见式(3-8)：

$$P(w_i\mid w_{i-1}) = \frac{C(w_{i-1},w_i)}{C(w_{i-1})} \qquad (3\text{-}8)$$

对于 n 元模型而言，计算见式(3-9)：

$$P(w_i\mid w_{i-n-1},\cdots,w_{i-1}) = \frac{C(w_{i-n-1},\cdots,w_i)}{C(w_{i-n-1},\cdots,w_{i-1})} \qquad (3\text{-}9)$$

另外，使用输入法输入汉字时，输入法通常可以连接全词，例如，输入一个"我"字，通常输入法会检查输入是否是"我们"。从上面的介绍中，读者应该可以敏锐地看出这确实是基于 n-gram 模型的。

那么当在输入法中打出"我们"一词的时候，后面会出现"我们不一样""我们的歌"等候选结果，这些是怎么出来的？怎么排序的？它的原理是什么呢？

它实际上是源自语言模型的，如果使用二进制语言模型来预测下一个单词，排序过程如下：$P("的歌第二季"|"我们")>P("的歌"|"我们")>P("与恶的距离"|"我们")>\cdots>P("的父辈"|"我们")$，这些概率的计算和上面完全一样，数据的来源可能是用户的搜索历史。

总体而言，n-gram 模型在很多领域得到了广泛的应用，但它仍然存在以下问题。

(1) 模型无法量化词之间的相似度。假设有两个相似的词："苹果"和"水果"。如果"苹果"在某个词序列之后频繁出现，那么模型也考虑到"水果"出现在该词之后的概率比较高。例如，"红色的苹果"很常见，可以合理地假设"红色的水果"也很常见。

(2) n-gram 模型难以对长程依赖问题进行建模，假如选择的 n 值较大，模型计算非常烦琐，无法得到有效训练。

3.1.2　神经概率语言模型

在 n-gram 模型中，一般会选择使用最大对数似然来进行目标函数的计算：

$$L = \sum \log P(w_i \,|\, s) \tag{3-10}$$

可见，$P(w_i\,|\,s)$ 实际上是 w_i 与 s 的函数，计算见式(3-11)：

$$P(w_i \,|\, s) = F(w_i, s, \theta) \tag{3-11}$$

Bengio 模型以当前词的前 $n-1$ 个词作为输入，计算当前词的出现概率，即

$$P(w_t \,|\, w_{t-1}, \cdots, w_{t-n+1}) = \frac{\mathrm{e}^{y_{w_t}}}{\sum_i \mathrm{e}^{y_i}} \tag{3-12}$$

$$y = b + Wx + U \tanh(d + Hx) \tag{3-13}$$

$$x = (w_{t-1}, \cdots, w_{t-n+1}) \tag{3-14}$$

$$L = \frac{1}{T} \sum_t \log f(w_t, w_{t-1}, \cdots, w_{t-n+1}; \theta) + R(\theta) \tag{3-15}$$

式中，W、U、H 为神经网络的权重；b、d 为偏置量；y_i 为每个输出单词 i 的非标准对数概率；$R(\theta)$ 是正则化项。式(3-15)为模型的损失函数。

Bengio 模型提供了一种将神经网络集成到概率语言模型中的方法。此外，神经网络本身的优势消除了对各种平滑方法的需求，避免了数据稀缺和维度问题。同时，它的泛化能力比 n-gram 模型要好，而且该模型需要的学习参数也远少于概率语言模型。

3.1.3　预训练语言模型

目前，关于预训练语言模型的研究主要集中于以下四个方面。

(1) 双向语言模型：针对给定的单词序列 $(w_1, w_2, \cdots, w_N)$，利用其上文中的内容进行计

算得出的概率为前向语言模型，即

$$P(w_1, w_2, \cdots, w_N) = \prod_{k=1}^{N} P(w_k \mid w_1, w_2, \cdots, w_{k-1}) \tag{3-16}$$

对应的后向语言模型计算为

$$P(w_1, w_2, \cdots, w_N) = \prod_{k=1}^{N} P(w_k \mid w_{k+1}, w_{k+2}, \cdots, w_N) \tag{3-17}$$

其优化目标为最大化两个方向的对数似然，即

$$\sum_{k=1}^{N} (\log P(w_k \mid w_1, w_2, \cdots, w_{k-1}; \theta_x, \vec{\theta}_{\text{network}}) + \log P(w_k \mid w_{k+1}, w_{k+2}, \cdots, w_N; \theta_x, \overleftarrow{\theta}_{\text{network}})) \tag{3-18}$$

式中，x 为输入单词的表示；$\vec{\theta}_{\text{network}}$ 与 $\overleftarrow{\theta}_{\text{network}}$ 为用于前向和后向建模的神经网络参数。

(2) 掩蔽语言模型(MLM)：在对预训练语言模型的研究中，掩蔽语言模型成为最常用的预训练目标任务之一，以 Bert 模型中使用的掩蔽策略为例，选择输入序列中 15%的元素作为掩蔽位置，80%的掩蔽位置替换为[mask]，10%的掩蔽位置替换为其他位置的元素，10%的掩蔽位置不替换，该模型引入了去噪自编码器的思想，从人为添加到模型的噪声中恢复原始输入。

(3) 排序语言模型(PLM)：对于给定的输入序列 $(w_1, w_2, \cdots, w_N)$，用 Z_T 表示序列 $(w_1, w_2, \cdots, w_N)$ 输入后可能组成的全部集合内容，用 z_t 表示一个排列 $z \in Z_T$ 中的第 t 个元素，$z_{<t}$ 表示一个排列 $z \in Z_T$ 中的前 $t-1$ 个元素。排序语言模型的目标函数形式化表示为

$$\max E_{z \sim Z_T} \left[\sum_{t=1}^{T} \log p_\theta(x_{z_t} \mid x_{z_{<t}}) \right] \tag{3-19}$$

(4) 编码器-解码器框架：编码器-解码器的思想首先用于机器翻译领域，然后广泛用于创建预训练的语言模型。使用编码器-解码器框架的语言模型的优势在于它们对文本摘要和机器翻译任务很有用。但是，由于模型由编码器和解码器组成，因此模型的尺寸一般较大，需要大量的算力来支持。

在编码器部分，针对 RNN 模型中设定的单词序列 $(w_1, w_2, \cdots, w_T)$ 的，第 t 个时间步，其隐藏状态 h_t 计算为

$$h_t = f(h_{t-1}, x_t) \tag{3-20}$$

序列中所有的元素输入完成后，RNN 的隐藏状态中会有一个 c 作为中间语义的表示，在解码器部分，RNN 的隐藏状态计算为

$$h_t = f(h_{t-1}, y_{t-1}, c) \tag{3-21}$$

解码后输出的条件概率计算为

$$P(y_t \mid y_{t-1}, y_{t-2}, \cdots, y_1, c) = g(h_t, y_{t-1}, c) \tag{3-22}$$

式中，函数 g 一般为 Softmax 函数。

编码器-解码器框架以最大化条件对数似然作为优化的目标函数为

$$\max_{\theta} \frac{1}{N} \sum_{n=1}^{N} \log p_{\theta}(y_n | x_n) \tag{3-23}$$

3.2 语言模型性能评价

不同的语言模型表现出来的效果也不一样，那么针对不同的自然语言处理任务，该如何去选择所需要的语言模型呢？又如何去判断我们所选取的语言模型是否合适、效果是否更佳呢？本节就语言模型性能评价方面，引入了困惑度的概念。

3.2.1 基于信息熵的语言模型复杂度度量

在信息学中，如果字符集 V 的大小 $|V|$ 与所考虑的语言相对应，要区别每个字符就需要 $\log_2 |V|$ 比特的信息。也就是说，每个字符所含的信息量为 $\log_2 |V|$，记为 H_0。

但实际的自然语言中如果暂不考虑上下文相关性，假设第 $i(i=1,2,\cdots,|V|)$ 个字符出现的概率为 p_i，则信源输出的各字符的平均信息量为

$$H = -\sum_{i=1}^{|V|} P_i \log_2 p_i \tag{3-24}$$

式(3-24)表现出来的信息不确定性在信息论中称为熵，由于不等概率结局随机试验的不确定性小于等概率结局随机试验的不确定性，即

$$-\sum_{i=1}^{n} P_i \log_2 P_i \leqslant \log_2 |V| \text{ 即} H \leqslant H_0 \tag{3-25}$$

自然语言可以被认为是马尔可夫链，因为不仅语言中每个字符出现的概率不相等，而且上下文也是相关的。在这条链中，可以从消息的历史中预测消息的未来，马尔可夫链的迭代次数越多，对未来语音成分的预测就越准确，即条件熵计算为

$$H_n = -\sum_{w_i \in V} P(w_1, w_2, \cdots, w_n) \log_2 P(w_n | w_1, w_2, \cdots, w_{n-1}) \tag{3-26}$$

由式(3-26)可知，可以分别对一、二阶马尔可夫链进行计算得到其条件熵，一阶马尔可夫链的计算为

$$H_1 = -\sum_{i,j} P(w_i w_j) \log_2 P(w_j | w_i) \tag{3-27}$$

二阶马尔可夫链的计算为

$$H_2 = -\sum_{i,j,k} P(w_i w_j w_k) \log_2 P(w_k | w_i w_j) \tag{3-28}$$

因此，根据上述条件熵计算公式进行推导后得知：条件熵随着其阶数的上升而逐渐递减，其下界计算为

$$H_0 \geqslant H_1 \geqslant H_2 \geqslant H_3 \geqslant \cdots \geqslant H_n \cdots \geqslant H_{\infty} \tag{3-29}$$

随着语料的增加，式(3-29)中的熵会逐渐趋于稳定，这时候就可以表示为中文符号的信息集，推导公式为

$$\lim_{n \to \infty} H_n = H_{\infty} \tag{3-30}$$

另外，单词序列 $(w_1, w_2, \cdots, w_n)$ 的联合熵计算为

$$H(X) = -\sum_{w_i \in V} P(w_1, w_2, \cdots, w_n) \log_2 P(w_1, w_2, \cdots, w_n) \tag{3-31}$$

因此，对于式(3-31)中所有符号集携带的信息量，平均下来表示为 $H_n(X)$，即

$$H_n(X) = -\frac{1}{n} \sum_{w_i \in V} P(w_1, w_2, \cdots, w_n) \log_2 P(w_1, w_2, \cdots, w_n) \tag{3-32}$$

所以，平均信息熵 $H_n(X)$ 下界可由式(3-33)估计：

$$H_{\infty} = \lim_{n \to \infty} \log_2 P(w_1, w_2, \cdots, w_n) \tag{3-33}$$

由以上可知，可以用条件熵来近似描述自然语言，根据马尔可夫理论，可将语言看作 $n-1$ 阶马尔可夫链，建立一个 n-gram 模型 P_M，以 $P_M(w_1, w_2, \cdots, w_{n-1}, w_n)$ 来近似 $P(w_1, w_2, \cdots, w_{n-1}, w_n)$，即

$$P_M(w_1, w_2, \cdots, w_{n-1}, w_n) = \prod_{i=1}^{k-1} P(w_i \mid w_1, w_2, \cdots, w_{i-1}) * \prod_{i=k}^{n} P(w_i \mid w_{i-k+1}, \cdots, w_{i-1}) \tag{3-34}$$

根据信息论中 $H_{\infty}(P) \leqslant H(P_M)$ 的定理内容，无论 n 有多大，语言模型计算得到的熵值都是它所描述的语言熵的下界，从而可以得到：如果 P_M 是描述语言 L 的模型，则用 P_M 近似地计算 L 的熵，其熵值越小，说明 P_M 对语言 L 的描述越精确。

引理 3-1 假设 $P_{n-1}^1(w_i \mid w_{i-n+2}, \cdots, w_{i-2}, w_{i-1})$ 和 $P_{n-1}^2(w_i \mid w_{i-n+1}, \cdots, w_{i-2})$ 表示两个 $n-1$ 元文法模型，$P_n(w_i \mid w_{i-n+1}, \cdots, w_{i-2}, w_{i-1})$ 表示一个 n 元文法模型。

$\tilde{P}(w_i \mid w_{i-n+1}, \cdots, w_{i-2}, w_{i-1})$ 为由式(3-35)插值形成的近似 n 元文法模型：

$$\tilde{P}(w_i \mid w_{i-n+1}, \cdots, w_{i-2}, w_{i-1}) = \lambda_1 P_{n-1}^1(w_i \mid w_{i-n+2}, \cdots, w_{i-2}, w_{i-1}) + \lambda_2 P_{n-1}^2(w_i \mid w_{i-n+1}, \cdots, w_{i-2}) \tag{3-35}$$

如果记 $H(P_n)$ 为 n 元文法模型 P_n 估算的语言熵，$H(\tilde{P})$ 为近似 n 元文法模型 $\tilde{P}$ 估算的语言熵，则 $H(\tilde{P})$ 是 $H(P_n)$ 的上界。

证明 若以 $H(P_{n-1}^1)$、$H(P_{n-1}^2)$ 分别表示两个 $n-1$ 元模型对语言熵的估值，由于条件熵小于非条件熵，因此，$H(P_n) \leqslant H(P_{n-1}^1)$ 且 $H(P_n) \leqslant H(P_{n-1}^2)$，对于式(3-35)的凸组合，由熵的上凸性质可知：$H(\tilde{P}) > \lambda_1 H(P_{n-1}^1) + \lambda_2 H(P_{n-1}^2) \geqslant \lambda_1 H(P_n) + \lambda_2 H(P_n) = H(P_n)$。

3.2.2 基于困惑度的语言模型复杂度度量

困惑度用来度量一个概率分布或概率模型预测样本的好坏程度，当选择越多的时候，表示难度也越大，假设语言 L 是平稳的、各态遍历的随机过程，可得

$$H(P_M) \approx -\frac{1}{LN} \left(\sum_{i=1}^{n-1} \log_2 P_M(w_i \mid w_1^{i-1}) + \sum_{i=n}^{LN} \log_2 P_M(w_i \mid w_{i-n+1}^{i-1}) \right) \tag{3-36}$$

$H(P_M)$ 的物理意义是：当给定一段历史信息 W_{i-n+1}^{i-1} 后，利用所建立的语言模型 P_M 预测当前语言成分 W_i 出现的情况有 $2^{H(P_M)}$ 种，在这里将困惑度记为 PP，即

$$PP = 2^{H(P_M)} \tag{3-37}$$

PP 越小，说明利用模型 P_M 预测 W_i 的选择范围越小，即不确定性越小，进而说明语言模型表述语言的能力越强，即

$$H_\infty \leq H(P_M) \leq H_0 = \log_2 |V| \tag{3-38}$$

可得

$$2^{H_\infty} \leq PP \leq |V| \tag{3-39}$$

创建语言模型的目的是更准确地预测语言成分 W_i 的出现。一般来说，语言模型越不复杂，错误率就越低。但是，在某些情况下也有反例，也就是说，模型的困惑度很小，但是预测误差很大。因此，模型的最终质量应通过实际应用的有效性来检验。

3.2.3 基于语言模型的汉语信息熵估算

使用 n-gram 模型计算信息熵的步骤如下。

(1) 对大规模语料中的 n 元同现对进行统计，估计式 (3-34) 中的转移概率 $P(w_i | w_{i-N+1} \cdots w_{i-2} w_{i-1})$。

如果训练语料的规模足够大，根据最大似然估计和大数定律，即

$$P(w_i | w_{i-N+1} \cdots w_{i-2} w_{i-1}) = \frac{\text{Count}(w_{i-N+1} \cdots w_{i-1} w_i)}{\text{Count}(w_{i-N+1} \cdots w_{i-1})} \tag{3-40}$$

式中，$\text{Count}(\cdot)$ 对应语料库中参数出现的次数。

(2) 使用式 (3-36) 对 $H(P_M)$ 进行计算。

3.3 数 据 平 滑

3.3.1 问题的提出

在 3.1.1 节的例子中，很显然，如果给定一个句子，想要计算其在给定语料库中训练后的概率，则该句子的概率有可能为 0，但是这个概率在自然界中是不为 0 的，是有可能出现的。

在语音识别中，就是要找给定句子 s 对于给定的声音信号 A 使概率 $p(s|A) = \frac{p(A|s)\rho(s)}{p(A)}$ 最大。如果 $p(s) = 0$，则 $p(s|A)$ 也必然是 0，语音识别在显示 $p(s) = 0$ 的句子 s 时会遇到识别错误，这个问题同样会出现在很多自然语言处理的任务中，可以采用平滑的方式对其进行处理。

例如，可以将所有二元组的出现个数加一，因此这种方法也叫做加一法，如式 (3-41) 所示：

$$p(w_i \mid w_{i-1}) = \frac{1 + C(w_{i-1}, w_i)}{\sum_{w_i} [1 + C(w_{i-1}, w_i)]} = \frac{1 + C(w_{i-1}, w_i)}{|V| + \sum_{w_i} C(w_{i-1}, w_i)} \tag{3-41}$$

式中，V 为所有的词汇表。

3.3.2　加法平滑方法

针对上述的加一法，后续有相关研究人员做出了对应的改进。基本思想是对式(3-41)中给出的方法进行推广，将其设置为比实际数字高 δ 次，$0 \leqslant \delta \leqslant 1$，可得

$$p_{\text{add}}(w_i \mid w_{i-n+1}^{i-1}) = \frac{\delta + C(w_{i-n+1}^i)}{\delta |V| + \sum_{w_i} C(w_{i-n+1}^i)} \tag{3-42}$$

3.3.3　Good-Turing 估计法

1953 年 L. J. Good 提出了一种新的平滑方法，叫做 Good-Turing 估计法，其基本思路：对于任何一个出现 r 次的 n 元语法，都假设它出现了 r^* 次，即

$$r^* = (r + 1)\frac{n_{r+1}}{n_r} \tag{3-43}$$

式中，n_r 为训练语料中恰好出现 r 次的 n 元语法的数目，将其转换为概率，即

$$p_r = \frac{r^*}{N} \tag{3-44}$$

式中，$N = \sum_{r=0}^{\infty} n_r r^*$，见式(3-45)：

$$N = \sum_{r=0}^{\infty} n_r r^* = \sum_{r=0}^{\infty} (r+1)n_{r+1} = \sum_{r=1}^{\infty} n_r r \tag{3-45}$$

也就是说，样本中所有事件的概率之和为

$$\sum_{r>0} n_r p_r = 1 - \frac{n_1}{N} < 1 \tag{3-46}$$

3.3.4　Katz 平滑方法

Katz 平滑方法同样对 Good-Turing 估计法进行了相应的扩展，对于一个出现次数为 $r = c(w_{i-1}^i)$ 的二元语法，计算变化的计数为

$$c_{\text{Katz}}(w_{i-1}^i) = \begin{cases} d_r r, & r > 0 \\ \alpha(w_{i-1}) p_{\text{ML}}(w_i), & r = 0 \end{cases} \tag{3-47}$$

也就是说，所有具有非零计数 r 的二元语法都根据折扣率 d_r 被减值了，折扣率 d_r 近似地等于 r^* / r，根据低一阶的分布情况，这些二元语法的计数被分配为零。那么，需要

选择 $\alpha(w_{i-1})$ 值，使分布中总的计数 $\sum\limits_{w_i} c_{\mathrm{Katz}}(w_{i-1}^i)$ 保持不变，即 $\sum\limits_{w_i} c_{\mathrm{Katz}}(w_{i-1}^i)=\sum\limits_{w_i} c(w_{i-1}^i)$。

$\alpha(w_{i-1})$ 的适当值为

$$\alpha(w_{i-1})=\frac{1-\sum\limits_{w_i:c(w_{i-1}^i)>0} p_{\mathrm{Katz}}(w_i\mid w_{i-1})}{\sum\limits_{w_i:c(w_{i-1}^i)=0} p_{\mathrm{ML}}(w_i)}=\frac{1-\sum\limits_{w_i:c(w_{i-1}^i)>0} p_{\mathrm{Katz}}(w_i\mid w_{i-1})}{1-\sum\limits_{w_i:c(w_{i-1}^i)>0} p_{\mathrm{ML}}(w_i)} \tag{3-48}$$

通过归一化获得对应概率为

$$p_{\mathrm{Katz}}(w_i\mid w_{i-1})=\frac{c_{\mathrm{Katz}}(w_{i-1}^i)}{\sum\limits_{w_i} c_{\mathrm{Katz}}(w_{i-1}^i)} \tag{3-49}$$

折扣率 d_r 为

$$1-d_r=\mu\left(1-\frac{r^*}{r}\right) \tag{3-50}$$

第二个约束条件为

$$\sum_{r=1}^{k} n_r(1-d_r)r=n_1 \tag{3-51}$$

这些公式的唯一解为

$$d_r=\frac{\dfrac{r^*}{r}-\dfrac{(k+1)n_{k+1}}{n_1}}{1-\dfrac{(k+1)n_{k+1}}{n_1}} \tag{3-52}$$

对于高阶 n-gram 模型，可以使用相似的方法来定义 Katz 平滑方法。Katz 平滑方法是一种回归平滑方法，其基本思想是通过最大似然估计来估计在样本中频繁发生的事件的概率。当事件发生概率较低时，使用较低阶的语言模型作为备选来替换较高阶的语法形式，并且替换后必须保持相同的归一化系数。

3.3.5 Jelinek-Mercer 平滑方法

假定对应的单词在二元语法模型训练集中出现次数是 0，计算为

$$\begin{aligned}c(\mathrm{SEND\ THE})&=0\\ c(\mathrm{SEND\ THOU})&=0\end{aligned} \tag{3-53}$$

那么，按照前面所讲的方法可以得

$$p(\mathrm{THE}|\mathrm{SEND})=p(\mathrm{THOU}|\mathrm{SEND}) \tag{3-54}$$

认为应该是式(3-55)：

$$p(\mathrm{THE}|\mathrm{SEND})>p(\mathrm{THOU}|\mathrm{SEND}) \tag{3-55}$$

因为对应上下文信息单词 THE 出现的次数要更多，所以一元模型实际上只反映了在对应训练集中某些单词的出现频次，最大似然一元模型的计算为

$$p_{\mathrm{ML}}(w_i) = \frac{c(w_i)}{\sum_{w_i} c(w_i)} \tag{3-56}$$

那么，可以将二元文法模型和一元文法模型进行线性加权，即

$$p_{\mathrm{interp}}(w_i \mid w_{i-1}) = \lambda p_{\mathrm{ML}}(w_i \mid w_{i-1}) + (1-\lambda)p_{\mathrm{ML}}(w_i) \tag{3-57}$$

式中，$0 \leqslant \lambda \leqslant 1$，由于 $p_{\mathrm{ML}}(\mathrm{THE}\mid\mathrm{SEND}) = p_{\mathrm{ML}}(\mathrm{THOU}\mid\mathrm{SEND}) = 0$，根据 $p_{\mathrm{ML}}(\mathrm{THE}) \gg p_{\mathrm{ML}}(\mathrm{THOU})$，可以得

$$p_{\mathrm{interp}}(\mathrm{THE}\mid\mathrm{SEND}) > p_{\mathrm{interp}}(\mathrm{THOU}\mid\mathrm{SEND}) \tag{3-58}$$

这正是希望得到的。

P.F.Brown 等针对上述插值方法提出了新的见解，详情见式(3-59)：

$$p_{\mathrm{interp}}(w_i \mid w_{i-n+1}^{i-1}) = \lambda_{w_{i-n+1}^{i-1}} p_{\mathrm{ML}}(w_i \mid w_{i-n+1}^{i-1}) + (1-\lambda_{w_{i-n+1}^{i-1}})p_{\mathrm{interp}}(w_i \mid w_{i-n+2}^{i-1}) \tag{3-59}$$

最后结束递归时，能够采用最大似然分布的方式，即

$$p_{\mathrm{unif}}(w_i) = \frac{1}{|V|} \tag{3-60}$$

3.3.6 Witten-Bell 平滑方法

T.C.Bell、J.G.Cleary 和 I.H.Witten 提出了一种新的数据平滑方法——Witten-Bell 平滑方法，即

$$p_{\mathrm{WB}}(w_i \mid w_{i-n+1}^{i-1}) = \lambda_{w_{i-n+1}^{i-1}} p_{\mathrm{ML}}(w_i \mid w_{i-n+1}^{i-1}) + (1-\lambda_{w_{i-n+1}^{i-1}})p_{\mathrm{WB}}(w_i \mid w_{i-n+2}^{i-1}) \tag{3-61}$$

为了计算式(3-61)中 $\lambda_{w_{i-n+1}^{i-1}}$ 的大小，需要知道上文中 w_{i-n+1}^{i-1} 后接的不同单词的数目，并把这个值记作 $N_{1+}(w_{i-n+1}^{i-1}\bullet)$，规范的定义为

$$N_{1+}(w_{i-n+1}^{i-1}\bullet) = |\{w_i : c(w_{i-n+1}^{i-1}w_i) > 0\}| \tag{3-62}$$

式中，N_{1+} 表示出现过一次或多次的单词的数目；点"$\bullet$"表示统计过程中的自变量。定义 Witten-Bell 平滑参数 $\lambda_{w_{i-n+1}^{i-1}}$ 为

$$\lambda_{w_{i-n+1}^{i-1}} = 1 - \frac{N_{1+}(w_{i-n+1}^{i-1}\bullet)}{N_{1+}(w_{i-n+1}^{i-1}\bullet) + \sum_{w_i} c(w_{i-n+1}^{i})} \tag{3-63}$$

代入式(3-61)后得

$$p_{\mathrm{WB}}(w_i \mid w_{i-n+1}^{i-1}) = \frac{c(w_{i-n+1}^{i}) + N_{1+}(w_{i-n+1}^{i-1}\bullet)p_{\mathrm{WB}}(w_i \mid w_{i-n+2}^{i-1})}{\sum_{w_i} c(w_{i-n+1}^{i}) + N_{1+}(w_{i-n+1}^{i-1}\bullet)} \tag{3-64}$$

还可用另一种方式 Good-Turing 估计来估计新单词对应的概率，即

$$p_{gd}(w_i \mid w_{i-n+1}^{i-1}) = \frac{N_1(w_{i-n+1}^{i-1}\bullet)}{\sum_{w_i} c(w_{i-n+1}^{i})} \tag{3-65}$$

式中，$N_1(w_{i-n+1}^{i-1}\bullet) = |\{w_i : c(w_{i-n+1}^{i-1}w_i) = 1\}|$。

3.3.7　绝对减值法

绝对减值法同样涉及高阶模型和低阶模型的加权问题，计算为

$$p_{\text{abs}}(w_i \mid w_{i-n+1}^{i-1}) = \frac{\max\{c(w_{i-n+1}^i) - D, 0\}}{\sum\limits_{w_i} c(w_{i-n+1}^i)} + (1 - \lambda_{w_{i-n+1}^{i-1}}) p_{\text{abs}}(w_i \mid w_{i-n+2}^{i-1}) \tag{3-66}$$

将其概率分布之和化为 1，有式(3-67)：

$$1 - \lambda_{w_{i-n+1}^{i-1}} = \frac{D}{\sum\limits_{w_i} c(w_{i-n+1}^i)} N_{1+}(w_{i-n+1}^{i-1} \bullet) \tag{3-67}$$

后续有相关学者通过训练语料上被删除的估计值来设置 D 值，即

$$D = \frac{n_1}{n_1 + 2n_2} \tag{3-68}$$

式中，n_1 为将一次 n 元语法模型在训练语料中进行求和得到的结果；n_2 为将两次 n 元语法模型在训练语料中进行求和得到的结果，n 为被加权的高阶模型的阶数。

3.4　神经网络语言模型

近年来，随着深度学习和相关技术的发展，NLP 领域的研究取得了长足的进步。研究人员开发了不同的模型和方法来解决 NLP 中的不同问题。本节有五个部分：基础模型、CNN 模型、RNN 模型、Attention 模型和 Transformer 模型，系统地呈现神经网络语言模型的发展现状。

3.4.1　基础模型

在 Word2Vec 词向量上，相关研究人员采用 Skip-gram 来进行训练，FastText 通过对模型进行相关的优化，能够使模型在大量数据集上的训练时间得到大幅度缩减；卷积神经网络、循环神经网络也同样是自然语言处理任务中经常使用的模型，下面将介绍一些自然语言处理任务中使用的神经网络语言模型。

1. Word2Vec

Mikolov 等提出在自然语言表示上，词向量对应的加减结果刚好是它们对应的词语的词意组合，他们使用 CBOW 和 Skip-gram 在词向量训练上取得了很不错的效果，Word2Vec 词向量有两种不同的训练方式，分别为 CBOW 和 Skip-gram。CBOW 是通过去掉中间词预测其上下文信息；而 Skip-gram 则是通过一个中间词预测其上下文信息，图 3-1 展示了 Word2Vec 的两种不同训练方式的计算过程。

2. FastText

2016 年，Mikolov 等提出了一种简单轻量级的文本分类神经网络语言模型。该模型

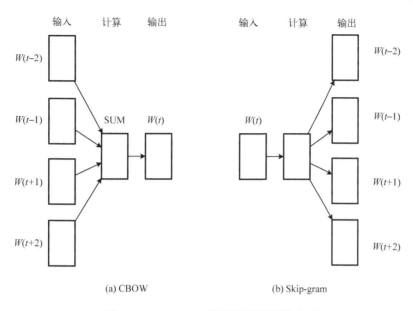

(a) CBOW　　　　　　　　　　　　(b) Skip-gram

图 3-1　Word2Vec 的两种不同训练方式

类似于 Word2Vec 中提出的 CBOW，但也有所不同：对于每个词的嵌入向量，需要补充字级别的 *n*-gram 特征向量，然后对 *n*-gram 特征向量求和平均，并使用基于哈夫曼

(Huffman)树的分层 Softmax 函数输出相应的类标签。FastText 可以实现出色的效果和较快的训练速度，有两个优化点：一是引入 subword *n*-gram 的概念来解决形态变化的问题；二是利用词语级 *n*-gram 信息把握字母之间的排序关系并对其进行排序，依次丰富单词内部更细微的语义；其中 *k* 是类别个数，*h* 是文本表示的维度，其模型架构图如图 3-2 所示。

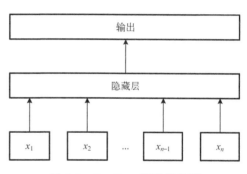

图 3-2　FastText 模型架构图

3.4.2　CNN 模型

向量可以通过一个低维的分布式空间有效地表示单词，这成为 NLP 中深度学习研究的基础。基于词向量从词向量序列中提取高级特征并将其应用于机器翻译、情感分析、问答和摘要等 NLP 任务，需要一个有效的特征提取器。卷积神经网络(CNN)在机器视觉中提取特征的能力对于自然语言处理领域的研究人员来说并不奇怪。CNN 非常适合捕获局部特征，如用于文本分类的 TextCNN。然而，CNN 存在长程依赖的问题，在其与 RNN 的竞争过程中，相关研究人员正在继续磨炼 CNN 所具有的独特能力。

1. TextCNN

2014 年，Kim 提出基于预训练 Word2Vec 的 TextCNN 模型用于句子分类任务。TextCNN 表示对于输入长度为 *n*、词向量维度为 *d* 的句子，有 filter_size=(2,3,4)的一维卷积层，每个 filter 有 2 个通道，相当于分别提取两个 2-gram、3-gram 和 4-gram 特征。卷积操作 $c_i = f(w \cdot x_{i:i+h-1} + b)$ 通过滑动窗口 w，跟句子中的所有词进行卷积运算，得到特征映射 $c = (c_1, c_2, \cdots, c_{n-h+1})$，然后通过 1-max pooling(最大池化)操作提取特征映射 c 中最大的值。最后，通过 Softmax 函数得到分类结果。

2. DCNN

2014 年，Kalchbrenner 等在卷积神经网络的基础上，提出了新的动态卷积神经网络，叫做 DCNN，该网络能够动态选择 K 个特征来进行后续相关处理。除了 K-max pooling 外，该模型还有两个重要的特点：宽卷积和折叠。宽卷积是指句子左右两边的补零和重新排列活动，导致新的特征图比原始特征图更长，使得句子中的单词更有可能合并；折叠是指每两行特征进行一次堆叠，以便在最终的 K-max pooling 之前减少特征维度。这种结构不需要通过解析树来从集合中生成特征图以及捕获语义关系。

3. GCN

GCN 也是一种特征提取器，只是对象是图数据。假设有图 $G = (V, E)$，其中 V 为结点的集合，E 为边的集合，对于每个结点 i，均有特征 X_i，可以用矩阵 $X^{N \times D}$ 表示。其中 N 表示结点数，D 表示每个结点的特征数，图卷积算子的计算为

$$h_i^{l+1} = \sigma \left(\sum_{j \in N_i} \frac{1}{c_{ij}} h_j^l W_{R_j}^l \right) \tag{3-69}$$

式中，h_i^l 为结点 i 在第 l 层的特征表达；c_{ij} 为归一化因子；N_i 为结点 i 的邻居结点，包含 i 本身；R_j 为 j 的类型；W_{R_j} 为 R_j 类型结点的变换权重参数。图卷积神经网络可以分三个步骤来理解。

第一步：每个结点将自己的特征信息发送给相邻结点。在这一步中，结点的特征信息能够被提取和变换。

第二步：接收每个结点的特征信息后将其和图中邻居结点的特征进行聚合，实现结点局部结构信息的顺利融合。

第三步：把前面的信息聚集之后做非线性变换，增强模型的表达能力。

3.4.3　RNN 模型及其变体

与 CNN 相比，RNN 更擅长处理时间序列信息和长期依赖关系，因此，RNN 具有近似于人类语言的特征。人类的思维基于先知，而对文章中每一个词的理解都基于以前出现过的词。因此，RNN 用于大多数 NLP 操作，基于 RNN，研究人员整合不同的机制来满足不同 NLP 工作空间的需求。近年来，研究人员也针对 RNN 梯度消失和复杂数据处理的问题做了很多相关研究。

1. RNN

早在 1990 年，Elman 就提出了利用时间序列信息的想法。之所以称为循环神经网络模型，是因为模型对语句的所有元素执行相同的操作，此刻的计算取决于上一次的计算

结果。换句话说，RNN 模型具有"记忆"功能，允许在当前计算中捕获先前计算的信息。首先，观察下面的简单循环神经网络，它由输入层、隐藏层和输出层组成(图 3-3)。

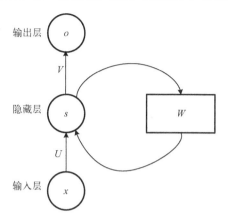

图 3-3　一个简单的循环神经网络结构图

图 3-3 中 x 表示输入层的值，s 表示隐藏层的值，U 是输入层到隐藏层的权重矩阵，o 表示输出层的值，V 是隐藏层到输出层的权重矩阵，RNN 中隐藏层的值 s 不仅仅取决于当前的输入 x，还取决于上一次隐藏层的值 s，权重矩阵 W 就是将隐藏层上一次的值作为这一次的输入的权重，如果把图 3-3 展开，RNN 也可以表示为图 3-4。

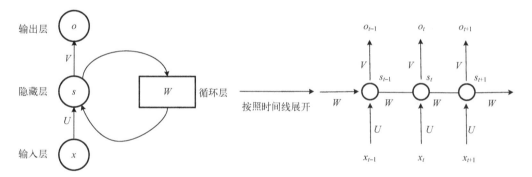

图 3-4　RNN 时间线展开图

这个网络在 t 时刻接收到输入 x_t 之后，隐藏层的值是 s_t，输出值是 o_t，循环神经网络的计算方法为

$$o_t = g(V \cdot s_t)$$
$$s_t = f(U \cdot x_t + W \cdot s_{t-1}) \tag{3-70}$$

式中，s_t 的值不仅仅取决于 x_t，还取决于 s_{t-1}。

2. LSTM

前面所提到的 RNN 存在严重的梯度消失和梯度爆炸问题，1997 年相关研究人员在 LSTM 中提出了门机制来解决这个问题，LSTM 包含三个主要门：输入门、遗忘门和输出门。

LSTM(长短期记忆)网络是一种特殊的 RNN，主要是为了解决上述 RNN 所面临的难点问题而提出的，LSTM 有两个传输状态：c^t (Cell State)和 h^t (Hidden State)，其内部计算过程如图 3-5 所示。

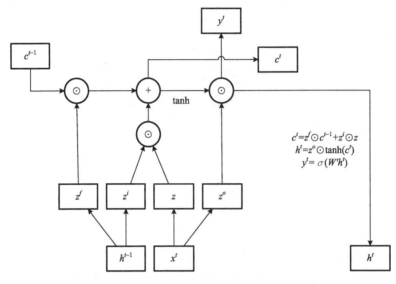

图 3-5　LSTM 计算过程

LSTM 内部主要有三个阶段。

(1) 忘记阶段。这个阶段是对前面结点传递过来的信息进行忘记，当然并不会全部忘记，而是采用局部忘记的方式。

(2) 选择记忆阶段。这个阶段是将输入的信息进行局部选择"记忆"，主要是对输入 x^t 进行选择记忆。

(3) 输出阶段。这个阶段是决定将哪些通过计算得到的信息当成当前状态的输出，主要是通过 z^o 来进行控制的。

与普通 RNN 类似，输出 y^t 往往最终也是通过 h^t 变化得到的。

3. Bi-LSTM

Bi-LSTM 是 LSTM 的扩展，即前向 LSTM 和反向 LSTM 与后向 LSTM 的结合。2016 年，Lample 等使用 Bi-LSTM 进行命名实体识别(NER)，该模型使用两层双向 LSTM 作为编码器，可以为每个目标词捕获无限长的上下文信息，其模型结构图如图 3-6 所示。

4. GRU

GRU 是循环神经网络的一种，和 LSTM 一样，也是为了解决长期记忆和反向传播中的梯度等问题而提出来的。从 LSTM 的介绍可以知道，一个时间 t 内要计算的东西有很多，包括三个门、权重向量 z，然后还要计算两种信息：全局的和局部的，计算量非常大。基于此诞生了 GRU，它跟 LSTM 有相当的效果，但是比 LSTM 的计算更简单，更节省时间和算力。

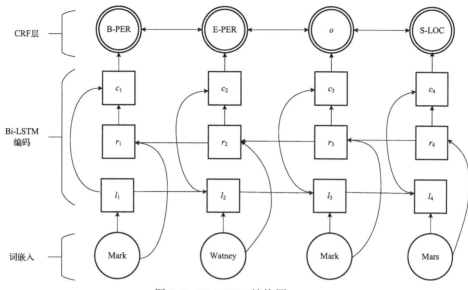

图 3-6 Bi-LSTM 结构图

3.4.4 Attention 模型

与 CNN 和 RNN 不同，注意力机制允许模型专注于关键和重要信息并提取其特征以进行学习分析。如何理解注意力机制？就像在人类世界中，当看到一个人走过时，眼睛是否会通过专注于面部来识别这个人，而面部之外的信息会被暂时忽略？对于语言模型，需要从输入文本中提取重要信息，以便模型做出更准确的决策。该如何做到这一点呢？将输入文本中的每个单词被赋予不同的权重，包含重要信息的单词将被赋予更高的权重。抽象地说，输入有一组对应的查询和键值向量，通过计算 Query-Key 关系函数，给每个值赋予不同的权重，最终得到正确的向量输出。

1. Attention 原理

Bahdanau 在 2015年首次提出的包含 Attention(注意力)机制的 Encoder-Decoder 结构即给定一个长度为 n 的源序列 x，并尝试输出一个长度为 m 的目标序列 y：

$$x = (x_1, x_2, \cdots, x_n)$$
$$y = (y_1, y_2, \cdots, y_m)$$

Encoder 是一个双向 RNN，该 Encoder 将输入的每个 x_i 进行编码，使之具有前向隐藏状态 $\vec{h}_i$ 和后向隐藏状态 $\bar{h}_i$，直接将这两个隐藏状态进行拼接来表示 x_i 的状态，这样做的动机是在一个单词的表征中将其前面和后面的单词的含义也包含进来：

$$h_i = [\vec{h}_i^\mathrm{T}; \bar{h}_i^\mathrm{T}]^\mathrm{T}, \quad i = 1, 2, \cdots, n$$

Decoder 网络在位置 $t = 1, 2, \cdots, m$ 处的输出词语具有隐藏状态 $s_t = f(s_{t-1}, y_{t-1}, c_t)$，其中上下文向量 c_t 是输入序列包含的所有 x_i 的隐藏状态的加权和。

ALIGN 模型根据匹配程度，将分数 $\alpha_{t,i}$ 分配给位置 i 处的输入和位置 t 处的输出 (y_t, x_i)。α_t 是权重集合，用于定义对于每个输出，应该考虑的源输入中的每个隐藏状态的比重。在该模型中，匹配分数 $\alpha_{i,j}$ 由具有单个隐藏层的前馈网络进行参数化，并且该网络与模型的其他部分共同训练。

2. Self-Attention

Self-Attention 结合单个序列中的不同位置以计算同一序列中的表示，展示了该模型在机器阅读和图像描述生成方面的强大功能。

对于一个单词结点来说，它从其他单词结点收到的每条信息的 Value 的权重取决于它自身的 Query 与其他单词的 Key。单词结点 i 的 Value、Query 以及 Key 都是由单词结点 i 的 Embedding h_i 通过映射计算得到的。给定维度 d_k 和 d_v 按照如下方式定义：$q_i = W^Q h_i$，$k_i = W^K h_i$，$v_i = W^V h_i$，其中 W^V 为 $d_v \times d_h$ 的矩阵，W^Q 与 W^K 为 $d_k \times d_h$ 的矩阵。通过 Query 与 Key，可以计算结点 i 的 Query q_i 与结点 j 的 Key k_j 的关联性 $u_{ij} \in \mathbf{R}$，计算见式(3-71)：

$$u_{ij} = \begin{cases} \dfrac{q_i^{\mathrm{T}} k_j}{\sqrt{d_k}}, & \text{如果} i \text{和} j \text{相邻} \\ -\infty, & \text{其他} \end{cases} \tag{3-71}$$

接下来介绍如何使用向量来计算 Self-Attention，然后介绍如何使用矩阵来实现 Self-Attention。

第一步：对于每个 Encoder 输入的单词，创建一个 Query 向量、一个 Key 向量和一个 Value 向量。通过将 Embedding 乘以在训练过程中训练的三个矩阵来创建这些向量。

第二步：计算分数。通过计算 Query 向量与需要计算分数的各个单词的 Key 向量的点积来计算所得分数，因此，如果正在计算第一个位置的 Self-Attention，则第一个分数将是 q_1 和 k_1 的点积，第二个分数将是 q_2 和 k_2 的点积。

第三步：将分数除以 $\sqrt{d_k}$ (一般使用 Key 向量的维度 d_k 的平方根)。

第四步：通过 Softmax 函数对分数进行归一化操作，使所有分数均为正且和为 1。

第五步：将每个 Value 向量乘以 Softmax 分数。这样做是为了保持要关注的单词的 Value 向量完整，并忽略无关的单词(例如，将它们乘以 0.001 之类的小数字)。

第六步：对加权向量求和，在当前位置(第一个单词"Thinking")产生 Self-Attention 的输出。

通过以上六个步骤生成的向量 z_1 是可以输入到前馈神经网络的向量。因此，首先要计算 Query、Key 和 Value(简称 Q、K 和 V)矩阵。为此，将每个单词的 Embedding 打包到矩阵 X 中，然后将其乘以在训练过程中训练的三个权重矩阵 W^Q、W^K、W^V，其中 X 矩阵中的每一行对应于输入句子中的一个单词。

最后，将第二步至第六步进行融合计算，从而得出 Self-Attention 的输出。

3. Multi-Head Self-Attention

不同于 Self-Attention，Multi-Head Self-Attention(多头注意力机制)不是计算一次 Attention，而是并行地计算多次 Scaled Dot-Product Attention。每个单独的 Self-Attention

输出被直接连接起来并通过线性变换来缩放尺寸，计算见式(3-72)：

$$\text{Multi-Head}(Q,K,V) = [\text{head}_1, \text{head}_2, \cdots, \text{head}_h]W^O$$

$$\text{where head}_i = \text{Attention}(QW_i^Q, KW_i^K, VW_i^V)$$

(3-72)

Multi-Head Self-Attention 的设计主要有两个好处。

(1) 它提升了模型专注于不同位置的能力。例如，在 Self-Attention 中，z_1 主要由自身对应的单词 embedding 信息决定，但同时还包含其他单词 embedding 信息的一小部分。

(2) 它为 Attention Layer 提供了多个"表征子空间"。在 Multi-Head Self-Attention 下，有多组 Query/Key/Value 权重矩阵(Transformer 使用八个 Attention Head，因此每个 Encoder-Decoder 最终得到八组矩阵)。每组矩阵都是随机初始化的。在训练后，每组 $Q/K/V$ 矩阵可以用于将输入的 embedding(或来自较低层的 Encoder-Decoder 的处理过的向量)投影到不同的表征子空间中。

在 Multi-Head Self-Attention 中，可以定义多组 Q、K 和 V，它们分别可以关注不同的上下文。计算 Q、K 和 V 的过程还是与 Self-Attention 一样，只不过现在变换矩阵从一组 (W^Q, W^K, W^V) 变成了多组 $(W_0^Q, W_0^K, W_0^V), (W_1^Q, W_1^K, W_1^V), \cdots$，对于每组计算得到的输出矩阵 Z_i，按照它的第二个维度进行拼接，这样操作完成后特征会比较多，可以加入一个线性变换对它进行压缩。

4. ATAE-LSTM

2016 年一些学者提出了一种基于 Attention 机制的 LSTM 模型，用于 aspect 级情感分类，在分析不同方面的情感倾向时，模型可以关注句子的不同部分。LSTM 模型不仅可以捕获与 aspect 相关的重要词或模棱两可的词，还可以识别句子中不同位置的重要信息，该模型有两个主要特点。

1) aspect-embedding

在给定某个 aspect 对句子的极性进行分类时，方面信息很重要。可以学习每个方面的嵌入向量，以充分利用 aspect 信息。在该模型中有两次用到 aspect 向量，第一次是在输入层，将输入层向量与 aspect 向量进行拼接作为输入，这样输出的隐藏表示 $(h_1, h_2, \cdots, h_N)$ 可以具有来自各方面的信息。第二次是在计算权重矩阵 a 的时候，将 LSTM 输出的向量表示与 aspect 向量进行拼接，这样可以对单词与输入方面之间的相互依赖性进行建模。

2) attention-mechanism

在句子中，注意力机制的作用是为不同单词赋予不同的权重，以反映它们的重要程度。一旦确定了要对评论的哪个方面进行情感极性分析，注意力机制就可以通过为该方面的不同单词分配不同的权重，通过加权求和计算出句子表示，提高准确性，更好地分析情感极性。

在 aspect 级情感分析任务中，通过加入 Attention 机制，可以捕捉句子的关键部分以响应给定的 aspect，计算见式(3-73)：

$$M = \text{tahh}\left(\begin{bmatrix} W_h H \\ W_v v_a \otimes e_N \end{bmatrix}\right)$$

$$\alpha = \text{softmax}(w^{\mathrm{T}} M) \tag{3-73}$$

$$r = H\alpha^{\mathrm{T}}$$

M 是一个新的隐藏层表示，它是指将 LSTM 输出的隐藏层向量拼接为加权向量表示。使用"上下文向量" w 计算隐藏层的表示 (M)，得到权重矩阵 α，最后用 α 计算 LSTM 的输出，得到命题在某个方面的加权向量表示，最终的句子表示为 $h^* = \tanh(W_p r + W_x h_N)$，最后就是通过一个简单的 Softmax 层得到真正的输出 $y = \text{softmax}(W_s h^* + b_s)$。

5. ABCNN

ABCNN 模型的全称是 Attention-Based Convolutional Neural Network。注意力机制实际上是对上下文潜在信息进行加权，并将其整合到当前单词的属性中，这是符合语言属性的建模。CNN 具有主导视野的局部不变性和强大的特征提取能力，那么可以将 CNN 引入 NLP 以提取单词的局部特征。也就是说，可以提取一个词的上下文信息，并利用它的信息提取能力来捕捉这个词或短语的潜在特征。本节提出了 BCNN 提取单词和短语的能力，ABCNN 是 BCNN 的改进版本，用来考虑两个句子之间的关系，作为引入注意力的 BCNN，其在单词和句子之间添加上下文信息以提取权重信息。ABCNN 在问答系统(Answer System，AS)、释义识别(Paraphrase Identification，PI)和文本推理(Textual Inference，TE)方面取得了不错的成绩。ABCNN(Attention-Based BCNN)有三种结构。

1) ABCNN-1 结构

ABCNN-1 是对输入层加入注意力，注意力矩阵 A 定义句子间词的关系，即 $A_{i,j} = \text{score}(F_{0,r}[:,j], F_{1,i}[:,j])$，其中，$F_{i,r}[:,k]$ 定义为第 i 个句子的第 k 个词向量。$\text{score}(x, y) = \dfrac{1}{1 + |x - y|}$ 生成注意力矩阵后，利用 $F_{0,a} = W_0 A^{\mathrm{T}}$，$F_{1,a} = W_1 A$ 得到句子对应的注意力特征矩阵。将其叠加到句子的特征矩阵中，进行卷积。

2) ABCNN-2 结构

ABCNN-2 是对池化层引入注意力，用与 ABCNN-1 同样的方法得到注意力矩阵 A，对于句子 s_0，第 j 个词向量的权重为 $a_{0,j} = \sum A[j,:]$。对于句子 s_1，第 j 个词向量的权重为 $a_{1,j} = \sum A[:,j]$。

3) ABCNN-3 结构

ABCNN-3 结合了 ABCNN-1、ABCNN-2，对输入层和池化层都引入注意力。使用时依次堆叠 ABCNN，每堆叠一个 ABCNN，训练好后再堆叠下一个 ABCNN，堆叠 k 个，和深度玻尔兹曼机训练方法类似。最终把 k 个堆叠后 ABCNN 输出向量拼接作为最终特征。在分类时，利用支持向量机或线性回归进行分类。

3.4.5 Transformer 模型

2017 年，谷歌团队发表了一篇名为 *Attention is All You Need* 的论文，该论文中首次提出了 Transformer 模型，Transformer 模型是一个基于注意力机制的全新方法，该模型和前面所讲的 RNN、LSTM 等网络机构完全不同，而是引入了 Self-Attention 模型，对相应的上下文进行处理，进而提高训练的准确性及速度。

1．基于 Transformer

模型架构中的序列处理都采用了编码器-解码器结构，对于输入序列 $(x_1, x_2, \cdots, x_n)$，首先要经过编码器将其映射成隐藏层向量 $z = (z_1, z_2, \cdots, z_n)$，再通过解码器生成对应输出序列 $(y_1, y_2, \cdots, y_m)$。Transformer 模型的编码器和解码器中均使用了堆叠的 Self-Attention 和全连接层。其整体架构如图 3-7 所示。

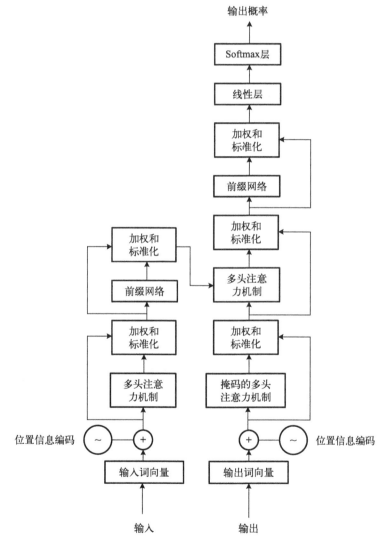

图 3-7　Transformer 整体架构

从模型中能够看出，需要将输入的数据转换成为对应的词向量，即

$$P_{p,2i} = \sin\left(\frac{p}{10000^{\frac{2i}{d_{\text{model}}}}}\right) \tag{3-74}$$

$$P_{p,2i+1} = \cos\left(\frac{p}{10000^{\frac{2i}{d_{\text{model}}}}}\right) \tag{3-75}$$

式中，p 为词的位置；i 为 Embedding 的维度；d_{model} 为每个分词的位置词向量维度，$d_{\text{model}} = 512$。

在 Transformer 模型中使用归一化的点乘 Attention，假设输入查询向量为 q、标记位置为 d_k、键值为 d_v，然后进行查询向量和每个标记位置的点乘操作，并除以 $\sqrt{d_k}$，最后利用 Softmax 函数计算权重。在实际使用中，查询向量、标记位置和键值分别处理为矩阵 Q、K、V，则计算输出的矩阵为

$$\text{Attention}(Q,K,V) = \text{Softmax}\left(\frac{Q^{\text{T}}K}{\sqrt{d_k}}\right)V \tag{3-76}$$

式中，$Q \in \mathbf{R}^{m \times d_k}$，$K \in \mathbf{R}^{m \times d_k}$，$V \in \mathbf{R}^{m \times d_v}$，输出的矩阵维度为 $\mathbf{R}^{m \times d_v}$。这里提出的多头注意力首先对 Q、K、V 做一次线性映射，将输入维度均为 d_{model} 的 Q、K、V 矩阵分别映射到 $Q \in \mathbf{R}^{m \times d_k}$、$K \in \mathbf{R}^{m \times d_k}$、$V \in \mathbf{R}^{m \times d_v}$，然后使用点乘 Attention 计算出结果，重复上述步骤多次，将得到的结果合并进行线性变换，其中每一次线性映射的参数矩阵为 $W_i^Q \in \mathbf{R}^{d_{\text{model}} \times d_k}$、$W_i^K \in \mathbf{R}^{d_{\text{model}} \times d_k}$、$W_i^V \in \mathbf{R}^{d_{\text{model}} \times d_v}$，最后合并的线性变换参数矩阵为 $W^O \in \mathbf{R}^{hd_v \times d_{\text{model}}}$，即

$$\begin{cases} \text{Attention}(Q,K,V) = \text{Concat}(\text{head}_1, \text{head}_2, \cdots, \text{head}_h)W^O \\ \text{where head}_i = \text{Attention}(QW_i^Q, KW_i^K, VW_i^V) \end{cases} \tag{3-77}$$

然后需要进行 Attention 操作，利用解码器获得一个对应的浮点向量，随后连接一个全连接层，用来将刚才获得的输出映射到一个更大的 logit 向量上，logit 维度和在训练集中学习的单词数相关，例如，假设从训练集中学习到了 5000 个单词，logit 向量相应就会有 5000 的维度，其中每个维度代表了单词的得分。最后通过 Softmax 层将对应的分数转换为概率，和维度匹配的概率就是模型求得的输出词。

2. GPT 模型

GPT 模型用于半监督语言理解任务，如无监督预训练和有监督微调，它的训练文本不需要进行标记，首先通过前 $k-1$ 个词预测第 k 个词，L_1 表示无监督训练任务。对于每一个非监督文本 $(u_1, u_2, \cdots, u_i)$，GPT 通过最大化以下似然函数来训练语言模型，计算为

$$L_1(u) = \sum_i \log P(u_i \mid u_{i-k}, \cdots, u_{i-1}; \Theta) \tag{3-78}$$

式中，k 为文本的窗口大小；$i = 1, 2, \cdots, n$，P 为经 Softmax 函数输出的概率；Θ 为微调参数。

输入向量和位置向量，通过 12 层 Transformer 模块，再经过全连接层和 Softmax 层

预测第 k 个词，计算为

$$\begin{cases} h_0 = UW_e + W_p \\ h_l = \text{Transformer\_block}(h_{l-1}) \\ P(u) = \text{Softmax}(h_n W_e^{\text{T}}) \end{cases} \tag{3-79}$$

式中，h_0 为 GPT 的输入；U 为上下文 token 向量；W_e 为词 token 向量矩阵；W_p 为位置矩阵；h_l、h_{l-1} 分别为模型输入经 Transformer 解码模块得到的输出向量及其上一层的输出向量；l 为最长的句子长度；n 为网络层数；h_n 为文本的隐藏层输出向量。最后，利用 12 层 Transformer 模块输出的隐藏状态，经过一个全连接层和 Softmax 层来预测标签 y，L_2 表示有监督训练任务。将 L_1 与 L_2 联合训练，则最终优化的损失函数 $L_3(C)$ 为

$$L_3(C) = L_2(C) + \lambda L_1(C) \tag{3-80}$$

3. BERT 模型

函数通常是从左到右的单向语言模型，限制了对上下文建模的能力，只能学习到前面的信息，不能学习后面的新单词。因此，谷歌(Google)在 2018 年底提出了 BERT，这是一种基于交互式语言模型的无监督的预训练任务。正常语言格式可以从未标记的语料库中获得，使用双向 Transformer 编码模块，该模型可以分为两部分：预训练和微调。BERT 模型问世后，打破了多项自然语言处理功能的最佳纪录，成为多个领域的 SOTA 模型。BERT 发布后不久，BERT 团队发布了该模型的代码，并且有最新预训练模板可供下载。BERT 的示例代码和格式参数是开源的，NLP 专业人员可以基于这个强大的原型组件构建自己的 NLP 系统，从而节省大量时间精力以及创建语言处理模型所花费的时间。

那么 BERT 究竟是做什么的呢？BERT 首先会在一个大型无监督语料库上进行预训练，然后根据预训练的参数和任务数据添加一个与任务相关的神经网络层，最终获得出色的结果，这个 BERT 训练过程可以很容易地描述为预训练+微调(Fine-Tuning)，而这已成为近年来最常见的 NLP 解决方案范式。

下面，将具体体会 BERT 是计算出上下文相关的词向量。先介绍 BERT 模型的输入和输出，然后介绍 BERT 是计算词向量的过程。

第一步：模型的输入。

BERT 模型的输入有一点特殊的地方是在一句话最开始处拼接了一个[CLS] token，这个特殊的[CLS] token 经过 BERT 得到的向量表示通常被用作当前的句子表示。除了这个特殊的[CLS] token，其余输入的单词类似前面讲的 Transformer。BERT 将一串单词作为输入，这些单词在多层 Encoder 之间不断向上流动，每一层都会经过 Self-Attention 和前馈神经网络。

第二步：模型的输出。

BERT 输入的所有 token 经过 BERT 编码后，会在每个位置输出一个大小为 hidden_size(在 BERT-base 中是 768)的向量。

当得到模型的输出以后，可以用第一个 CLS 的词向量做下游任务，如文本分类。讲完了 BERT 的输入与输出，下面来看 BERT 是如何训练的。

第三步：训练 BERT。

(1) 掩蔽语言模型(Masked Language Model，MLM)。如果知道了 BERT 的输入、输出和结构，那么 BERT 是如何在无监督的情况下训练的呢？如何获得有关单词或短语表达的有效信息？到目前为止，NLP 预训练大多基于语言模型。例如，给定语言模型的前三个单词，让模型预测第四个单词。但是，BERT 是基于 MLM 进行预训练的：将输入文本序列的部分(15%)单词随机 Mask 掉，让 BERT 来预测这些被 Mask 的单词。

(2) 下个句子判断(Next Sentence Prediction，NSP)。在预训练期间，BERT 还引入了新的任务，关键是要判断两个语句是否是相邻语句，针对输入语句 A 和语句 B，经过 BERT 编码之后，使用[CLS] token 的向量表示来预测两个语句是否是相邻语句。

3.5　语言模型应用举例

前面已经介绍了 BERT 模型的输入、输出模型以及基于 BERT 模型的预训练策略，接下来以短文本分类为例，解释如何在具体 NLP 任务中应用 BERT 模型。

文本分类是自然语言处理的一项基本任务，其目的是根据文本的特征和上下文给出句子或段落，并根据分类的目的对文本进行解释。基于 BERT 的短文本分类算法由三个主要部分组成：短文本预处理、短文本向量化和短文本分类。先将预处理的短文本表示为特征向量，然后将其与最终构建的特征向量一起发送给分类器，以实现短文本分类。

3.5.1　BERT 模型

一种用矢量表示的短文本可以作为分类形式的输入。一般来说，短文本的矢量表示包括短文本的分割、短文本特征词的间歇提取和特征词的选择，这些特征词最好的表示由该矢量表示的短文本定义。Word2Vec 格式通常用作单词的矢量格式，每个特征词都可以转换成一个相同形状的 $1 \times k$ 维向量。其中 k 是词向量的维度。最后，通过拼接将特征词的词向量嵌入到 $n \times k$ 维向量中，并将词计数作为短文本特征。例如，"苹果"一词有多种含义，因为当词向量以 Word2Vec 格式表示时，特征词与上下文语义是不可区分的。对于"花园里的成熟苹果"，"苹果"代表当时的水果；而对于"苹果推出新产品"，"苹果"代表当时的公司名称。因此，Word2Vec 使用了两个相同的"苹果"词向量来标识两个短文本，这两个词虽然是一个向量，但对分类器来说有不同的含义。为了解决这一问题，本节采用 BERT 模型代替 Word2Vec 模型进行文本分类。

前面讲了 BERT 的基本原理，接下来看 Self-Attention 的计算。假设输入句子 X，将其按照字粒度进行分字后表示为 $X = (x^1, x^2, \cdots, x^N)^{\mathrm{T}}$，$N$ 表示输入句子中字的个数，将每个字采用 one-hot 向量表示，设维数为 k，则 X 对应的字嵌入矩阵为 $A = (a^1, a^2, \cdots, a^N)^{\mathrm{T}}$，其中 a^i 是对应 x^i 的向量表示，是一个 k 维向量，A 是一个 $N \times k$ 的矩阵，每一行对应该输入句子中一个字的向量表示。Self-Attention 的计算步骤具体如下。

1) 计算 Query、Key、Value 矩阵，通过模型训练得到

$$Q = AW^Q, \quad K = AW^K, \quad V = AW^V$$

式中，Q、K、V 分别为 $N \times d_k$、$N \times d_k$、$N \times d_v$ 的矩阵，它们的每一行分别对应输入句子中一个字的 Query、Key、Value 向量，且每个 Query 和 Key 向量的维度均为 d_k，Value 向量的维度为 d_v；权重矩阵 W^Q 和 W^K 的维度均为 $k \times d_k$，权重矩阵 W^V 的维度为 $k \times d_v$。

2) 计算 Attention

$$\text{Attention}(Q,K,V) = \text{Softmax}\left(\frac{QK^{\mathrm{T}}}{\sqrt{d_k}}\right)V$$

式中，行向量元素在经过 Softmax(·) 函数转换后以相同的比例压缩到[0, 1]，且压缩后的向量元素之和为 1。最终的 Attention 值为一个 $N \times d_v$ 的矩阵，每一行代表输入句子中相应字的 Attention 向量。

上式表明，整个 Self-Awareness 计算过程是一系列矩阵乘法运算，做到了并行运算，可以比 RNN 执行得更快。在实际应用过程中，Transformer 采用多头注意力机制，head 个数为手动设置的超参数。在本章中，假设 head = 2 时，一个 Self-Attention 可以更加关注每个单词的相邻单词中的信息，而另一个 Self-Attention 可以关注更多、更远的单词的信息，然后将每个单词的两个 Self-Attention 矩阵水平拼接，最后将该矩阵乘以一个附加的权重矩阵并压缩为单个矩阵，即

$$\text{MultiHead}(Q,K,V) = \text{Concat}(\text{head}_1, \text{head}_2, \cdots, \text{head}_k)W^O$$

$$\text{head}_i = \text{Attention}(QW_i^Q, KW_i^K, VW_i^V)$$

式中，W_i^Q、W_i^K、W_i^V 表示第 i 个 head 的 W^Q、W^K、W^V 权重矩阵，维度设置与前面相同；W^O 表示附加的权重矩阵，维度为 $hd_v \times N$；Concat(·) 表示拼接函数。

3) 预训练任务

BERT 模型一共有两个预训练任务，分别是 MLM 和 NSP。

(1) MLM。给定句子中的一个或多个词被随机覆盖，剩余的词用于预测掩码词，任务是通过随机覆盖每个句子中 15% 的词，使 BERT 模型实现深度双向表示，比如，"大家都很快乐"这个掩码词是"快"，采用以下策略来覆盖部分词语。

① 80%的概率真的用［MASK］替代掩码词："大家都很快乐"→"大家都很［MASK］乐"。

② 10%的概率用一个随机词替代掩码词："大家都很快乐"→"大家都很不乐"。

③ 0%的概率保持不变："大家都很快乐"→"大家都很快乐"。

经过上述操作后，［MASK］标记不会出现在下面的微调功能组中，如果一直用［MASK］代替掩码词，模型的预训练将无法适应后续的 Fine-Tuning 过程。而且在预测一个词的时候，模型并不知道输入的词是不是正确的词，这使得模型更加依赖上下文信息来进行词的预测，所以上面的操作给了模型纠正一些错误的能力。在本章中，1.5% 的词被随机替换为其他词，不影响模型的整体语言理解能力。

(2) NSP。对于一篇文章中的两个句子，判断第二个句子是否紧跟在第一个句子之后。许多重要的自然语言处理任务，如问答(QA)和自然语言猜测(NLI)，都依赖于理解两个句

子之间的关系，所以这个任务旨在理解两个句子之间的关系。具体过程如下：BERT 模型随机从语料库中选择两个句子，其中大约 50%的情况下，这两个句子是连续的，而另外 50%的情况下，这两个句子是随机选择的。模型的任务是判断这两个句子是否连续，输出对应的二元分类标签。在实际训练过程中，NSP 和 MLM 函数的结合使模型能够更准确地描述句子和章节的语义。

3.5.2 短文本表示

本节使用 BERT 模型进行短文本的向量表示，一般的短文本表示流程顺序为短文本、短文本预处理、特征提取、特征向量表示、特征向量拼接和短文本向量表示。

BERT 格式输出有两种格式：一种是字符级向量，即输入的短文本中每个字符的向量表示；另一种是句子级向量，即 BERT 格式在左边返回特殊符号[CLS]，BERT 模型认为这个向量表示了整个句子的含义。

每个句子左右侧的[CLS]和[SEP]是句子中的第一个和最后一个符号，以 BERT 格式自动添加。可以看出，输入中的每个字母都经过 BERT 格式处理，得到对应的向量表示。当某些句子中需要向量表示时，BERT 格式会替换左侧的特殊字符向量[CLS]。因为该算法使用 BERT 格式的输出，所以相比于普通的短文本表示流程，不需要特征提取、特征向量表示和特征向量拼接，即只需要短文本、短文本预处理和短文本向量表示即可。

3.5.3 Softmax 回归模型

本节引入 Softmax 回归模型进行短文本分类。假设有训练集 $\{(x^1,y^1),(x^2,y^2),\cdots,(x^m,y^m)\}$，其中，$x^i \in \mathbf{R}^n$ 表示第 i 个训练样本对应的短文本向量，维度为 n，共 m 个训练样本；$y^i \in \{1,2,\cdots,k\}$ 表示第 i 个训练样本对应的类别，k 为类别个数，由于本节研究短文本多分类问题，因此 $k \geq 2$。给定测试输入样本 x，Softmax 回归模型的分布函数为条件概率 $p(y=j|x)$，即计算给定样本 x 属于第 j 个类别的概率，其中出现概率最大的类别即为当前样本 x 所属的类别，因此最终分布函数会输出一个 k 维向量，每一维表示当前样本属于当前类别的概率，并且模型将 k 维向量的和做归一化处理，即向量元素的和为 1。因此，Softmax 回归模型的判别函数 $h_\theta(x^i)$，即

$$h_\theta(x^i) = \begin{bmatrix} p(y^i=1|x^i;\theta) \\ p(y^i=2|x^i;\theta) \\ \vdots \\ p(y^i=k|x^i;\theta) \end{bmatrix} = \frac{1}{\sum_{j=1}^{k} e^{\theta_j^T x^i}} \begin{bmatrix} e^{\theta_1^T x^i} \\ e^{\theta_2^T x^i} \\ \vdots \\ e^{\theta_k^T x^i} \end{bmatrix} \tag{3-81}$$

式中，$h_\theta(x^i)$ 中任意元素 $p(y^i=k|x^i;\theta)$ 为当前输入样本 x^i 属于当前类别 k 的概率，并且向量中各个元素之和等于 1；θ 为模型的总参数，$\theta_1,\theta_2,\cdots,\theta_k \in \mathbf{R}^n$ 为各个类别对应的分类器参数，具体关系为 $\theta=[\theta_1^T,\theta_2^T,\cdots,\theta_k^T]^T$。

Softmax 回归模型的参数估计可用最大似然估计进行求解，似然函数和对数似然函数计算为

$$L(\theta) = \prod_{i=1}^{m} \prod_{j=1}^{k} \left(\frac{e^{\theta_j^T x^i}}{\sum_{l=1}^{k} e^{\theta_l^T x^i}} \right)^{I(y^i = j)}$$

(3-82)

$$I(\theta) = \ln(L(\theta)) = \sum_{i=1}^{m} \sum_{j=1}^{k} I(y^i = j) \ln \frac{e^{\theta_j^T x^i}}{\sum_{l=1}^{k} e^{\theta_l^T x^i}}$$

式中，$I(\cdot)$ 为示性函数，$I(y^j = j) = \begin{cases} 1, & y^i = j \\ 0, & y^i \neq j \end{cases}$。

在一般情况下，Softmax 回归模型通过最小化损失函数求得 θ，从而预测一个新样本的类别。定义 Softmax 回归模型的损失函数计算为

$$J(\theta) = -\frac{1}{m} \left[\sum_{i=1}^{m} \sum_{j=1}^{k} I(y^i = j) \ln \frac{e^{\theta_j^T x^i}}{\sum_{l=1}^{k} e^{\theta_l^T x^i}} \right]$$

(3-83)

式中，m 为样本个数；k 为类别个数；i 为某个样本；x^i 为第 i 个样本 x 的向量表示；j 为某个类别。

本节使用随机梯度下降法优化上述损失函数，在 Softmax 回归模型中，样本 x 属于类别 j 的概率为 $p(y^i = j | x^i; \theta) = \frac{e^{\theta_j^T x^i}}{\sum_{l=1}^{k} e^{\theta_l^T x^i}}$，因此损失函数的梯度为 $\nabla J(\theta) =$

$-\frac{1}{m} \left(\sum_{i=1}^{m} [x^i (I\{y^i = j\} - p(y^j = j | x^i; \theta))] \right)$。

3.6 本 章 小 结

本章首先介绍了与语言模型相关的概念及部分神经网络语言模型的内容，包括基础模型、CNN 模型及其变体、RNN 模型及其变体、Attention 模型及其变体和 Transformer 模型及其变体；然后，举例展示语言模型的实际应用和实现过程，并结合 BERT 预训练模型完成短文本分类的任务。

习 题 3

1. 3.5 节详细介绍了使用 BERT 进行短文本分类的原理以及训练流程，请读者使用代码进行实现，推荐数据集：THUCNews，该数据集抽取了 20 万条新闻标题，文本长度在 20～30 字，一共 10 个类别，每类 2 万条，数据以字为单位输入模型，数据集下载地址：http://thuctc.thunlp.org/message。

2．命名实体识别是指识别文本中具有特定意义的实体，主要包括人名、地名、机构名等，请通过本章的介绍使用不同的模型实现中文命名实体识别，推荐数据集：CoNLL2003。

3．机器阅读理解旨在令机器阅读并理解一段自然语言组成的文本，并回答相关问题。通过这种任务形式，可以对机器的自然语言理解水平进行评估，因此该任务具有重要的研究价值，请读者通过相关的语言模型知识实现该项目。

4．3.5 节通过微调 BERT 模型实现了短文本分类，可否通过微调 BERT 模型实现其他自然语言处理的项目？如果可行要如何去做？请读者思考这个问题。

5．自然语言处理的项目有很多种类型，不同类型的项目应该如何去选择最合适的模型？一个效果好的模型在不同数据集上的效果一样好吗？

习题 3 答案

第 4 章　隐马尔可夫模型与条件随机场

概率图模型在概率模型的基础上，使用了基于图的方法来表示概率分布，是一种通用的不确定性知识表示和处理方法。在概率图模型的表达中，结点表示变量，结点之间直接相连的边表示相应变量之间的概率关系。本章将介绍两种简单的概率图模型：隐马尔可夫模型与条件随机场，这两种模型在自然语言处理的基础任务中扮演着重要角色。

(1) 隐马尔可夫模型。
(2) 隐马尔可夫模型的应用。
(3) CRF 及其应用。

4.1　马尔可夫模型

介绍隐马尔可夫模型之前，先来介绍马尔可夫模型。

4.1.1　马尔可夫过程

马尔可夫过程(Markov Process)是一类随机过程。它的原始模型马尔可夫链由俄国数学家 A. A. 马尔可夫于 1907 年提出。该过程具有如下特性：在已知目前状态(现在)的条件下，它未来的演变(将来)不依赖于它以往的演变 (过去)。例如，森林中动物数的变化构成马尔可夫过程。在现实世界中，有很多过程都是马尔可夫过程，如液体中微粒所做的布朗运动、感染传染病的人数、车站的候车人数等。

一个马尔可夫过程就是指过程中的每个状态的转移只依赖于之前的 n 个状态，这个过程被称为一个 n 阶模型，其中 n 是影响转移状态的数目。最简单的马尔可夫过程就是一阶过程，每一个状态的转移只依赖于其之前的那一个状态，很多时候马尔可夫链、隐马尔可夫模型都是只讨论一阶模型。

4.1.2　马尔可夫性

1. 马尔可夫假设

在马尔可夫过程中，在给定当前知识或信息的情况下，过去(即当前以前的历史状态)

与预测将来(即当前以后的未来状态)是无关的。这种性质叫做无后效性，也称为马尔可夫假设。

2. 马尔可夫链

时间和状态都是离散的马尔可夫过程，称为马尔可夫链，例如，如果一个系统有 N 个有限状态 $S=\{s_1,s_2,\cdots,s_N\}$，那么随着时间的推移，该系统将从某一状态转移到另一状态。$Q=\{q_1,q_2,\cdots,q_T\}$ 为一个随机变量序列，随机变量的取值为状态集 S 中的某个状态，假定在时间 t 的状态记为 q_t。对该系统的描述通常需要给出当前时间 t 的状态和其前面所有状态的关系：系统在时间 t 处于状态 s_j 的概率取决于其在时间 $1,2,\cdots,t-1$ 的状态，该概率为 $P(q_t=s_j\,|\,q_{t-1}=s_i,q_{t-2}=s_k,\cdots)$。

考虑一阶马尔可夫模型，即系统在时间 t 的状态只与其在时间 $t-1$ 的状态相关，则 $P(q_t=s_j\,|\,q_{t-1}=s_i,q_{t-2}=s_k,\cdots)=P(q_t=s_j\,|\,q_{t-1}=s_i)$，该系统构成一个离散的一阶马尔可夫链。如果假设上式独立于时间 t，即 $P(q_t=s_j\,|\,q_{t-1}=s_i)=a_{ij}$，则该系统构成马尔可夫模型。其中状态转移概率 a_{ij} 必须满足以下条件：$a_{ij}\geqslant 0,\ \sum\limits_{j=1}^{N}a_{ij}=1$。

马尔可夫模型由状态空间、状态转移概率矩阵决定，例如，如果明天是否有雨仅与今天的天气(是否有雨)有关，而与过去的天气无关，并设今天下雨、明天有雨的概率为 α，今天无雨而明天有雨的概率为 β；又假定把有雨称为 0 状态天气，把无雨称为 1 状态天气，X_n 表示时间 n 时的状态天气，则 $\{X_n,n\geqslant 0\}$ 是以 $S=\{0,1\}$ 为状态空间的马尔可夫链，状态转移概率矩阵为 $A=\begin{bmatrix}\alpha & 1-\alpha\\ \beta & 1-\beta\end{bmatrix}$。

需要指出的是，如果状态转移概率 a_{ij} 恒与起始时刻无关，则该马尔可夫链又称为齐次马尔可夫链。

4.2　隐马尔可夫模型

4.2.1　隐马尔可夫模型的基本理论

在马尔可夫模型中，每个状态代表了一个可观测的事件，所以，马尔可夫模型有时又称作可视马尔可夫模型，这在某种程度上限制了模型的适应性。而隐马尔可夫模型(Hidden Markov Model，HMM)用来表示一种含有隐变量的马尔可夫过程，图 4-1 给出隐马尔可夫模型的表示，其中 $o_{1:T}$ 为可观测变量，i_t 为隐变量，隐变量构成一个马尔可夫链，每个可观测标量 o_t $(t=1,2,\cdots,T)$ 依赖当前时刻的隐变量 i_t $(t=1,2,\cdots,T)$。

隐马尔可夫模型由初始状态概率向量、状态转移概率矩阵以及观测概率矩阵确定。隐马尔可夫模型的形式定义如下。

设 Q 是所有可能的状态的集合，V 是所有可能的观测的集合：$Q=\{q_1,q_2,\cdots,q_N\}$，$V=\{v_1,v_2,\cdots,v_M\}$，其中，N 是可能的状态数，M 是可能的观测数。

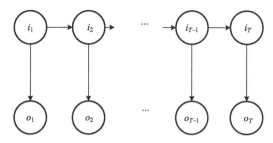

图 4-1 隐马尔可夫模型示意图

I 是长度为 T 的状态序列，O 是对应的观测序列：$I=(i_1,i_2,\cdots,i_T)$，$O=(o_1,o_2,\cdots,o_T)$。

A 是状态转移概率矩阵：$A=[a_{ij}]_{N\times N}$，其中，$a_{ij}=P(i_{t+1}=q_j|i_t=q_i)$，是在时间 t 处于状态 q_i 的条件下在时间 $t+1$ 转移到状态 q_j 的概率。

B 是观测概率矩阵：$B=[b_j(k)]_{N\times M}$，其中，$b_j(k)=P(o_t=v_k|i_t=q_i)$，是在时间 t 处于状态 q_i 的条件下生成观测 v_k 的概率。

π 是初始状态概率向量：$\pi=(\pi_i)$，其中，$\pi_i=P(i_1=q_i)$，是在时间 $t=1$ 处于状态 q_i 的概率。

状态转移概率矩阵 A 与初始状态概率向量 π 确定了隐藏的马尔可夫链，生成不可观测的状态序列。观测概率矩阵 B 确定了如何从状态生成进行观测，与状态序列综合确定了如何产生观测序列。

在 HMM 中，有两个基本假设。

(1) 齐次马尔可夫性假设，即假设隐藏的马尔可夫链在任意时间 t 的状态只依赖于其前一时间的状态，与其他时刻的状态及观测无关，也与时间 t 无关。

(2) 观测独立性假设，即假设任意时间的观测只依赖于该时间的马尔可夫链的状态，与其他观测及状态无关。例如，对于盒子和球模型，假设有 4 个盒子，每个盒子里都装有红、白两种颜色的球，盒子里的红、白球数由表 4-1 列出。

表 4-1 盒子和球模型参数

球数	盒子			
	1	2	3	4
红球数/个	5	3	6	8
白球数/个	5	7	4	2

按照下面的方法抽球，产生一个球的颜色的观测序列。

(1) 从 4 个盒子里以等概率随机选取 1 个盒子，从这个盒子里随机抽出 1 个球，记录其颜色后，放回。

(2) 从当前盒子随机转移到下一个盒子，规则是：如果当前盒子是盒子 1，那么下一盒子一定是盒子 2；如果当前是盒子 2 或 3，那么分别以概率 0.4 和 0.6 转移到左边或右边的盒子；如果当前是盒子 4，那么各以 0.5 的概率停留在盒子 4 或转移到盒子 3。

(3) 确定转移的盒子后，从这个盒子里随机抽出 1 个球，记录其颜色，放回。

(4) 如此下去，重复进行 5 次，得到一个球的颜色的观测序列：$Y=$(红，红，白，白，红)。

在这个过程中，观察者只能观测到球的颜色的序列，观测不到球是从哪个盒子取出的，即观测不到盒子的序列。

在这个例子中有两个随机序列，一个是盒子的序列(状态序列)，另一个是球的颜色的观测序列。前者是隐藏的，只有后者是可观测的。这是一个隐马尔可夫模型的例子。根据所给条件，可以明确状态集合、观测集合、序列长度以及模型的三要素。

盒子对应的状态集合是：$Q=\{$盒子1，盒子2，盒子3，盒子4$\}$，$N=4$。

球的颜色对应的观测集合是：$V=\{$红，白$\}$，$M=2$。

状态序列和观测序列长度$T=5$。

初始状态概率向量为$\pi=(0.25,0.25,0.25,0.25)$。

状态转移概率分布为 $A=\begin{bmatrix} 0 & 1 & 0 & 0 \\ 0.4 & 0 & 0.6 & 0 \\ 0 & 0.4 & 0 & 0.6 \\ 0 & 0 & 0.5 & 0.5 \end{bmatrix}$。

观测概率分布为 $B=\begin{bmatrix} 0.5 & 0.5 \\ 0.3 & 0.7 \\ 0.6 & 0.4 \\ 0.8 & 0.2 \end{bmatrix}$。

HMM中有三个基本问题。

(1) 估计问题：给定一个观测序列$O=o_{1:T}$和模型$\lambda=(A,B,\pi)$，如何快速地计算出给定模型λ情况下，观测序列O的概率，即求解$p(O|\lambda)$。

(2) 序列问题：给定一个观测序列$O=o_{1:T}$和模型$\lambda=(A,B,\pi)$，如何快速有效地选择在一定意义下"最优"的状态序列$I=q_{1:T}$，使得该状态序列"最好地解释"观测序列？

(3) 训练问题或参数估计问题：给定一个观测序列$O=o_{1:T}$，如何根据最大似然估计来求模型的参数A、B、π，使得$P(O|\lambda)$最大？

4.2.2　估计问题

下面介绍HMM的第一个基本问题——估计问题，即求解$p(O|\lambda)$。

$$p(O|\lambda)=\sum_I p(I,O|\lambda)=\sum_I p(O|I,\lambda)p(I|\lambda) \tag{4-1}$$

$$p(I|\lambda)=p(i_{1:T}|\lambda)=p(i_t|i_{1:T-1},\lambda)p(i_{1:T-1}|\lambda) \tag{4-2}$$

根据马尔可夫假设：

$$p(i_t|i_{1:T-1},\lambda)=p(i_t|i_{t-1})=a_{i_{t-1},i_t} \tag{4-3}$$

所以

$$p(I|\lambda)=\pi_{i_1}\prod_{t=2}^{T}a_{i_{t-1},i_t} \tag{4-4}$$

又由于

$$p(O|I,\lambda)=\prod_{t=1}^{T}b_{i_t}(o_t) \tag{4-5}$$

于是

$$p(O \mid \lambda) = \sum_I \pi_{i_1} \prod_{t=2}^{T} a_{i_{t-1},i_t} \prod_{t=1}^{T} b_{i_t}(o_t) \tag{4-6}$$

可以看到，上面的式子中的求和符号是对所有的观测变量求和，如果模型 $\lambda = (A, B, \pi)$ 中有 N 个不同的状态，时间长度为 T，那么，有 N^T 个可能的状态序列，于是复杂度为 $O(TN^T)$。当 T 很大时，几乎不可能有效地执行这个算法。为此，人们提出了前向算法(又称为前向计算过程)，利用动态规划的方法来解决这一问题，使问题可以在时间复杂度为 $O(TN^2)$ 的范围内解决。

下面，记 $\alpha_t(i) = p(o_{1:t}, i_t = q_i \mid \lambda)$，所以 $\alpha_T(i) = p(o_{1:T}, i_T = q_i \mid \lambda)$。可以看到

$$p(O \mid \lambda) = \sum_{i=1}^{N} p(o_{1:T}, i_T = q_i \mid \lambda) = \sum_{i=1}^{N} \alpha_T(i) \tag{4-7}$$

对于 $\alpha_{t+1}(j)$，有

$$\begin{aligned}
\alpha_{t+1}(j) = p(o_{1:t+1}, i_{t+1} = q_j \mid \lambda) &= \sum_{i=1}^{N} p(o_{1:t+1}, i_{t+1} = q_j, i_t = q_i \mid \lambda) \\
&= \sum_{i=1}^{N} p(o_{t+1} \mid i_{t+1} = q_j) p(i_{t+1} = q_j \mid o_{1:t}, i_t = q_i, \lambda) p(o_{1:t}, i_t = q_i \mid \lambda) \\
&= \sum_{i=1}^{N} b_j(o_{t+1}) a_{ij} \alpha_t(i)
\end{aligned} \tag{4-8}$$

这样，求解 $p(O \mid \lambda)$ 可用下面的算法。

(1) 初值：$\alpha_t(i) = \pi_i b_i(o_1)(i = 1, 2, \cdots, N)$。

(2) 递推：对于 $t = 1, 2, \cdots, T-1$，$\alpha_{t+1}(i) = \sum_{j=1}^{N} b_i(o_{t+1}) a_{ji} \alpha_t(j)(i = 1, 2, \cdots, N)$。

(3) 终止：$p(O \mid \lambda) = \sum_{i=1}^{N} \alpha_T(i)$。

还有一种算法称为后向算法，定义 $\beta_t(i) = p(o_{t+1:T} \mid i_t = q_i, \lambda)$

$$\begin{aligned}
p(O \mid \lambda) = p(o_{1:T} \mid \lambda) &= \sum_{i=1}^{N} p(o_{1:T}, i_1 = q_i \mid \lambda) = \sum_{i=1}^{N} p(o_{1:T} \mid i_1 = q_i, \lambda) \pi_i \\
&= \sum_{i=1}^{N} p(o_1 \mid o_{2:T}, i_1 = q_i, \lambda) p(o_{2:T} \mid i_1 = q_i, \lambda) \pi_i = \sum_{i=1}^{N} b_i(o_1) \pi_i \beta_1(i)
\end{aligned} \tag{4-9}$$

对于 $\beta_t(i)$，有

$$\begin{aligned}
\beta_t(i) = p(o_{t+1:T} \mid i_t = q_i, \lambda) &= \sum_{j=1}^{N} p(o_{t+1:T}, i_{t+1} = q_j \mid i_t = q_i, \lambda) \\
&= \sum_{j=1}^{N} p(o_{t+1:T} \mid i_{t+1} = q_j, i_t = q_i, \lambda) p(i_{t+1} = q_j \mid i_t = q_i) = \sum_{j=1}^{N} p(o_{t+1:T} \mid i_{t+1} = q_j) a_{ij} \\
&= \sum_{j=1}^{N} p(o_{t+1} \mid o_{t+2:T}, i_{t+1} = q_j) p(o_{t+2:T} \mid i_{t+1} = q_j) a_{ij} = \sum_{j=1}^{N} b_j(o_{t+1}) a_{ij} \beta_{t+1}(j)
\end{aligned} \tag{4-10}$$

于是后向地得到了第一项。

这样，求解 $p(O|\lambda)$ 也可用下面的算法。

(1) 初值：$\beta_T(i)=1(i=1,2,\cdots,N)$。

(2) 递推：对于 $t=T-1,T-2,\cdots,1$，$\beta_t(i)=\sum_{j=1}^{N}b_j(o_{t+1})a_{ij}\beta_{t+1}(j)(i=1,2,\cdots,N)$。

(3) 终止：$p(O|\lambda)=\sum_{i=1}^{N}b_i(o_1)\pi_i\beta_1(i)$。

例如，考虑盒子和球模型 $\lambda=(A,B,\pi)$，状态集合 $Q=\{1,2,3\}$，观测集合 $V=\{红，白\}$，初始状态概率分布为 $\pi=(0.2,0.4,0.4)$，状态转移概率分布为 $A=\begin{bmatrix}0.5&0.2&0.3\\0.3&0.5&0.2\\0.2&0.3&0.5\end{bmatrix}$，观测概

率分布为 $B=\begin{bmatrix}0.5&0.5\\0.4&0.6\\0.7&0.3\end{bmatrix}$，设 $T=3$，$O=(红,白,红)$，试用前向算法计算 $p(O|\lambda)$。

(1) 初值：$\alpha_1(i)=\pi_i b_i(o_1)(i=1,2,3)$。

$$\alpha_1(1)=0.1,\quad \alpha_1(2)=0.16,\quad \alpha_1(3)=0.28$$

(2) 递推：对于 $t=2,3$，$\alpha_{t+1}(i)=\sum_{j=1}^{N}b_i(o_{t+1})a_{ji}\alpha_t(j)(i=1,2,3)$。

$$\alpha_2(1)=0.077,\quad \alpha_2(2)=0.1104,\quad \alpha_2(3)=0.0606$$

$$\alpha_3(1)=0.04187,\quad \alpha_3(2)=0.03551,\quad \alpha_3(3)=0.05284$$

(3) 终止：$p(O|\lambda)=\sum_{i=1}^{N}\alpha_T(i)$。

$$p(O|\lambda)=\sum_{i=1}^{3}\alpha_3(i)=0.13022$$

4.2.3 序列问题

下面介绍 HMM 的第二个基本问题——序列问题。

解决序列问题一般而言有两种算法，一种是暴力算法，另一种是维特比算法。

暴力算法的想法是对于状态序列中的每一个状态(一共有 T 个状态)，其取值有 N 个，遍历所有的可能性，计算所有可能性出现的概率，取概率最大的状态序列作为结果。由暴力求解过程可知，算法的时间复杂度为 $O(T^N)$，这是不可承受的，因此引入维特比算法。

绘制出状态序列的可能出现的状态，如图 4-2 所示。

设 $\delta_k(i)$ 是在时间为 k，状态为 i 时的最优路径，则状态转移方程为

$$\delta_{k+1}(j)=\max(\delta_k(1)+p(i_{k+1}=j|i_k=1)p(o_{k+1}|i_{k+1}=j),$$
$$\delta_k(2)+p(i_{k+1}=j|i_k=2)p(o_{k+1}|i_{k+1}=j),\cdots,$$
$$\delta_k(N)+p(i_{k+1}=j|i_k=N)p(o_{k+1}|i_{k+1}=j))$$

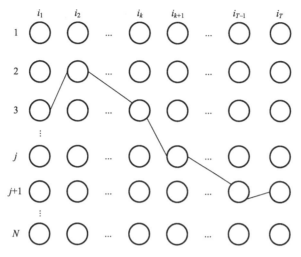

图 4-2　状态序列示意图

即

$$\delta_{k+1}(j) = \max[\delta_k(i) + p(i_{k+1}=j \mid i_k=i)p(o_{k+1} \mid i_{k+1}=j)] \quad (i=1,\cdots,N) \tag{4-11}$$

由此可得维特比算法的过程如下。

(1) 初始化：$\delta_k(i) = \pi_i b_i(o_1)(i=1,2,\cdots,N)$。

(2) 递推：对于 $t=2,3,\cdots,T$，有

$$\delta_t(i) = \max(\delta_{t-1}(j) + p(i_{k+1}=i \mid i_k=j)p(o_{k+1} \mid i_{k+1}=i))(i=1,2,\cdots,N)$$

(3) 终止：T 时刻的最优路径状态为

$$i = \max \delta_T(i)(i=1,2,\cdots,N)$$

要想得到最优路径，只需要对 T 时刻所得的状态进行回溯即可。

4.2.4　参数估计问题

下面介绍 HMM 的第三个基本问题——参数估计问题。

模型的参数是指构成 λ 的 π_i、a_{ij}、$b_i(k)$。最大似然估计可以作为 HMM 参数估计的一种选择。假设已给训练数据包含 S 个长度相同的观测序列和对应的状态序列 $[(O_1,I_1),(O_2,I_2),\cdots,(O_s,I_s)]$，那么可以利用最大似然估计来估计隐马尔可夫模型的参数。HMM 的参数可以通过如下公式计算。

π_i 估计值：

$$\bar{\pi}_i = \frac{S \text{个样本中初始状态为} q_i \text{的样本个数}}{S} \tag{4-12}$$

a_{ij} 估计值：

$$\bar{a}_{ij} = \frac{I \text{中从状态} q_i \text{转移到} q_j \text{的次数}}{I \text{中所有从状态} q_i \text{转移到另一状态（包括} q_i \text{本身）的次数}} \tag{4-13}$$

$b_i(k)$ 估计值：

$$\overline{b}_i(k) = \frac{I中从状态q_i转移到o_k的期望次数}{I中到达q_i的期望次数} \qquad (4\text{-}14)$$

实际上，由于 HMM 中的状态序列 I 是观察不到的(隐变量)，因此，这种最大似然估计的方法不可行。

所幸的是，EM 算法可以用于含有隐变量的统计模型的参数最大似然估计。其基本思想是，初始时随机地给模型的参数赋值，该赋值遵循模型对参数的限制规则，例如，从某一状态出发的所有状态转移概率的和为 1。给模型参数赋初值以后，得到模型 λ_0，然后，根据 λ_0 可以得到模型中隐变量的期望值。例如，从 λ_0 得到从某一状态转移到另一状态的期望次数，用期望次数来替代实际次数，这样可以得到模型参数的新估计值，由此得到新的模型 λ_1。从 λ_1 又可以得到模型中隐变量的期望值，接着，重新估计模型的参数，执行这个迭代过程，直到参数收敛于最大似然估计值。

EM 算法可以局部地使 $P(O|\lambda)$ 最大化。Baum-Welch 算法(或称为前向后向算法)用于具体实现 EM 算法。

给定 HMM 的参数 λ 和观测序列 $O = o_{1:T}$，在时间 t 处于状态 q_i，时间 $t+1$ 处于状态 q_j 的概率 $\theta_t(i,j) = p(i_t = q_t, i_{t+1} = q_j \mid O, \lambda)$ $(i \leqslant t \leqslant T, 1 \leqslant i, \ j \leqslant N)$ 可以由下面的公式计算获得：

$$\theta_t(i,j) = \frac{p(i_t = q_t, i_{t+1} = q_j, O \mid \lambda)}{p(O \mid \lambda)} = \frac{\alpha_t(i)a_{ij}b_j(o_{t+1})\beta_{t+1}(j)}{p(O \mid \lambda)}$$

$$= \frac{\alpha_t(i)a_{ij}b_j(o_{t+1})\beta_{t+1}(j)}{\sum\limits_{i=1}^{N}\sum\limits_{j=1}^{N}\alpha_t(i)a_{ij}b_j(o_{t+1})\beta_{t+1}(j)} \qquad (4\text{-}15)$$

给定 HMM 的参数 λ 和观测序列 $O = o_{1:T}$，由式(4-15)可知在时间 t 处于状态 q_i 的概率为

$$\gamma_t(i) = \sum\limits_{j=1}^{N}\theta_t(i,j)$$

由此，λ 的参数可以由下面的公式重新估计。

π_i 估计值：

$$\overline{\pi}_i = p(i_1 = s_i \mid O, \lambda) = \gamma_1(i) \qquad (4\text{-}16)$$

a_{ij} 估计值：

$$\overline{a}_{ij} = \frac{I中从状态q_i转移到q_j的次数}{I中所有从状态q_i转移到另一状态(包括q_i本身)的次数} = \frac{\sum\limits_{i=1}^{T-1}\theta_t(i,j)}{\sum\limits_{i=1}^{T-1}\gamma_t(i)} \qquad (4\text{-}17)$$

$b_i(k)$ 估计值：

$$\overline{b}_i(k) = \frac{I中从状态q_i转移到o_k的期望次数}{I中到达q_i的期望次数} = \frac{\sum\limits_{i=1,o_i=o_k}^{T}\gamma_t(i)}{\sum\limits_{i=1}^{T}\gamma_t(i)} \qquad (4\text{-}18)$$

由此 Baum-Welch 算法流程如下。

(1) 初始化：随机地给参数 π_i、a_{ij}、$b_i(k)$ 赋值，使其满足如下约束：

$$\sum_{i=1}^{N}\pi_i=1$$

$$\sum_{j=1}^{N}a_{ij}=1,\quad 1\leqslant i\leqslant N$$

$$\sum_{k=1}^{M}b_i(k)=1,\quad 1\leqslant i\leqslant N$$

得到模型 λ_0，令 $i=0$，执行下面的 EM 估计。

(2) E-步骤：由模型 λ_i 计算期望值 $\theta_t(i,j)$ 和 $\gamma_t(i)$。M-步骤：用 E-步骤得到的期望值，重新估计参数 π_i、a_{ij}、$b_i(k)$ 的值，得到模型 λ_{i+1}。

(3) 循环计算：令 $i=i+1$。重复执行 EM 估计，直到 π_i、a_{ij}、$b_i(k)$ 收敛，得到模型参数。

4.3　HMM 应用举例

4.3.1　中文分词

分词任务是自然语言处理的基础任务之一，相比于英文分词，中文分词要困难一些。主要原因在于汉语结构与英语结构差异甚大，词的构成边界方面很难进行界定。比如，在英语中，单词本身就是"词"的表达，一篇英文文章就是用"单词"加分隔符(空格)来表示的，而在汉语中，词是以字为基本单位的，但是一篇文章的语义表达仍然是以词来划分的。因此，在处理中文文本时，需要进行分词处理，将句子转化为词的表示。这个切词处理过程就是中文分词，通过计算机自动识别出句子的词中，在词间加入边界标记符，分隔出各个词。整个过程看似简单，然而实践起来很复杂，主要的困难在于分词歧义。比如，句子"武汉长江大桥于 1957 年 9 月 6 日竣工。"这句话，既可以分词为"武汉/长江/大桥/于/1957 年 9 月 6 日/竣工/。"，也可以分词为"武汉/长江大桥/于/1957 年 9 月 6 日/竣工/。"这种句子由人来判定可能没什么问题，机器则比较难处理。此外，像未登录词、分词粒度粗细等都是影响分词效果的重要因素。

对于分词任务，一般有规则分词和统计分词两种，其中，规则分词的代表有正向最大匹配法、逆向最大匹配法以及双向最大匹配法，统计分词有隐马尔可夫模型和条件随机场(将在 4.4 节介绍)等方法。下面介绍隐马尔可夫模型在分词任务中的用法。

隐马尔可夫模型(HMM)将分词作为字在字串中的序列标记任务来实现。其基本思路是：每个字在构造一个特定的词语时都占据着一个确定的构词位置(即词位)，现规定每个字最多只有四个构词位置：B(词首)、M(词中)、E(词尾)和 S(单独成词)，那么下面句子(1)的分词结果就可以直接表示成如(2)所示的逐字标记形式。

(1) "中文/分词/是文本处理/不可或缺/的/一步！"。

(2)"中/B 文/E 分/B 词/E 是 S 文/B 本 M 处 M 理 E 不/B 可 M 或 M 缺/E 的/S 一/B 步 /E！/S"。

对应到 HMM 上，用 $O=o_{1:n}$ 代表输入的句子，n 为句子的长度，o_i 代表字，状态序列 $I=i_{1:n}$ 代表输出的状态标签。在分词任务中，状态序列 I 中的元素即为 B、M、E、S 这 4 种标记，观测序列 O 中的元素为如"中""文"等句子中的每个字(包括标点等非中文字符)。现在要求解的分词问题即为 4.2.3 节中的序列问题，即给定一个观测序列 $O=o_{1:T}$ 和模型 $\lambda=(A,B,\pi)$，求出状态序列 $I=q_{1:T}$，使得该状态序列 I"最好地解释"观测序列 O。

以上的例子为理想情况下的分词情况，现在讨论如何将 HMM 应用到实际任务中。

首先，利用 HMM 解决问题必须考虑以下两个问题。

(1) 如何确定状态、观察及其各自的数目。

(2) 参数估计：初始状态概率、状态转移概率、输出符号概率如何确定。

对于第(1)个问题，中文分词中观测序列为训练样本中的单词序列；状态序列为训练样本中的分词标记序列；状态数 N 为分词时每个字的构词位置种类；输出符号数 M 为每种构词位置的字的数量。

对于第(2)个问题，HMM 的参数求解分两种情况。

(1) 如果无任何标记语料，则需要一部有分词标记的词典，采用无监督学习方法，步骤如下：

① 获取字的构词位置种类(状态数)；

② 获取对应每种构词位置的字的数量(输出符号数)；

③ 利用 EM 迭代算法获取初始状态概率、状态转移概率和输出符号概率。

(2) 如果有大规模分词标记语料，则采用有监督学习方法：可以从这些标记语料中抽取出所有的字和分词标记，并用最大似然估计计算各种概率。

将以上两个问题解决后便可以得到 HMM 模型中的参数，之后可以使用 4.2.3 节中介绍的维特比算法解决中文分词问题。以上即为 HMM 在中文分词方面的简单应用。

4.3.2　词性标注

词性标注是自然语言处理中一项非常重要的基础性工作。词性是词汇基本的语法属性，通常也称为词类。词性标注就是在给定句子中判定每个词的语法范畴，确定其词性并加以标注的过程。汉语词性标注同样面临许多棘手的问题，其主要难点可以归纳为如下三个方面。

(1) 汉语是一种缺乏词形态变化的语言，词的类别不能像印欧语那样直接从词的形态变化上来判别。

(2) 常用词兼类现象严重。汉语中越是常用的词，其不同的用法越多。

(3) 研究者主观原因造成的困难。语言学界在词性划分的目的、标准等问题上还存在分歧。与汉语分词规范类似，到目前为止，还没有一个统一的被广泛认可的汉语词类划分标准，词类划分的粒度和标记符号都不统一。

下面给出词性标注的简单例子，定义表示人、地点、事物以及其他抽象概念的名称即为名词，表示动作或状态变化的词为动词，描述或修饰名词属性、状态的词为形容词。

例如，给定一个句子"这儿是个非常漂亮的公园"，对其的标注结果应如下："这儿/代词　是/动词　个/量词　非常/副词　漂亮/形容词　的/结构助词　公园/名词"。

把词性标注问题对应到 HMM 上，则隐藏状态 I 中的元素即为名词、动词、形容词、代词标记，观测状态 O 中的元素为如"这儿""是"等句子中的每个字。

和中文分词的做法一样，解决词性标注问题也需要解决 HMM 的两个问题，对于词性标注而言，这两个问题的解决方法如下。

对于第(1)个问题，词性标注中标注序列为训练样本中的单词序列；状态序列为训练样本中的词类标记序列；状态数 N 为词类标记符号的个数，例如，UpennLDC 汉语树库中有 33 个词类，北大语料库词类标记符号有 106 个等；输出符号数 M 为每个状态可输出的不同词汇个数，如汉语介词 P 约有 60 个，连词 C 约有 110 个，即状态 P 和 C 分别对应的输出符号数为 60、110。

对于第(2)个问题，HMM 的参数求解也要分两种情况。

(1) 如果无任何标注语料，则需要一部有词性标注的词典，采用无监督学习方法，步骤如下：

① 获取词类个数(状态数)；

② 获取对应每种词类的词汇数(输出符号数)；

③ 利用 EM 迭代算法获取初始状态概率、状态转移概率和输出符号概率。

(2) 如果有大规模分词和词性标注语料，则采用有监督学习方法：

可以从这些标注语料中抽取出所有的词汇和词类标记，并用最大似然估计计算各种概率。

通过解决以上两个问题可以得出隐马尔可夫模型的模型参数，同样地，在已知观测序列时，可以使用 4.2.3 节中的维特比算法对句子进行词性标注。

4.4　条件随机场及其应用

4.4.1　条件随机场概念

1. 马尔可夫随机场

4.3 节提到，HMM 有两条非常经典的基本假设：一是齐次马尔可夫性假设，二是观测独立性假设。这两条假设使得 HMM 的计算成为可能，模型的计算也简单许多。但多数场景下，尤其在大量真实语料中，标注序列更多的是以一种多重的交互特征形式表现出来的，观测元素之间广泛存在长程相关性。这样，HMM 的效果就受到了制约。因此在 2001 年，Lafferty 等提出了条件随机场，其主要思想来源于 HMM，也是一种用来标记和切分序列化数据的统计模型。不同的是，条件随机场是在给定观测的标记序列的情况下，计算整个标记序列的联合概率，而 HMM 是在给定的当前状态下，定义下一个状态的分布。

概率图模型最基本的模型可以分为有向图(贝叶斯网络)和无向图(马尔可夫随机场)两个方面，其中有向图的代表为隐马尔可夫模型，无向图的代表即为条件随机场

(Conditional Random Field，CRF)。

设有联合随机变量 $Y = (Y_1, Y_2, \cdots, Y_m)$，随机变量 Y 构成一个无向图 $G(V, E)$，即在图 G 中，结点 $v \in V$ 表示一个随机变量 Y_v，边 $e \in E$ 表示随机变量之间的概率依赖关系。记联合随机变量 Y 的概率分布为 $P(Y)$，则给定一个联合概率分布 $P(Y)$ 和表示它的无向图 G，首先定义无向图表示的随机变量之间存在的成对马尔可夫性、局部马尔可夫性和全局马尔可夫性。

成对马尔可夫性：设无向图 G 中的任意两个没有边连接的结点为 u、v，其他所有结点为 o，成对马尔可夫性指给定 Y_o 的条件下，Y_u 和 Y_v 条件独立，即 $P(Y_u, Y_v \mid Y_o) = P(Y_u \mid Y_o)P(Y_v \mid Y_o)$，如图 4-3 所示。

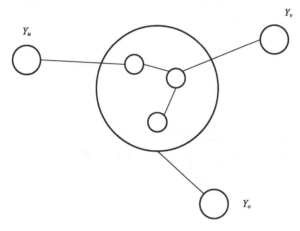

图 4-3　成对马尔可夫性

局部马尔可夫性：设无向图 G 的任一结点 v、w 是与 v 有边相连的所有结点，o 是除 v、w 外的其他所有结点，局部马尔可夫性指给定 Y_w 的条件下，Y_v 和 Y_o 条件独立，即 $P(Y_v, Y_o \mid Y_w) = P(Y_v \mid Y_w)P(Y_o \mid Y_w)$，如图 4-4 所示。

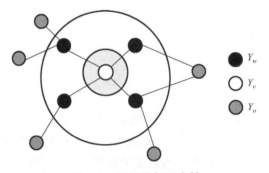

图 4-4　局部马尔可夫性

全局马尔可夫性：设结点集合 A、B 是在无向图 G 中被结点集合 C 分开的任意结点集合，全局马尔可夫性指给定 Y_C 的条件下，Y_A 和 Y_B 条件独立，即 $P(Y_A, Y_B \mid Y_C) = P(Y_A \mid Y_C)P(Y_B \mid Y_C)$，如图 4-5 所示。

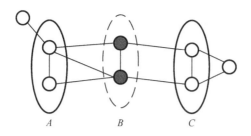

图 4-5 全局马尔可夫性

上述成对、局部、全局的马尔可夫性定义是等价的。

如果联合概率分布 $P(Y)$ 满足成对、局部或全局马尔可夫性，就称此联合概率分布为概率无向图模型或马尔可夫随机场。

2. 条件随机场

设 $X=(X_1,X_2,\cdots,X_n)$ 和 $Y=(Y_1,Y_2,\cdots,Y_m)$ 是联合随机变量，$P(Y|X)$ 是在给定 X 的条件下 Y 的条件概率分布。若随机变量 Y 构成一个由无向图 $G(V,E)$ 表示的马尔可夫场，即

$$P(Y_v \mid X, Y_w, w \neq v) = P(Y_v \mid X, Y_w, w \sim v) \tag{4-19}$$

对任意结点 v 都成立，则称 $P(Y|X)$ 是条件随机场。式中，$w \neq v$ 表示 w 是除 v 以外的所有结点，$w \sim v$ 表示 w 是与 v 相连接的所有结点。

简单举例说明条件随机场的概念：现有由若干个位置组成的整体，当给某一个位置按照某种分布随机赋予一个值后，该整体就称为随机场。以地名识别为例，假设定义了如表 4-2 所示的规则。

表 4-2 地理命名实体标记

标记	含义
B	当前词为地理命名实体的词首
M	当前词为地理命名实体的词中
E	当前词为地理命名实体的词尾
S	当前词单独构成地理命名实体
O	当前词不是地理命名实体或组成部分

现有由 n 个字符构成的句子，每个字符的标记都在已知的标记(B、M、E、S、O)中选择，当为每个字符选定标记后，就形成了一个随机场。若在其中加一些约束，如所有字符的标记只与相邻的字符的标记相关，那么就转化成马尔可夫随机场问题。假设马尔可夫随机场中有 X 和 Y 两种变量，X 一般是给定的，Y 是在给定 X 条件下的输出。在前面的例子中，X 是字符，Y 为标记，$P(Y|X)$ 就是条件随机场。

3. 线性链条件随机场

团与最大团：无向图 G 中任何两个结点均有边连接的结点子集称为团。若 C 是无向图 G 的一个团，并且不能再加进任何一个 G 的结点使其成为一个更大的团，则称此 C

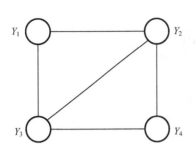

图 4-6　无向图的团和最大团

为最大团。

例如，图 4-6 表示由 4 个结点组成的无向图。图中由 2 个结点组成的团有 5 个：$\{Y_1,Y_2\}$、$\{Y_2,Y_3\}$、$\{Y_3,Y_4\}$、$\{Y_4,Y_2\}$ 和 $\{Y_1,Y_3\}$。有 2 个 $\{Y_1,Y_2\}$ 最大团：$\{Y_1,Y_2,Y_3\}$ 和 $\{Y_2,Y_3,Y_4\}$，而 $\{Y_1,Y_2,Y_3,Y_4\}$ 不是一个团，因为 Y_1 和 Y_4 没有边连接。

对于线性链条件随机场来说，图 G 的每条边都存在于状态序列 Y 的相邻两个结点中，最大团 C 是相邻两个结点的集合，X 和 Y 有相同的图结构意味着每个 X_i 都与 Y_i 一一对应。

设 $X=(X_1,X_2,X_3,\cdots,X_{n-1},X_n)$ 和 $Y=(Y_1,Y_2,Y_3,\cdots,Y_n)$ 均为线性链表示的随机变量序列，若在给定随机变量序列 X 的条件下，随机变量序列 Y 的条件分布 $P(Y|X)$ 构成条件随机场，即满足马尔可夫性 $P(Y_i|X,Y_1,\cdots,Y_{i-1},\cdots,Y_n)=P(Y_i|X,Y_{i-1},Y_{i+1})(i=1,2,\cdots,n)$（当 i 取 1 或 n 时只考虑单边），则称 $P(Y|X)$ 为线性链条件随机场。在标记问题中，X 表示观测序列，Y 表示对应的状态序列。线性链条件随机场如图 4-7 所示。

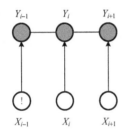 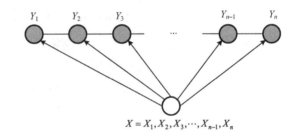

图 4-7　线性链条件随机场

大家会发现，相较于 HMM，线性链 CRF 不仅考虑了上一状态 Y_{i-1}，还考虑后续的状态结果 Y_{i+1}。在图 4-8 中对 HMM 和 CRF 做一个对比，图中 Y 为隐变量，X 为观测变量。

由图 4-8 可以得到以下两点。

(1) HMM 是一个有向图，而线性链 CRF 是一个无向图。HMM 中每个状态依赖于当前状态的上一个状态，而线性链 CRF 依赖于当前状态的周围结点状态。

(2) HMM 中将观测变量和隐变量的边反向即可得到线性链 CRF。

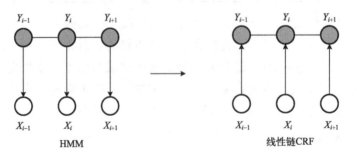

图 4-8　HMM 和线性链 CRF 对比

　　线性链条件随机场的参数化形式：设 $P(Y|X)$ 为线性链条件随机场，则在随机变量 X 取值为 x 的条件下，随机变量 Y 取值为 y 的条件概率具有如下形式：

$$p(Y|X) = \frac{1}{Z(x)}\exp\left(\sum_{i,k}\lambda_k t_k(y_{i-1},y_i,x,i) + \sum_{i,l}\mu_l s_l(y_i,x,i)\right) \qquad (4\text{-}20)$$

其中，

$$Z(X) = \sum_y \exp\left(\sum_{i,k}\lambda_k t_k(y_{i-1},y_i,x,i) + \sum_{i,l}\mu_l s_l(y_i,x,i)\right) \qquad (4\text{-}21)$$

式中，t_k 和 s_l 是特征函数；λ_k 和 μ_l 是特征函数对应的权重；$Z(X)$ 是规范化因子，求和是在所有可能的输出序列上进行的。

　　式(4-20)是线性链条件随机场模型的基本形式，表示给定输入序列 x，对输出序列 y 进行预测的条件概率。式(4-20)和式(4-21)中，t_k 是定义在边上的特征函数，称为转移特征，依赖于当前和前一个位置，$t_k(y_{i-1},y_i,x,i)$ 表示从标记序列中位置 $i-1$ 上的标记 y_{i-1} 转移到位置 i 上的标记 y_i 的概率。s_l 是定义在结点上的特征函数，称为状态特征，依赖于当前位置，$s_l(y_i,x,i)$ 表示标记序列在位置 i 上为标记 y_i 的概率。t_k 和 s_l 都依赖于位置，是局部特征函数。通常，特征函数 t_k 和 s_l 取值为 1 或 0，当满足特征条件时取值为 1，否则为 0。条件随机场完全由特征函数 t_k、s_l 和其对应的权重 λ_k、μ_l 确定。

　　以地名识别举例说明线性链条件随机场模型的基本形式，对句子"我来到牛家村"进行标记，正确标记后的结果应为"我/O 来 O 到 O 牛/B 家 M 村/E"。采用线性链 CRF 来进行解决，那么(O,O,O,B,M,E)是其一种标记序列，(O,O,O,B,B,E)也是一种标记序列，类似的可选标记序列有很多，NER 任务就是在如此多的可选标记序列中，找出最靠谱的作为句子的标记。

　　判断标记序列靠谱与否就是要解决的问题。就上面的两种分法，显然第二种没有第一种准确，因为其将"牛"和"家"都作为地名首字符成了 B，一个地名有两个首字符，显然不合理。假如给每个标记序列打分，分值代表标记序列的靠谱程度，越高代表越靠谱，那么可以定一条规则，若在标记中出现连续两个 B 结构的标记序列，则给它低分(如负分、零分等)。

　　上面说的连续 B 结构打低分就对应一个特征函数。在 CRF 中，定义一个特征函数集合，然后使用这个集合为标记序列进行打分，据此选出最可靠的标记序列。

　　条件随机场还可以由简化形式表示。注意到条件随机场式(4-20)中同一特征在各个位置都有定义，可以对同一个特征在各个位置求和，将局部特征函数转化为一个全局特征函数，这样就可以写出条件随机场的简化形式。

　　为简便起见，首先将转移特征和状态特征及其权重用统一的符号表示。设有 K_1 个转移特征，K_2 个状态特征，$K = K_1 + K_2$，记

$$f_k(y_{i-1},y_i,x,i) = t_k(y_{i-1},y_i,x,i), \quad k=1,2,\cdots,K_1$$

$$f_k(y_{i-1},y_i,x,i) = s_l(y_i,x,i), \quad k=K_1+l; \quad l=1,2,\cdots,K_2 \qquad (4\text{-}22)$$

　　然后，对转移与状态特征在各个位置求和，记作

$$f_k(y,x) = \sum_{i=1}^{n} f_k(y_{i-1}, y_i, x, i), \quad k = 1, 2, \cdots, K \tag{4-23}$$

用 w_k 表示特征 $f_k(y,x)$ 的权重，即

$$w_k = \lambda_k, \quad k = 1, 2, \cdots, K_1$$

$$w_k = \mu_l, \quad k = K_1 + l; \quad l = 1, 2, \cdots, K_2 \tag{4-24}$$

于是，可以得到条件随机场的简化形式为

$$p(y \mid x) = \frac{1}{Z(x)} \exp \sum_{k=1}^{K} w_k f_k(y, x) \tag{4-25}$$

式中，

$$Z(x) = \sum_{y} \exp \sum_{k=1}^{K} w_k f_k(y, x) \tag{4-26}$$

4.4.2　条件随机场应用

1．特征提取

实现 CRF 需要解决如下三个问题，分别为特征选取、参数训练和解码，下面以分词问题为例介绍 CRF 解决问题的一般过程。

首先，由字构词的分词算法的基本思想为将分词过程看作字的分类问题：每个字在构造一个特定的词语时都占据着一个确定的构词位置(即词位)。一般情况下，每个字只有 4 个词位：词首(B)、词中(M)、词尾(E)和单独成词(S)。

现在，给定一句话，"乒乓球拍卖完了。"可以看出，这句话既可以分词为"乒乓球/拍/卖/完/了/。/"，也可以分词为"乒乓球/拍卖/完/了/。/"，两种分词结果可以分别用句子的词位表示为"乒/B 乓/M 球/E 拍/S 卖/S 完/S 了/S。/S"和"乒/B 乓/M 球/E 拍/B 卖/E 完/S 了/S。/S"。这两种分词方式均有道理，具体分词为哪一种需要统计分词模型的数据而定。

现在的问题是如何设计一种统计分词模型可以得出比较正确的分词结果，可以知道的是，在对中文的每个字的标记过程中，可以对所有的字根据预定义的特征进行词位特征学习，获得一个概率模型，然后在待切分字串上，根据字与字之间的结合紧密程度，得到一个词位的分类结果，最后根据词位定义直接获得最终的分词结果。下面对这一过程进行叙述。

现在的问题是对于"乒/B 乓/M 球/E 拍/S 卖完了。"的"卖"字，究竟需要给予 B、E、M 和 S 中的哪一个标记。根据常识，"卖"字的标记需要考虑当前字的前后 n 个字、当前字左边字的标记、当前字在词中的位置这三个因素。利用 CRF 解决中文分词问题就考虑到了这些因素。前面提出，线性链条件随机场的参数化形式具有特征函数 t_k 和 s_l，而定义这两个特征函数的过程即为 CRF 解决问题的第一个步骤——特征提取。

特征提取分为一元特征和二元特征，前者指的是当前字、当前字的前一个字、当前

字的后一个字的特征，对应特征函数 s_l，后者指的是各标记间的转移特征，对应特征函数 t_k。就前面的"卖"字，可以定义特征函数：

$$s_1(y_i,X,i)=1,\quad 如果当前字为"卖"，当前字的标记为 S$$

$$s_1(y_i,X,i)=0,\quad 其他情况$$

或者

$$s_1(y_i,X,i)=1,\quad 如果当前字为"卖"，当前字的标记为 E$$

$$s_1(y_i,X,i)=0,\quad 其他情况$$

具体定义哪一个特征函数由问题而定。

同时可以定义转移特征函数：

$$t_1(y_{i-1},y_j,X,i)=1,\quad 如果前一个字的标记 y_{i-1} 为B，当前字的标记 y_i 为M$$
$$t_1(y_{i-1},y_j,X,i)=0,\quad 其他情况$$

或者

$$t_1(y_{i-1},y_j,X,i)=1,\quad 如果前一个字的标记 y_{i-1} 为M，当前字的标记 y_i 为M$$

$$t_1(y_{i-1},y_j,X,i)=0,\quad 其他情况$$

具体定义哪一个转移特征函数同样由问题而定。

2. 参数训练

定义 CRF 的特征函数后，便进入参数训练阶段，此过程的目的为通过训练语料估计特征权重 w_k，使其在给定一个标注序列 x 的条件下，找到一个最有可能的标记序列 y，即条件概率 $p(y\mid x)$ 最大。

由条件随机场的简化形式 $p(y\mid x)=\dfrac{1}{Z(x)}\exp\sum\limits_{k=1}^{K}w_k f_k(y,x)$ 可知，为了训练特征权重 w_k，需要计算模型的损失和梯度。由梯度更新 w_k，直到 w_k 收敛。

首先将损失函数定义为负对数似然函数：

$$L(w_k)=-\log p(y\mid x)+\frac{\varepsilon}{2}{w_k}^2 \tag{4-27}$$

式中，$\dfrac{\varepsilon}{2}{w_k}^2$ 为正则化项，ε 取值为 $10^{-6}\sim10^{-3}$。

损失函数的梯度为

$$\frac{\partial L(w)}{\partial w_k}=\frac{\partial \log Z(x)}{\partial w_k}-f_k(y,x)+\varepsilon w_k \tag{4-28}$$

得到梯度后即可使用梯度下降法对参数 w_k 进行更新，直到 w_k 收敛。

3. 解码

得到条件随机场的参数后，便可以进行模型的解码操作，条件随机场解码的过程由维特比(Viterbi)算法完成。作为一个动态规划算法，维特比算法要求局部路径也是最优路径的一部分。下面举例说明维特比算法的用法。

以中文分词为例：乒乓球拍卖完了。

可以得出一种比较符合常识的分词结果为"乒/B 乓/M 球/M 拍/E 卖/S 完/S 了/S"，此分词结果由表 4-3 中的搜索路径得到。

表 4-3　解码时矩阵搜索路径

乒	乓	球	拍	卖	完	了
B	B	B	B	B	B	B
M	**M**	**M**	M	M	M	M
E	E	E	**E**	E	E	E
S	S	S	S	S	**S**	S

式中，B、M、E、S 分别为每个字可能的标记信息。下面解释算法流程。

可以知道的是，对于每个字而言，其获得标记的概率由以下三部分组成。

(1) 标记的一元特征权重 W。用 W_1^B 表示 $R_7^S T_{SS} \lambda_3$ 第一个字被标记为 B 的权重，用 W_1^S 表示第一个字被标记为 S 的权重，等等。

(2) 标记的路径概率 R。用 R_2^B 表示第二个字被标记为 B 的路径概率，用 R_2^E 表示第二个字被标记为 E 的路径概率，等等。

(3) 前一个字的标记到当前字标记的转移特征权重 T。用 T_{BM} 表示由标记 B 到 M 的转移特征权重，类似地，其他转移特征权重分别记为 T_{BE}、T_{MM}、T_{ME}、T_{EB}、T_{ES}、T_{SB}、T_{SS} 等。

由此，可以利用下式迭代计算每一字被标记为每一种标记的概率：

$$R_{i+1}^B = \max\{T_{EB} * R_i^E, T_{SB} * R_i^S\} * W_{i+1}^B$$

$$R_{i+1}^E = \max\{T_{BE} * R_i^B, T_{SE} * R_i^E\} * W_{i+1}^E$$

$$R_{i+1}^S = \max\{T_{ES} * R_i^E, T_{SS} * R_i^S\} * W_{i+1}^S$$

定义了计算公式后，便可以利用维特比算法进行解码，具体步骤如下。

第一步：计算第一个字"乒"的标记分数(以标记 B 为例)。由于不存在转移特征，故路径权重 R_1^B 为 $R_1^B = W_1^B = \lambda_1 * f(\text{null}, 乒, B) + \lambda_2 * f(乒, B) + \lambda_3 * f(乒, B, 乓)$。

其中 $f(\cdot)$ 表示特征，$f(\text{null}, 乒, B)$ 表示当前字"乒"被标记为 B，前一个字为空；$f(乒, B)$ 表示当前字"乒"被标记为 B；$f(乒, B, 乓)$ 表示当前字"乒"被标记为 B，且后一个字为"乓"。特征的权重 λ_1、λ_2 和 λ_3 都可以从训练中得到(参数训练部分)。

第二步：计算第二个字"乓"的标记分数(以标记 B 为例)。首先计算一元特征权重 W_2^B，继而由上一个字的路径权重计算当前路径权重 R_2^B 为 $R_2^B = \max(T_{EB} * R_1^E, T_{SB} * R_1^S) * W_2^B$。

同样，对于"乓"字的标记 S、M 和 E 分别计算 R_2^S、R_2^M、R_2^E。

第三步：依据第二步迭代计算直至最后一个"了"字，得到 R_7^E、R_7^S。比较这两个值，确定最优路径，然后以该值的标记点为起始点进行回溯，得到整个句子的最优路径。

回溯过程：

由 $\max(R_7^E, R_7^S) = R_7^S$，可推出"了"字标记为 S；

由 $R_7^S = \max(T_{EB} * R_6^E, T_{SS} * R_6^S) * W_7^S = T_{SS} * R_6^S * W_7^S$，可推出"完"字标记为 S；依次回溯至第一个字，解码完毕。

解决上面的三个问题后，便可以利用 CRF 执行一些实际的自然语言处理任务。

同时，相对于 HMM，CRF 的主要优点在于它的条件随机性，只需要考虑当前已经出现的观测状态的特性，没有独立性的严格要求，对于整个序列内部的信息和外部观测信息均可有效利用。

4.5 本 章 小 结

本章介绍了统计机器学习中的代表模型、隐马尔可夫模型和条件随机场。首先，介绍马尔可夫模型，对隐马尔可夫模型进行定义，进而引出隐马尔可夫模型的三个基本问题，即估计问题、序列问题和参数估计问题；然后，通过中文分词和词性标注两个应用问题介绍了隐马尔可夫模型的实际应用过程。最后，介绍条件随机场及其特殊形式线性链条件随机场、条件随机场应用于实际问题的一般过程，即特性提取、参数训练和解码。

习 题 4

1．天气预报问题。其模型是：今天是否下雨依赖于前三天是否有雨(即一连三天有雨；前面两天有雨，第三天是晴天)，能否把这个问题归纳为马尔可夫链。如果可以，该过程的状态有几个？如果过去一连三天有雨，今天有雨的概率为 0.8；过去三天连续为晴天，而今天有雨的概率为 0.2；在其他天气情况时，今天的天气和昨天相同的概率为 0.6。求这个马尔可夫链的转移概率矩阵。

2．试用前向概率和后向概率推导公式：
$$P(O|\lambda) = \sum_{i=1}^{N}\sum_{j=1}^{N}\alpha_t(i)a_{ij}b_j(o_{t+1})\beta_{t+1}(j), \quad t=1,2,\cdots,T-1$$

3．说明 HMM 和 CRF 的联系与区别。

4．使用隐马尔可夫模型实现一个汉语分词系统，要求实现一个汉语自动分词系统，并在微博等非规范文本测试集上进行测试分析。

5．使用条件随机场实现一个汉语的命名实体自动识别系统。命名实体一般指如下几类专用名词：人名、地名和组织机构名。要求实现汉语中任意一种类型的命名实体识别，并进行实验分析。

6．使用条件随机场实现一个汉语或英语的词类自动标注系统，并进行实验分析。

习题 4 答案

第 5 章　词法分析与词性标注

自然语言处理研究的最终目标是分析和理解人类语言。从之前的章节中可以看到，距离实现这个目标还有很大的差距。基于这个原因，很多研究者的研究工作都集中在一些中间任务上，即在不要求充分理解语言的前提下如何做到了解语言的内在结构。本章将重点讲述汉语信息处理任务中汉语自动分词的基本概念、技术难点、基本算法和词性标注的基本概念、基本方法等内容。读者应在理解相关概念的基础上理解自动分词的基础算法和词性标注算法等内容。

(1) 自动分词的基本算法。
(2) 未登录词识别的方法。
(3) 词性标注的基本方法。

5.1　汉语自动分词

汉语自动分词研究是中文信息处理领域的一项基础性课题，也是其他中文信息处理任务的基础前提，因为只要涉及句法、语义(如信息检索、机器翻译、自动摘要、文本分类等)的任务研究，都是以词作为基本输入单位的。对比中文文本和英文文本，因为语言特性，英文文本具有空格这个天然的分隔符来实现单词与单词之间的分隔，但中文文本中的词与词之间是没有这种天然分隔符的，并且语句之间是连续书写的。因此，简要地说，汉语自动分词的目标就是通过计算机自动地在正确的词之间添加一个分隔符，从而实现正确的词之间的拆分，虽然这看起来是一个非常简单的问题，但是这个问题难倒了几代的研究学者。实现汉语自动分词的主要技术难点主要有三个：分词规范问题、歧义切分问题、未登录词问题。

5.1.1　分词规范问题

从开始学习汉语起，认知中汉语的顺序都是汉字->词语->句子->段落->篇章。但是其中的词是什么,词语又是什么？这种问题看似有些抽象，却让人无法确切地回答。但是对于汉语自动分词，如何界定一个词语是一个非常重要的话题。在有关研究的调查报告中，在以汉语为母语的被试者之间，对汉语文本中出现的词语的认同率只有大约 70%，因此从计算的严格意义上说，自动分词是一个没有明确定义的问题。举个简单的例子：

"小明看到湖岸上的花草，一株不知名的小花引起了他的注意"

对于这句话中的"湖岸"、"花草"和"不知名"等，使用不同的词语界定方式就会出现不一样的分词结果，可以将其切分成以下几种形式：

"小明/看到/湖岸/上/的/花草，一株/不知名/的/小花/引起/了/他的/注意"

"小明/看到/湖/岸/上/的/花/草，一株/不/知名/的/小花/引起了/他的/注意"

"小明/看到/湖岸/上的/花/草，一株/不知名的/小花/引起了/他的/注意"

可以看出，使用不同的词语界定方式，可以组合出多种不同的分词结果，因此自动分词可以说是寻找一个没有明确定义的问题的答案。与其他研究一样，当要衡量一个自动分词算法的优劣时，首先需要的就是确定一个统一的评估标准，保证研究者提出的模型都在统一的数据集和统一的评估算法上进行训练和评测，只有通过统一标准得到结果才具有可参考性。

5.1.2　歧义切分问题

因为语言特性，在汉语中出现歧义字段是非常普遍的，因此如何处理歧义字段是分词研究中的一个重要难点。梁南元最早对歧义字段进行了两种基本的定义。

交集型切分歧义：汉字串 AJB 称作交集型切分歧义，如果满足 AJ、JB 同时为词(A、J、B 分别为汉字串)，此时汉字串 J 称作交集串，如大学生(大学/学生)、研究生物(研究生/生物)、结合成(结合/合成)。

组合型切分歧义：汉字串 AB 称作多义组合型切分歧义，如果满足 A、B、AB 同时为词，如起身(他|站|起|身|来/明天|起身|去北京)、学生会(我在|学生会|帮忙/我的|学生|会来|帮忙)。

从上面的定义和例子中，可以看到对于分词问题来讲歧义字段会带来非常大的困扰，所以想要实现正确的切分判断，自动分词算法一定要能够有效地结合上下文语境。

5.1.3　未登录词问题

未登录词，一种是指已有的词表中没有收录的词，另一种是指在训练语料中未曾出现过的词。而后一种含义也可以称作集外词(Out of Vocabulary，OOV)，即训练集以外的词。通常情况下未登录词和 OOV 是一回事，这里不加以区分。

未登录词大体可以分为如下几个类型。

新出现的普通词汇，如网络用语当中层出不穷的新词，这在分词系统也是一大挑战，一般对于大规模数据的分词系统，会专门集成一个新词发现模块，用于对新词进行挖掘发现，经过验证后将其加入到词典当中。

专用名词，在分词系统中有一个专门的模块，即命名实体识别(Name Entity Recognize，NER)，用于对人名、地名以及组织机构名等单独进行识别。

专业名词和研究领域名称，这个在通用分词领域出现的情况比较少，如果出现特殊的新领域、专业，就会随之产生一批新的词汇。

其他专用名词，包含其他新产生的产品名、电影名、书籍名等。

经过统计，汉语分词出现的问题大部分是由未登录词引起的，因此分词模型对于未登录词的处理将是衡量一个系统好坏的重要指标。

5.1.4 汉语自动分词的原则

以下两点是汉语自动分词的基础性原则。

(1) 语义上无法由组合成分直接相加而得到的字串应该合并为一个分词单位(合并原则)，如不管三七二十一(成语)、或多或少(副词片语)、十三点(定量结构)、六月(定名结构)、谈谈(重叠结构，表示尝试)、辛辛苦苦(重叠结构、加强程度)、进出口(合并结构)。

(2) 语类上无法由组合成分直接得到的字串应该合并为一个分词单位(合并原则)。

① 字串的语法功能不符合组合规律，如好吃，好喝，好听，好看等。

② 字串的内部结构不符合语法规律，如游水。

而接下来的是汉语自动分词的辅助原则(其属于操作性原则，富于弹性，不是绝对的)。

(1) 有明显分隔符标记的应该切分之(切分原则)。

分隔符标记指标点符号或一个词。例如：

上、下课 → 上/ 下课；

洗了个澡 → 洗/ 了/ 个/ 澡

(2) 附着性语(词)素和前后词合并为一个分词单位(合并原则)。例如：

"吝"是一个附着性语素，"不吝"和"吝于"等合并成一个词；

对于"员"，有"检查员"、"邮递员"和"技术员"等；

对于"化"，有"现代化"、"合理化"、"多变化"和"民营化"等。

(3) 使用频率高或共现率高的字串尽量合并为一个分词单位(合并原则)。例如：

"进出"和"收放"(动词并列)；

"大笑"和"改称"(动词偏正)；

"关门"、"洗衣"和"卸货"(动宾结构)；

"春夏秋冬"、"轻重缓急"和"男女"(并列结构)；

"象牙"(名词偏正)；

"暂不"、"毫不"、"不再"和"早已"(副词并列)。

(4) 双音节加单音节的偏正式名词尽量合并为一个分词单位(合并原则)。

例如，"线"、"权"、"车"和"点"等所构成的偏正式名词：

"国际线、分数线、贫困线"；

"领导权、发言权、知情权"；

"垃圾车、交通车、午餐车"；

"立足点、共同点、着眼点"等。

(5) 双音节结构的偏正式动词应尽量合并为一个分词单位(合并原则)。

本原则只适合少数偏正式动词，如"紧追其后"和"组建完成"等，不适合动宾及主谓式复合动词。

(6) 内部结构复杂、合并起来过于冗长的词尽量切分(切分原则)。

① 词组带接尾词：太空/计划/室、塑料/制品/业。

② 动词带双音节结果补语：看/清楚、讨论/完毕。

③ 复杂结构：自来水/公司、中文/分词/规范/研究/计划。

④ 正反问句：喜欢/不/喜欢、参加/不/参加。

⑤ 动宾结构、述补结构的动词带词缀：写信/给、 取出/给、穿衣/去。

⑥ 词组或句子的专名，多见于书面语，如戏剧名、歌曲名等：鲸鱼/的/生/与/死、那/一/年/我们/都/很/酷。

⑦ 专名带普通名词：胡/先生、京沪/铁路。

5.1.5　分词与词性标注结果评估方法

分词与词性标注结果的评估主要有以下几个指标。

(1) 准确率(Correct Ratio/Precision，P)：输出结果中正确切分或标注的数量占所有输出结果的比例。例如，假设系统的输出结果为 N 个，其中，正确的结果为 n 个，那么，准确率 P 为

$$P = \frac{n}{N} \times 100\% \tag{5-1}$$

(2) 召回率(找回率)(Recall Ratio，R)：测试结果中正确结果的个数占标准答案总数的比例。如图 5-1 所示，假设系统输出 N 个结果，其中，正确的结果为 n 个，而标准答案为 M 个，那么，召回率 R 为

$$R = \frac{n}{M} \times 100\% \tag{5-2}$$

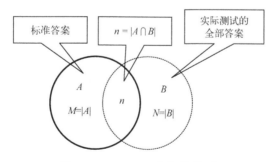

图 5-1　N、M、n 之间的关系

(3) F-测度值(F-measure)：准确率与找回率的综合值。其计算公式为

$$\text{F-measure} = \frac{(\beta^2 + 1) \times P \times R}{\beta^2 \times P + R} \times 100\% \tag{5-3}$$

一般地，取 $\beta = 1$，即

$$\text{F1} = \frac{2 \times P \times R}{P + R} \times 100\% \tag{5-4}$$

例如，假设某个汉语分词系统在一测试集上输出 5260 个分词结果，而标准答案是4510 个词语，根据这个答案，系统切分出来的结果中有 4120 个是正确的，那么有

$$P = \frac{4120}{5260} \times 100\% = 78.33\%$$

$$R = \frac{4120}{4510} \times 100\% = 91.35\%$$

$$F1 = \frac{2 \times P \times R}{P + R} \times 100\% = \frac{2 \times 0.7833 \times 0.9135}{0.7833 + 0.9135} \times 100\% = 84.34\%$$

5.2　自动分词基本算法

自汉语自动分词这个问题被提出以来，已有 30 余年的研究历史，经过分词研究人员的努力，很多的分词算法模型被提了出来，相应的分词研究成果也被应用到了很多的自然语言处理任务中，包括机器翻译、语音识别、信息检索、自动问答等。

早期的分词算法大多数都是基于词典进行的，这种分词算法涉及的技术主要包括词典的存储和检索、词典匹配方法、规则匹配方法，基于这些，研究人员提出了正向最大匹配、逆向最大匹配、双向最大匹配、全切分等分词方法，这些方法统称为传统分词法或者基于词典的分词算法。虽然这些基于词典的分词方法具有简洁高效、操作简单的优点，但是这些分词算法的分词准确率是与算法中所用到的词典的好坏息息相关的，在未登录词较多的情况下，即出现太多词典之外的词时，分词算法的分词准确率将无法得到保证，因此此类分词算法并不能很好地处理歧义切分和未登录词识别。后来，随着统计方法的快速发展，许多基于统计模型(包括基于隐马尔可夫、条件随机场和 n 元语法等)的分词方法陆续被研究者提出，并且将规则方法与统计方法相结合的分词技术也同时被陆续提出，从而使得汉语自动分词问题得到了更加深入的研究。虽然基于统计方法的分词技术能够很好地处理歧义切分问题和未登录词识别问题，但是基于统计方法的统计分词模型具有复杂度高、运行周期长、依赖人工特征提取等缺点。随着计算机芯片的高速发展，计算机的运行速度得到了飞速的提升，深度神经网络学习逐渐进入自然语言处理的分词领域。在本节的最后将给读者介绍一种基于深度学习和统计方法相结合的分词方法——基于 Bi-LSTM-CRF 的分词方法。

根据分词算法的核心思想，可以将分词算法分为两大类。

第一类是基于词典的分词，先将句子根据词典划分成词，再寻找其最佳组合方式；第二类是基于字的分词，首先将句子分成一个个单独的字，以单个字为基本处理单位，然后将一个个的字组合成词，目的是寻找最优的组合策略，这类分词算法可以将分词问题转换为典型的序列标注问题。

5.2.1　最大匹配法

最大匹配(Maximum Matching，MM)法是一种得到较为广泛应用的传统分词算法，

其在分词过程中只需要依靠一个分词词典，而无需其他词法、句法和语义知识。最大匹配法可以分为正向最大匹配算法(Forward MM，FMM)、逆向最大匹配算法(Backward MM，BMM)、双向最大匹配算法(Bi-Directional MM)。

正向最大匹配算法描述如下。

(1) 令 $i = 0$，当前指针 p 指向输入字符串初始位置。

(2) 计算当前指针 p 到字串末端的字数 n，如果 $n = 1$，转(4)，结束算法。否则，令 m=词典中最长单词的字数，如果 $n<m$，令 $m = n$。

(3) 从当前 p 起取 m 个汉字作为词 w，判断：

① 如果 w 是词典中的词，则在 w 后添加一个切分标志，转③；

② 如果 w 不是词典中的词且 w 的长度大于 1，将 w 从右端去掉一个字，转①，否则(w 的长度等于 1)，在 w 后添加一个切分标志，将 w 作为单字词添加到词典中，执行③步；

③ 根据 w 的长度修改指针 p 的位置，如果 p 指向字串末端，转(4)，否则，$i = i+1$，返回(2)。

(4) 输出切分结果，结束分词程序。

例如，假设输入字串："他是研究生物化学的"。

而词典中含有[研究生]、[生物]、[化学]、[物化]、[研究] 。

词典中最长的词有 3 个字(即 $m = 3$)，在第一次切分时，固定开始位置，从句子尾部开始向前找，判断"他是研"有没有在词典中。如果有，则作为分词；如果没有，则往前移动。最后只剩下一个"他"，将其作为一个词进行切分。然后固定下一个词的开始位置，继续切分。第二次切分和第一次切分的情况一样，切分出"是"这个词。第三次在匹配"研究生"时，因为其在词典中，所以将其作为分词。继续切分剩余的"物化学的"。按照原理，最终句子被切分成"他/是/研究生/物化/学/的"。切分过程：

他是研究生物化学的

|— 3——↑

他是研究生物化学的

|—2—↑

⋮

他是研究生物化学的

|— 3——↑

⋮

切分结果："他/是/研究生/物化/学/的"。

需要注意的是，虽然词典中有"研究"这个字词，但最大匹配法并不会把"研究生"进行切分。因为这个特点，最大匹配法在长词覆盖短词的句子中将会产生切分错误。例如，当输入的句子是"有个人叫张三"，最大匹配法会把"个人"作为一个词切分出来，进而导致"有/个人/叫/张三"这样的切分错误。这是因为最大匹配法在给出一套简单的并且可以重复运行的切分流程的同时，也包含了"长词优先"的切分评估原则，即认为对同一个句子来说，切分所得的词数最少时是最佳切分结果。虽然这一评估原则在大多数情况下是合理的，但也会因此引发一些切分错误。

上面是正向最大匹配算法过程，而逆向最大匹配算法是正向最大匹配算法的逆向算法，即算法是从右向左开始匹配切分的，若匹配不成功，则去掉第一个字符，其他的则和正向最大匹配算法相同。同样是上面的例子，切分过程：

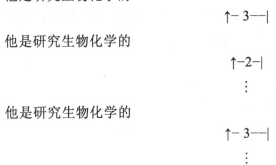

他是研究生物化学的

　　　　　　　　　　↑- 3--|

他是研究生物化学的

　　　　　　　　　　↑-2-|

　　　　　　　　　　　　⋮

他是研究生物化学的

　　　　　　　　　　↑- 3--|

　　　　　　　　　　　　⋮

切分结果："他/是/研究/生物/化学/的"。

据孙茂松、邹嘉彦对新闻语料中随机选出的 3680 个句子进行统计，正向匹配错误而逆向匹配正确的句子占比 9.24%，正向匹配正确而逆向匹配错误的情况则没有被统计到。因此研究者提出了融合正向最长匹配和逆向最长匹配的双向最长匹配。

双向最大匹配算法，简单来说，就是将正向最大匹配算法和逆向最大匹配算法的切分结果在给定的一些规则中进行比较，从中选择最优解。定义的比较规则如下：

(1) 如果正向最大匹配算法和逆向最大匹配算法得到的结果相同，则认为分词正确，返回任意一个结果即可。

(2) 如果正逆向最大匹配算法得到的切分结果不同，则进一步考虑单字词、词字典词、总词的数量，评估标准是三者的数量越少，分词的效果越好。基于越长的单词所表达的意义越丰富并且含义越明确的原则，如果正向最长匹配和逆向最长匹配分词后的词数不同，则返回词数更少结果；非词典词和单字词越少越好，因为在语言学中单字词的数量是要远远小于非单字词的。因此当正向最长匹配和逆向最长匹配分词后的词数相同时，返回非词典词和单字词最少的结果；根据孙茂松教授的统计，逆向最长匹配正确的可能性要比正向最长匹配的可能性高，所以在正逆向最长匹配的词数以及非词典词和单字词的数量都相同的情况下，优先返回逆向最长匹配算法的切分结果。

最大匹配法的优点有：程序简单易行，开发周期短；仅需要很少的语言资源(词典)，不需要任何额外的词法、句法、语义资源。但其缺点也较为明显，例如，歧义消解的能力差；切分准确率不高，一般在 95%左右。

5.2.2　最短路径方法

最短路径方法的基本思想是根据词典构造词语切分有向图，每个词对应有向图中的一条边，通过切分规则使得切分得到的词数最少。

最短路径方法的算法描述如下。

首先，设待切分字串 $S = C_1, C_2, \cdots, C_n$，其中 $C_i(i=1,2,\cdots,n)$ 为单个的字符，n 为串的长

度，$n \geq 1$。建立一个结点数为 $n+1$ 的有向无环图 G，其中每个词用图中的两个结点表示，因此结点数为 $n+1$，各结点编号依次为 $V_0, V_1, V_2, \cdots, V_n$，如图 5-2 所示。

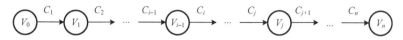

图 5-2　有向无环图

接着通过以下步骤建立 G 的所有词边。

(1) 在相邻结点 V_{k-1}、V_k 之间建立有向边 $<V_{k-1}, V_k>$，边对应的词默认为 $C_k(k=1,2,\cdots,n)$。

(2) 如果 $W = C_i, C_{i+1}, \cdots, C_j (0 < i < j \leq n)$ 是一个词，则在结点 V_{i-1}，V_j 之间建立有向边 $<V_{i-1}, V_j>$，边对应的词为 $W(0 < i < j \leq n)$，如图 5-3 所示。

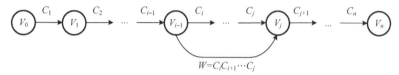

图 5-3　切分有向无环图

(3) 重复步骤(2)，直到没有新路径(词序列)产生。

(4) 从产生的所有路径中，选择路径最短的(词数最少的)作为最终分词结果。

例如，假设对于输入字串："他只会诊断一般的疾病"。

输出候选：他/ 只会/ 诊断/ 一般/ 的/ 疾病(词个数：6)。

他/ 只/ 会诊/ 断/ 一般/ 的/ 疾病(词个数：7)。

最终结果："他/ 只会/ 诊断/ 一般/ 的/ 疾病"。

虽然最短路径法采取的切分规则会使得切分出来的词数最少，符合汉语自身的语言规律，往往可以得到比较不错的结果，但不能对现实的文本中不完全符合规则的句子进行正确的切分，并且在切分的过程中如果得到的最短路径有多条，往往只能保留其中的一条，这对于其他符合要求的路径显然是不公平的，同时也是缺乏理论基础的。因此张华平等提出了最短路径的改进方法——N-最短路径法。

N-最短路径法的基本思想是根据词典找出字串中所有可能的词，构造词语切分有向无环图。每个词对应图中的一条有向边，并赋予对应的权重(边长)。然后针对该切分图，在起点到终点的所有路径中，求出按长度升序排列依次为第 1，第 2，$\cdots$，第 i，$\cdots$，第 N 的路径集合作为相应的切分结果集。如果两条或两条以上的路径的长度相等，则令它们的长度并列为第 i，并且它们都要列入切分结果集中，而且不影响其他路径的排序结果，因此最后的切分结果集的大小是大于或等于 N 的。

N-最短路径法描述如下。

与最短路径法相似，首先设待切分字串 $S = C_1, C_2, \cdots, C_n$，其中 $C_i(i=1,2,\cdots,n)$ 为单个的字，n 为串的长度，$n \geq 1$。建立一个结点数为 $n+1$ 的有向无环图 G，各结点编号依次为 $V_0, V_1, V_2, \cdots, V_n$，如图 5-2 所示。

接着通过以下两种方法建立 G 所有可能的词边。

(1) 在相邻结点 V_{k-1}、V_k 之间建立有向边 $<V_{k-1}, V_k>$，边的长度为 L_k，边对应的词默

认为 $C_k(k=1,2,\cdots,n)$。

(2) 如果 $W=C_i,C_{i+1},\cdots,C_j(0<i<j\leqslant n)$ 是一个词，则在结点 V_{i-1}、V_j 之间建立有向边 $<V_{i-1},V_j>$，边对应的词为 $W(0<i<j\leqslant n)$。

这样，待切分字串 S 中包含的所有词与有向无环图 G 中的边一一对应。为了计算方便，将词的对应边的权重均设为 1，当然，在实际情况中权重是不可能都设为 1 的。

设 NSP 为 V_0 到 V_n 的 N-最短路径集合；而 RS 是最终的 N-最短路径切分结果集，则 RS 是 NSP 对应的分词结果，即所求的切分结果集。因此，N-最短路径法词语切分问题转化为如何求解有向无环图 G 的集合 NSP。

求解有向无环图 G 的集合 NSP，可以采取贪心算法。张平等使用的算法是基于 Dijkstar 的一种简单扩展。改进的地方在于在每个结点处记录 N 个最短路径值，并记录对应路径上当前结点的前驱。如果同一路径长度对应着多条路径，则必须同时记录这些路径上当前结点的前驱。最后通过回溯即可求出 NSP。以"他说的确实在理"为例，给出 3-最短路径的求解过程，如图 5-4 所示。

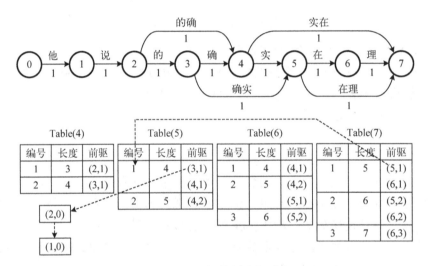

图 5-4　3-最短路径求解过程

在图 5-4 中 Table(4)表示位于结点 4 时的最短路径情况,表示从结点 0 到 4 有两条路径，长度为 3 的路径前驱为 2；长度为 4 的路径前驱为 3。前驱括号里面第二个数表示对相同前驱结点的区分，如(4,1)、(4,2)。由图中列表可知，该字串的 3-最短路径结果集为 {5,5,6,6,7}。

5.2.3　基于 HMM 的分词方法

前面的几种分词算法都是基于词典的分词算法，在这之后，将介绍几种基于字的分词算法。不同于基于词典的分词方法需要依赖于一个事先编制好的词典，然后通过查词典的方式做出最后的切分决策,基于字的分词方法是将分词过程看作对单字的分类问题，其认为每个字在构造一个特定词语时都占据着一个确定的构词位置(词位)。

通常情况下，对于每个字的词位，可以分成 4 种情况：B(Begin)、E(End)、M(Middle)、S(Single)，即对应词首、词尾、词中和单独成词，因此，基于这些，可以将一个句子的切分过程转为对句子中每个字做标记的过程，举个例子：

他/说/的/确实/在理。

他 S 说 S 的 S 确 B 实 E 在 B 理 E。

在这一节中将介绍第一个基于字的分词算法——基于 HMM(隐马尔可夫模型)的分词方法，HMM 已在第 4 章中进行详细的介绍，在这里将简单地介绍 HMM 的一些概念，然后将使用一个例子详细介绍使用 HMM 和 Viterbi 算法求解中文分词问题。

首先，HMM 是一个 5 元组 $\{Q,V,\pi,A,B\}$，其中，$Q=\{q_1,q_2,\cdots,q_N\}$ 是状态集合，在中文分词中 Q 为 $\{B,E,M,S\}$；$V=\{v_1,v_2,\cdots,v_M\}$ 是观测集合，在中文分词中 V 是汉字的集合；π 是初始状态概率向量；$A=[a_{ij}]$ 是状态转移概率矩阵，其中 a_{ij} 表示从状态 q_i 转移到状态 q_j 的概率；$B=[b_j(k)]$ 是观测概率矩阵，其中 $b_j(k)$ 表示在状态 q_j 的条件下生成观测值 v_k 的概率。一般地，会将 HMM 表示为 $\lambda=(A,B,\pi)$，状态序列表示为 I，对应观测序列为 O。对于 λ、I、O，HMM 有三个基本问题。

(1) 概率计算问题：在模型 λ 下观测序列 O 出现的概率。

(2) 学习问题：已知观测序列 O，估计模型 λ 的参数，使得在该模型下 $P(O|\lambda)$ 最大。

(3) 解码(Decoding)问题：已知模型 λ 与观测序列 O，求解条件概率 $P(I|O)$ 最大的状态序列 I。

而中文分词问题就是属于第(3)个问题，即解码问题。

因此，对于中文分词问题，通过构造 5 元组并用 Viterbi 算法进行求解，(A,B,π) 的训练比较简单，直接对训练语料进行统计，然后估计得到概率。

假设观测序列 $O=$(小，明，硕，士，毕，业，于，中，国，科，学，院，计，算，所)，进行分词，即要求状态序列 I。对应 HMM 的初始状态概率向量、状态转移概率矩阵和观测概率矩阵分别如表 5-1～表 5-3 所示。

表 5-1　初始状态概率向量 π

状态值	概率	状态值	概率
B	−0.263	M	−3.14e+100
E	−3.14e+100	S	−1.465

注：表中的示例数值是对原始概率取对数之后的结果，作用是将概率相乘的计算变成对数相加，其中−3.14e+100 表示负无穷，对应的概率为 0。下同。

表 5-2　状态转移概率矩阵 A

状态值	B	E	M	S
B	−3.14e+100	−0.511	−0.916	−3.14e+100
E	−0.590	−3.14e+100	−3.14e+100	−0.809
M	−3.14e+100	0.333	−1.260	−3.14e+100
S	−0.721	−3.14e+100	−3.14e+100	−0.666

使用 Viterbi 算法求解。

经 Viterbi 算法，会得到两个矩阵：weight[][]和 path[][]，两个矩阵的维度相同，如表 5-4 所示。

表 5-3　观测概率矩阵 B

状态值	观察对象					
	耀	涉	谈	伊	洞	…
B	−10.460	−8.766	−8.039	−7.683	−8.669	…
E	−9.267	−9.096	−8.436	−10.224	−8.366	…
M	−8.476	−10.560	−8.345	−8.022	−9.548	…
S	−10.006	−10.523	−15.269	−17.215	−8.370	…

表 5-4　weight[][]矩阵和 path[][]矩阵

参数		小	明	硕	士	毕	业	于	中	国	科	学	院	计	算	所
		0	1	2	3	4	5	6	7	8	9	10	11	12	13	14
B	0	—	—	—	—	—	—	—	—	—	—	—	—	—	—	—
E	1	—	—	—	—	—	—	—	—	—	—	—	—	—	—	—
M	2	—	—	—	—	—	—	—	—	—	—	—	—	—	—	—
S	3	—	—	—	—	—	—	—	—	—	—	—	—	—	—	—

二维数组 weight[4][15]中，4 代表的是状态数(0:B,1:E,2:M,3:S)，15 代表的是输入句子的字数。比如 weight[0][2]代表状态 B 的条件下，出现"硕"这个字的可能性。

二维数组 path[4][15]中，4 同样代表的是状态数(0:B,1:E,2:M,3:S)，15 是输入句子的字数。比如 path[0][2]代表 weight[0][2]取到最大时，前一个字的状态，若 path[0][2] = 1，则代表 weight[0][2]取到最大时，前一个字(也就是明)的状态是 E。记录前一个字的状态是为了使用 Viterbi 算法计算完整个 weight[][]之后，方便对输入句子从右向左进行回溯，找出对应的状态序列。

(1) 使用 π、A 和 B 初始化 weight[][]和 path[][]矩阵

由观测概率矩阵 B 可以得到起始观测值"小"和"明"对应的观测概率，如表 5-5 所示。

因此，通过初始状态概率向量 π 和"小"对应的观测概率可以初始化 weight[][]矩阵的第一列的值(计算的时候是相加而不是相乘，因为之前取过对数)，计算过程如表 5-6 所示，而对应的 path[][]矩阵的第一列则初始化为 0。

表 5-5　"小"和"明"对应的观测概率

参数	小	明	—
B	−5.79545	−5.53312	—
E	−7.36797	−5.13423	—
M	−5.09518	−6.08384	—
S	−6.2475	−8.34536	—

表 5-6　weight[][]矩阵第一列的概率计算

参数		小
		0
B	0	=(−0.263)+(−5.795)=−6.058
E	1	=(−3.14e+100)+(−7.368)=−3.14e+100
M	2	=(−3.14e+100)+(−5.095)=−3.14e+100
S	3	=(−1.465)+(−6.248)=−7.713

(2) 遍历找到 weight[][]每项的最大值，同时记录了相应的 path[][]。当遍历完成后，计算得到完整的 weight[][]和 path[][]矩阵，表 5-7 展示了 weight[][]矩阵第二列的概率计算过程，表 5-8 展示了对应的回溯信息。

表 5-7　weight[][]矩阵第二列的概率计算

参数		小	明	—
		0	1	—
B	0	=−6.058	MAX=−13.958128 0: (−6.058)+(−3.14e+100)+(−5.53312)=−3.14e+100 1: (−3.14e+100)+(−0.590)+(−5.53312)=−3.14e+100 2: (−3.14e+100)+(−3.14e+100)+(−5.53312)=−3.14e+100 3: (−7.713)+(−0.712)+(−5.53312)=−13.958128	—
E	1	=−3.14e+100	MAX=−11.70323 0: (−6.058)+(−0.511)+(−5.13423)=−11.70323 1: (−3.14e+100)+(−3.14e+100)+(−5.13423)=−3.14e+100 2: (−3.14e+100)+(0.333)+(−5.13423)=−3.14e+100 3: (−7.713)+(−3.14e+100)+(−5.13423)=−3.14e+100	—
M	2	= −3.14e+100	MAX=−13.05784 0: (−6.058)+(−0.916)+(−6.08384)=−13.05784 1: (−3.14e+100)+(−3.14e+100)+(−6.08384)=−3.14e+100 2: (−3.14e+100)+(−1.260)+(−6.08384)=−3.14e+100 3: (−7.713)+(−3.14e+100)+(−6.083840)=−3.14e+100	—
S	3	=−7.713	MAX=−16.72436 0: (−6.058)+(−3.14e+100)+(−8.34536)=−3.14e+100 1: (−3.14e+100)+(−0.809)+(−8.34536)=−3.14e+100 2: (−3.14e+100)+(−3.14e+100)+(−8.34536)=−3.14e+100 3: (−7.713)+(−0.666)+(−8.34536)=−16.72436	—

表 5-8　path[][]矩阵第二列记录

参数		小	明	—
		0	1	—
B	0	0	3	—
E	1	0	0	—
M	2	0	0	—
S	3	0	3	—

(3) 确定边界条件和路径回溯。

边界条件如下：对于每个句子，最后一个字的状态只可能是 E 或者 S，不可能是 M 或者 B。

因此只需要比较 weight[1(E)][14]和 weight[3(S)][14]的大小即可。

假设在本例中：

$$\text{weight}[1][14] = -102.492, \quad \text{weight}[3][14] = -101.632$$

所以 S > E，也就是路径回溯的起点是 path[3][14]，表 5-9 展示了完整的 path[][]矩阵。

表 5-9　完整 path[][]矩阵

参数		小	明	硕	士	毕	业	于	中	国	科	学	院	计	算	所
		0	1	2	3	4	5	6	7	8	9	10	11	12	13	14
B	0	—	3	1	1	1	3	3	1	1	1	3	1	1	3	1
E	1	—	0	0	0	2	2	2	0	0	0	2	2	0	0	2

续表

参数		小	明	硕	士	毕	业	于	中	国	科	学	院	计	算	所
		0	1	2	3	4	5	6	7	8	9	10	11	12	13	14
M	2	—	0	2	0	0	0	2	0	0	0	0	0	2	0	0
S	3	—	3	1	1	3	1	1	3	1	1	3	1	3	1	1

经过回溯，得到

SEBEMBEBEMBEBEB

进行倒序，得到

BEBEBMEBEBMEBES

再进行切词，得到

BE/BE/BME/BE/BME/BE/S

然后得到分词结果："小明/硕士/毕业于/中国/科学院/计算/所"。

最后简单分析基于 HMM 的分词方法的优缺点，在训练语料规模足够大和覆盖领域足够多时，可以获得较高的切分准确率。但是，模型性能较多地依赖于训练语料的规模和质量，训练语料的规模和覆盖领域不好把握，并且模型实现复杂、计算量较大。

5.2.4 基于 Bi-LSTM-CRF 的分词方法

在之前讲解 CRF 的章节中已经介绍了基于 CRF 的分词方法，其分词效果已经相当优越了，但是随着深度学习的兴起，其在许多任务上的表现都超过了传统的方法，当然在分词这个任务中也不例外。因此，在这节中将介绍基于 Bi-LSTM-CRF 的分词方法，同样，这也是一种基于字的分词方法。

通过第 3 章的学习，已经知道循环神经网络(RNN)非常适合用于处理序列数据，但是 RNN 在计算梯度的时候可能会出现梯度爆炸与梯度消失的问题，随着其变种网络即 LSTM(长短期记忆)网络的出现，梯度消失和梯度爆炸的问题得到了很好的缓解。简单的 LSTM 网络只考虑序列的前向的信息，而 Bi-LSTM 是在正向 LSTM 网络的基础上添加一层反向 LSTM 网络，因此可以同时利用前向的信息和后向的信息，得到更好的特征抽取效果。通过前面的学习，已经知道 CRF 是一种常用并且效果很好的序列标注算法，可以用于词性标注、分词、命名实体识别等任务。而 Bi-LSTM-CRF 是目前比较流行的序列标注算法，其将 Bi-LSTM 和 CRF 结合在一起，使得模型既可以拥有 LSTM 网络的特征提取和拟合能力，又可以像 CRF 一样考虑序列前后之间的关联性。下面将介绍 Bi-LSTM-CRF 是如何进行分词任务的。

首先，需要将文本序列转换成数字序列，即将自然语言理解问题转化为计算机能够接收和处理的问题，因为如果直接传入文本序列，计算机是无法识别的。之后需要将数字序列中的每一个数字表示成一个向量，可以使用 2013 年 Google 开发的 Word2Vec 将字转换为词向量。模型输入的是句子中的字的向量表示，输出的是句子中字的预测标记。给定一个句子"研究生物学"，图 5-5 是使用 Bi-LSTM-CRF 对其分词。

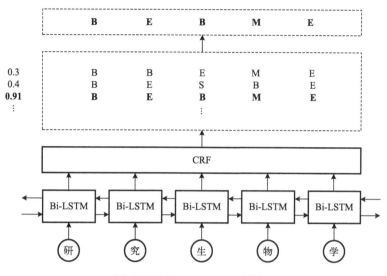

图 5-5　Bi-LSTM-CRF 分词

　　Bi-LSTM 的详细内容在前面已经给出，这里将不再赘述 Bi-LSTM 层的细节，为了更容易理解这个模型中的 CRF 层，需要知道 Bi-LSTM 层输出的意义是什么。

　　图 5-6 说明 Bi-LSTM 层的输出是每个字对应每个标记的分数。例如，对于"研"，Bi-LSTM 结点的输出为 0.9(B)、0.1(M)、0.09(E)、0.3(S)，这些分数将作为 CRF 层的输入。然后，将 Bi-LSTM 层预测的所有分数输入 CRF 层。在 CRF 层中，选择预测分数最高的标记序列作为最佳答案，图 5-6 中加粗的状态标签表示模型最终输出的每个词对应的状态。

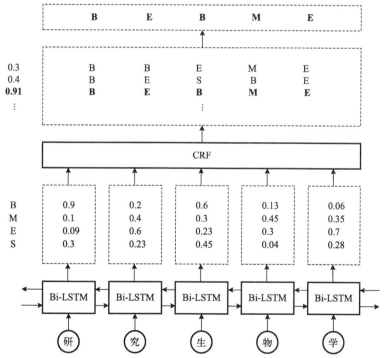

图 5-6　Bi-LSTM-CRF 分词中 Bi-LSTM 层输出

　　而如果没有 CRF 层，模型的分词效果会是什么样的呢？

　　可能会发现，即使没有 CRF 层，依然可以使用单纯的 Bi-LSTM 层训练一个 Bi-LSTM 中文分词模型，如图 5-7 所示。

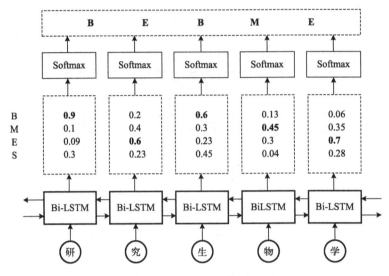

图 5-7　Bi-LSTM 分词

　　因为每个字的 Bi-LSTM 层输出的是标记分数，可以将其通过 Softmax 层，得到每个字对应标记的概率，选择每个字概率最高的标记。

　　例如，对于图 5-7 中的"研"字，标记 B 的概率最高，因此可以选择 B 作为"研"字的标记。同样，可以为"究"字选择标记 E，为"生"字选择标记 B，为"物"字选择标记 M，为"学"字选择标记 E。

　　虽然在这个例子中可以得到正确的句子分词标记序列，但实际上并不总是这样的。例如，模型会出现图 5-8 中的情况。

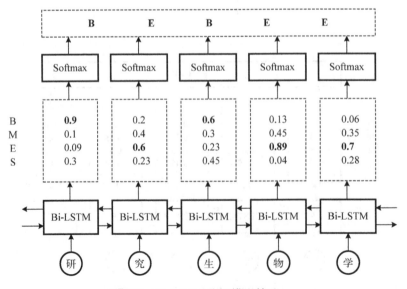

图 5-8　Bi-LSTM 分词错误情况

显然，这次的输出是错误的，因为实际分词时 E 后面是不可能跟着 E 的，这是因为 Bi-LSTM 没有考虑标记间的联系。

而添加 CRF 层可以向最终的预测标记添加一些约束，以确保它们是有效的。这些约束可以由 CRF 层在训练过程中从训练集自动学习。

约束条件可以是：

(1) 句子中第一个字的标记应该是 B 或 S，而不可能是 M 或 E；

(2) SE 无效。一个字的标记是 S 的时候，其后一个字的标记不可能是 E。

而 CRF 层是如何学习这些约束的呢？

实际上，主要是在 Bi-LSTM-CRF 模型中添加一个矩阵——transition 矩阵，即标记转移概率矩阵，该矩阵是 Bi-LSTM-CRF 模型的一组可训练参数。在训练模型之前，可以对这个矩阵参数进行随机初始化。在训练过程中，transition 中的分数将会迭代更新。随着训练迭代次数的增加，分数会逐渐趋于合理。也就是说，并不需要手动构造这个 transition 矩阵，模型的 CRF 层可以自己学习到这些约束。

模型通过下述公式计算最优标记序列：

$$s(X,y) = \sum_{i=0}^{n} A_{y_i,y_{i+1}} + \sum_{i=1}^{n} P_{i,y_i} \tag{5-5}$$

$$p(y|X) = \frac{e^{s(X,y)}}{\sum_{\tilde{y} \in Y_X} e^{s(X,\tilde{y})}} \tag{5-6}$$

式中，X 是标记的句子；y 是输出的标记序列；y_i 是第 i 个字的标记；A 矩阵是标记转移概率；P 矩阵是 Bi-LSTM 的预测结果；Y_X 是句子 X 所有可能的标记序列集合。

模型训练的时候，对于每一个标记序列 y，优化对数损失函数，调整矩阵 A 的值：

$$\log p(y|X) = s(X,y) - \log \sum_{\tilde{y} \in Y_X} e^{s(X,\tilde{y})} \tag{5-7}$$

最后，在训练好模型之后，同样可以采用 Viterbi 算法找出最优路径，在前面已多次使用过 Viterbi 算法，在这里不再赘述。

5.3　未登录词识别

未登录词，也就是那些在词表中都没有收录过，但又确实能称为词的那些词。特别是人名、地名等专用名词，在文本中有非常高的使用频度和比例。而且未登录词引入的分词错误往往比单纯的词表切分歧义还要严重。这就要求分词系统具有一定的未登录词识别能力，从而提高分词的正确性。除了人名、地名的识别，还有机构名、产品名、商标名、简称、省略语等的识别，它们的识别都是很难处理的问题，而这些词又正好是人们经常使用的词。

5.3.1　概述

未登录词在文本中有非常高的使用频度和比例，其中专用名词(人名、地名或机构名)

是影响未登录词识别准确率的主要原因，所以未登录词识别的研究也主要是围绕专用名词进行的。人名、地名、机构名三种专用名词在识别词语时会发生冲突，即可能会把人名识别成地名或机构名，反之亦然，所以一般在识别专用名词时会按照人名、地名、机构名的顺序进行，因为在文本中出现频率最高的专用名词是人名，最少的是机构名。

1) 人名识别

人名在未登录词中占 15%左右，平均每一万个汉字中包含 61.92 个中文人名，可见，人名识别是未登录词识别过程中不可或缺的重要部分。中文人名不像西方国家的人名那样可以通过大写字母来辨识，中文人名一般来说具有任意性，令人难以把握其中的规则，并且人名类型多种多样，没有严格的统一形式，所以无法用统一的形式来加以描述。总结起来，不外乎有如下几种情况：复姓双名；复姓单名；单姓单名；单姓复名；名字简称，即有名无姓；姓氏简称，即有姓无名；笔名；乳名；绰号；冠夫姓。而在真实文本中人名结构复杂，往往会出现：姓与单名成词；双名自身成词；姓与双名的首字成词；人名的上下文与姓氏成词；人名的末字与上下文成词等。

2) 地名识别

首先，中文地名没有明确的地名定义，而且在名称上的用字比较自由、分散，常常与上下文组成新的词语，这给文本的识别工作带来更大难度。其次，中文地名一般用普通用字来处理，而此类字会出现在文本的其他位置，也就是说，中文地名在某一段句子中是作为地名出现的，但在另一段句子中则是作为普通用字出现的。再次，中文地名的长度没有严格的限制，有些地名非常简短，比如，"滇"是云南的简称；而有些非常长，比如，"那然色布斯台音布拉格"是位于中国甘肃省的一个地方。在文本中有些指示词也可以作为地名出现，地名有时是连续出现的，这也给中文文本的识别工作造成歧义。

3) 机构名识别

由于中文机构名没有明确的规范统称，而且每年会出现许多新的、独特的名称作为机构名，所以其数量日益庞大，而随着时代的变迁，有些机构名会被淘汰，单纯运用词典的统计识别方法进行机构名识别是非常困难的。中文机构名也没有可以触发的标志，即没有明显的界线规定。机构名还经常嵌套在其他命名实体中，如果嵌套的命名实体不能被正确识别出来，也会影响机构名的正确识别。机构名与地名一样，在称谓上有短有长，有时还可能会与上下文形成新的词语，特别是与中文地名混用时会发生冲突，比如，"中国以 2∶0 战胜了美国"，在此会把"中国"与"美国"划分为地名，但根据语义分析来看此处的"中国""美国"指的是"中国队""美国队"，应该划分为机构名。

网络名词和专业术语在未登录词中的比重不是很大，所以在研究方法上一般都是按照专用名词来进行识别。

现有的识别未登录词解决方案大致可以分为两种：个别解决方案和一揽子解决方案。

1) 个别解决方案

个别解决方案主要针对专名未登录词，有以下一些基本方法。

(1) 建立专名资料库。例如，针对中文人名识别，建立中文人名资料库；针对中国地名识别和英美姓名译名识别，分别建立中国地名库和英美姓名译名用字表。使用这种方法，需要搜集特定资源并制定特定算法，信息集成难度大。如果语料中出现较多的日本人名、斯拉夫人名或阿拉伯人名的译名，还需要分别搜集这几种人名资料并加以分析。单就中文人名而言，用这种方法很难识别"允文""曦东""百友"之类的人名。

(2) 利用上下文启发信息。宋柔等指出：在日常见到的语料，尤其是新闻语料中，首次提到一个不见经传的人名时，一般要在其前或后加一些启发信息，作为读者对这个陌生人的认知出发点。启发信息包括身份词、地名和单位名以及人名之前的复杂定语。不过，这四种启发信息中只有身份词比较好用；用其余三种信息还需要先识别地名和单位名以及复杂定语。如果说最重要的是把未登录词识别出来，暂时不管它是不是人名，那么这些启发信息实际上都不起决定性作用。对中文姓氏用字分类，利用分类信息建立规则以识别"小李""老王""张总"之类的人名，并且有效地区分出"张""周""项"等字的量词用法。不过，仅仅运用这些规则还不足以大面积地解决人名识别问题。

2) 一揽子解决方案

一揽子解决方案原则上可以用于识别各种类型的未登录词，有以下一些基本方法。

(1) 有穷多层列举法。张普等提出建立单字词表、多字词表(不包括双字词)，分词时先把这些词切分出来，对于剩下的字串，只要每两字"切一刀"即可，用这样的方法可以获得一个理想的客观分词的效果。不过，当时只考虑了双字非专名未登录词；现在看来，用这种方法显然不能解决三字和三字以上的专名未登录词识别问题，因为无法将这些专名也全部收录到多字词表中。

(2) 语料库统计。王开铸利用汉字的共现概率从语料中自动提取生词，实现无词典分词。但单纯用这种方法对常用词的切分效果不够理想，例如，"把这""得很"之类的字串共现概率很高，容易误切为词。

(3) 局部统计。未登录词往往在局部上下文中频繁出现，沈达阳和刘挺通过计算字串在局部上下文中的共现概率来识别未登录词(主要是人名)。它跟语料库统计的共同问题是难以识别只出现一次的未登录词。

(4) 结合词性标注。白拴虎将自动分词与词性标注结合起来，较好地解决了歧义切分问题，但处理未登录词的效果并不理想。例如，对于人名"高士其"，可能误切为三个单字词，分别标注为形容词、名词和代词。

5.3.2　基于决策树的未登录词识别方法

决策树是数据挖掘中的一种常用方法，是解决分类问题的一种有用工具，而未登录词识别工作可以转化为某种分类问题，从而可以利用决策树构造分类器，解决识别问题。而基于这种思想，秦文等提出了基于决策树的汉语未登录词识别方法。

具体来说，未登录词存在于文本经过第一趟分词程序处理后产生的分词碎片中，未登录词的识别过程就是在分词碎片中寻找两两相邻而不需要切分的碎片对，将其连接起来从而构成未登录词。例如，对于"/分/拆/也/是/需要/权衡/的/问题"一句中的碎片序列"/分/拆/也/是/"，如果能发现"/分/拆/"是不需要切分的碎片对，而"/拆/也/"需要切分，那么"分拆"一词就得到了正确识别。换句话说，对于分词碎片中两两相邻的单字，只需要判断它需要切分还是不需要切分，这恰好是一个二值分类问题。可以通过构造决策树，对需要识别的碎片序列中的字对属于哪个分类(切分、不切分)进行判断，从而识别未登录词。

1. 构造决策树的关键

如何正确构造决策树成为下边需要解决的问题。决策树是在训练数据的基础上训练产生的；如何挑选训练对象？如何对训练对象进行描述从而构造训练数据？成为问题解决的关键。决策树把客观世界或对象抽象为一个信息系统，也称为属性-值系统。这个信息系统 S 是一个四元组：$S = \langle U, A, V, f \rangle$。其中，$U$ 是一组对象(或事例)的有限集合，称为论域；设有 n 个对象，则 U 可表示为 $U = \{x_1, x_2, \cdots, x_n\}$；$A$ 是有限个属性的有限集合，设有 m 个属性，则其可表示为 $A = \{a_1, a_2, \cdots, a_m\}$；$V$ 是属性的值域集，$V = \{V_1, V_2, \cdots, V_m\}$，其中 V_i 是属性 a_i 的值域。A 又可进一步划分为两个不相交的集合：描述属性集 C 和决策属性集 D，C 和 D 满足 $A = C \cup D$ 且 $C \cap D = \varnothing$，D 一般只有一个属性。f 是信息函数，$f: U \times A \to V$，$f(x_i, a_j) \in V_j$。

基于这一四元组构造一个决策树分类器时，输入是一组带有类别标记的例子，即论域 U、对象的描述属性集 C、决策属性集 D 和与之相对应的值域集 V，构造的结果是一棵二叉或多叉树。决策树算法 C4.5 中对于连续属性，树的内部结点(非叶子结点)一般表示为一个逻辑判断，形式如 $a_i \geq v_i$，其中 a_i 是属性，v_i 是决策树算法针对该属性生成的某一阈值；树的边是逻辑判断的分支结果。对于离散属性，内部结点是属性，边是该属性的所有取值，有几个属性值，就有几条边。树的叶子结点都是类别标记，即决策属性集 D 的取值。

可见，构造一个决策树分类器时，在决策树算法已经确定的情况下，最为重要的就是如何确定四元组中的 U、C，即训练论域、描述属性集。

2. 训练对象的确定

对于二值分类问题，训练对象只要选取正例和反例即可。在这里定义正例为相邻的两个单字不需要切分，反例为相邻的两个单字需要切分。

正例和反例均有多种选择，比如，正例可以仅仅选取两字未登录词，也可以选取所有两字词。反例的选取也有两种方案：不计词边界的相邻碎片、计词边界的相邻碎片。在这里，选择两字词作为正例，其中也包括两字未登录词。选取不计词边界的相邻碎片作为反例。最终生成训练集时考虑到有些字对在不同的语境下有时作为一个词出现，而有时作为两个单字词出现，为了避免出现两个同样的训练实例对应不同的分类结果，在训练集中去掉了两者重复的部分。

在构造训练集时还要注意正例与反例的比例问题，由于决策树的建立是基于熵减原则的，当正例与反例的比例接近 1:1 时，数据集处于最为无序状态，此时熵最大，计算熵减的效果最好。

3. 描述属性的确定

属性的选取是规则生成系统中非常重要的一部分，由于对象的特性完全由属性来描

述，属性选取的好坏、所选的属性集能否尽量精确地描述出对象的特性都将对决策树的
训练生成过程及后期的预测过程产生直接影响。

选取的属性有六种，分别是前字前位成词概率、后字后位成词概率、前字自由度、
后字自由度、互信息、单字词共现概率，下面分别予以介绍。

1) 前字前位成词概率

由于该方法所研究的对象为分词碎片中的字对，如(反，恐)，对于这种(A, B)结构的字
对，A 或 B 在各自位置的成词概率对该字对是否成词有着直接的影响，如表 5-10 所示。

表 5-10　汉字的前、后位成词概率

单字	前字前位成词概率	后字后位成词概率	结论
凹	1.00000000	0.00000000	该字如果出现在(A,B)中的 B 位置，基本不成词
按	0.92857143	0.07142857	该字如果出现在(A,B)中的 B 位置，成词概率较低
贸	0.50000000	0.50000000	该字出现在(A,B)中的 A 或 B 位置，均可能成词
迹	0.02380952	0.97619048	该字如果出现在(A,B)中的 A 位置，成词概率较低

由以上数据可知，有些单字在前位成词的概率较高，如"凹""按"；而有些单字则
相反，后位成词概率较高，如"迹""炬"；还有些汉字成词时对位置信息不敏感，如"贸"。
这种成词的位置偏好信息可以加以利用，对于那些对成词位置没有偏好的汉字，可以结
合其他属性进行处理。

字对(A,B)中的 A 与 B 都有各自的前位、后位位置信息，根据其出现的位置不同，将
其分为前字前位成词概率和后字后位成词概率。

前字前位成词概率即该字在字对(A,B)中处在 A 位置的成词概率，其计算方法为

$$前字前位成词概率 = \frac{该字处于前位的成词频率}{该字的成词频率} \tag{5-8}$$

2) 后字后位成词概率

后字后位成词概率与前字前位成词概率概念基本相同，即该字在字对(A,B)中处在 B
位置的成词概率，其计算方法为

$$后字前位成词概率 = \frac{该字处于后位的成词频率}{该字的成词频率} \tag{5-9}$$

3) 前字自由度和后字自由度

有些汉字的独立性很好，很少和别的汉字组合成词，一般都是作为单字词出现，如
"谁"、"您"、"碰"、"贮"和"的"等。而有些汉字则恰恰相反，独立性很差，一般情况
下均与其他汉字成词，很少作为单字词出现，如"限"、"务"、"决"和"益"等。这种
特定汉字所具有的特定的与其他汉字联合成词的活跃度，或者不与其他汉字联合成词，
单独成为单字词的活跃度，也可以加以利用，用来进行成词判断。对于这种特定汉字单
独成为单字词的活跃度用"自由度"一词来表示。

自由度表示某个汉字作为单字词出现的概率，其计算方法为

$$自由度 = \frac{该字在语料中作为单字词出现的频率}{该字在语料中总的出现频率} \qquad (5\text{-}10)$$

由于训练对象为一个形如(A,B)的字对，前字A及后字B均有其自由度，在构造对象描述属性时分别作为两个不同的属性对待，即前字自由度、后字自由度。其中，前字自由度即字对(A,B)中A的自由度。后字自由度与前字自由度概念相同，即字对(A,B)中B的自由度。

4) 互信息

互信息是信息论中的一个概念，可以用来衡量两个事件的相关程度。计算语言学中常常用互信息来说明两个语言成分之间联系的紧密程度。在该方法中，所研究的对象为字对(A,B)，要做出的判断是A与B是否要切分，而是否需要切分一定程度上取决于A与B之间联系的紧密程度。因此，互信息也可以成为描述对象(A,B)的一个有力工具，成为属性集中的一个组成部分。在这里，互信息所表示的含义就是字对(A,B)中A与B之间联系的紧密程度。计算方法为：设字对(A,B)中汉字A在语料中出现的概率为$P(w_1)$，B在语料中出现的概率为$P(w_2)$，而AB在语料中以A为前字B为后字同时出现的概率为$P(w_1,w_2)$，则汉字A与B之间的互信息为

$$I(w_1,w_2) = \log \frac{P(w_1,w_2)}{P(w_1)P(w_2)} \qquad (5\text{-}11)$$

5) 单字词共现概率

何燕提出了单字词共现概率的概念，其所表示的含义为字对(A,B)中的汉字A、B分别作为单字词A、单字词B相邻出现的概率，计算方法为

$$单字词共现概率 = \frac{字对(A,B)作为单字词A、单字词B相邻出现的频率}{字对(A,B)总的出现频率} \qquad (5\text{-}12)$$

单字词共现概率高的字对，在被测文本中出现时被切分的概率也相应较高。利用这一信息在分词碎片中寻找未登录词的词边界，从而确定未登录词。

4. 建立决策树

在训练对象和描述属性确定之后进行训练集的构造，然后选择 C4.5 决策树算法进行训练，因为构造好的训练集是一个二维表，属于结构化数据，所以 C4.5 可以直接处理。在训练时，将训练集分为 10 组，9 组用来训练，1 组用来做开放测试，循环进行。共进行 10 次实验。每次训练比较不同的组的识别效果，挑选实验效果最好的一组，即开环、闭环测试错误率最低的一组，在此基础上训练产生决策树。

5.3.3　基于统计和规则的未登录词识别方法

周蕾等提出的基于统计和规则的未登录词识别方法由碎片分词提取未登录词和词结合提取未登录词两个步骤组成，首先对文本进行分词，对分词结果中的碎片进行全切分生成临时词典，并利用规则和频度信息给临时词典中的每个字串赋权重，利用贪心算法获得每个碎片的最长路径，从而提取未登录词；然后在上一步骤的基础上，建立二元模

型，并结合互信息来提取由若干个词组合而成的未登录词(组)。

1. 碎片分词提取未登录词

分词碎片指第 1 次分词后形成的若干个连续单字，其中可包含任意个未登录词，如"受/厄/尔/尼/诺/现象/的/影响"(1 个未登录词)。该步对碎片再次进行全切分，并识别出碎片中的未登录词，分 3 步展开。

1) 碎片切分生成临时词典

每一个碎片在长度为一个单字至碎片全长范围内进行全切分，将碎片中所有任意长度的字串都作为候选未登录词加入临时词典中参与碎片切分竞争，同时记录字串在语料中出现的总频度 FA 和在连续 a 篇文本中出现的最大频度 FS。

2) 为临时词典中的字符串设置权重

文本分 2 步设置字串权重：根据统计信息设置基础权重；根据词性建立规则以调整字串权重。

基础权重：结合字串的频度和串长信息设置基础权重。计算公式为

$$W_i = F_i L_i^m, \quad m \geq 0, \ m为整数 \tag{5-13}$$

式中，W_i 为该字串的权重；F_i 为临时词典中第 i 个字串的频度；L_i 为第 i 个字串的串长(即字串所占的字节数)；m 为长度扩大的级数。考虑到新词的出现有一定时间点，因此将综合字串频度的全局与局部信息度量字串最终频度。频度 F_i 的计算公式为

$$F_i = FA_i + b \times FS_i \tag{5-14}$$

式中，FA_i 为临时词典中第 i 个字串在总文本中出现的频度；FS_i 为第 i 个字串在连续 a 篇文本中出现的最大频度；b 为参数，用于调整 FS_i 在 F_i 中所占的比重。

最后，基础权重的计算公式为

$$W_i = (FA_i + b \times FS_i) \times L_i^m, \quad m \geq 0, \ m为整数 \tag{5-15}$$

式(5-15)将为每个字串设置一个基础权重，在此基础上，建立规则以调整字串的基础权重。

调整权重：通过收集常用词性，建立动词表、介词表、连词表等，根据词性建立规则，调整基础权重(对于一字多性情况，选用其常用词性)。下面介绍几个主要规则。

规则 1：建立介词、副词、代词等词性表以构成切分字表，如碎片"但/观/者/仍"中的"但""仍"。对该表中的字提高权重至极大值 $W_i = 1000000$，降低其与其他字串构成未登录词的可能性。

规则 2：收集伪前缀、伪后缀字表，如字串"据厄尔尼诺"中的"据"。若字串以伪前缀字表中的字起始或以伪后缀字表中的字终结，降低权重 $W_i = F_i \times L_i^{m-c}$ ($0 \leq c \leq m$，c 为整数)。

规则 3：若字串符合"数量词"类型，提高权重 $W_i = F_i \times L_i^{m+c}$，记录词性为数量词。

规则 4：对于中国地名的处理，收集地名后缀字建立地名后缀字表，如"市"、"镇"和"村"；收集地名噪声字建立地名噪声字表，如"某"和"该"。对于只有串尾是地名后缀字，并且该特征字前不存在地名噪声字的字串，提高其权重 $W_i = F_i \times L_i^{m+c}$，记录词性为地名。

　　规则从上至下排列优先级，字串满足一条规则后不参加下一规则的判断。经规则调整后的权重是临时词典中字串的最终权重。

3) 贪心算法切分碎片

基本思想：每个碎片根据临时词典构造有向无环图。利用贪心算法求出碎片中权重最大的切分路径，取出的路径中长度大于 1 的字串就是"碎片分词"中识别的未登录词。例如，碎片"启幕罗干"的切分图，如图 5-9 所示(括号中记录字串权重)。最终切分结果是"启幕/罗干"，字串"启幕""罗干"就是碎片中找到的未登录词。

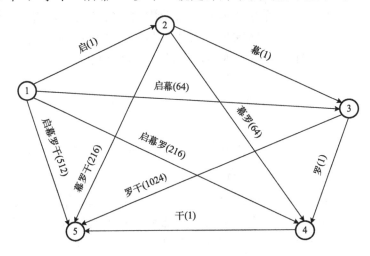

图 5-9　"启幕罗干"切分图

2. 词结合提取未登录词

　　汉语中很多未登录词都由词语结合构成，本步骤在碎片分词的基础上，通过建立二元模型并结合互信息的方式来提取词结合型未登录词,该过程分 3 步展开。

1) 二元模型

定义 5-1　二元语法统计模型：将文本中介于标点之间的连续词序列表示为 $W_1W_2\cdots W_iW_{i+1}\cdots W_n$（$W_i$ 是连续词序列中的第 i 个词），从第 1 个词开始，依次记录每两个邻接词 $W_iW_{i+1}(1\leqslant i \leqslant n-1)$ 在总语料库中出现的频度，得到一个两词组合的集合，记为 bi-words$\{W_iW_{i+1}\,|\,1\leqslant i \leqslant n-1\}$。

定义 5-2　连续词序列 $W_1W_2\cdots W_iW_{i+1}\cdots W_n$ 中紧邻两词 W_iW_{i+1} 构成一个词语的可信度为词 W_i 后出现词 W_{i+1} 的概率，记为

$$P(W_{i+1}|W_i) = \frac{\mathrm{DF}_{i(i+1)}}{\mathrm{DF}_i} \tag{5-16}$$

式中，$\mathrm{DF}_{i(i+1)}$ 表示词 W_i 与词 W_{i+1} 同时出现的频度；DF_i 表示词 W_i 出现的频度，同时针对每个首词 W_i 分别计算与其共现尾词 W_{i+j} 的共现概率均值，记为

$$\mathrm{Avg}(W_i) = \frac{\sum_{j=1}^{K} P(W_{i+j}|W_i)}{K} \tag{5-17}$$

式中，K 为与词 W_i 共现的尾词 W_{i+j} 的个数。然后以 $\mathrm{Avg}(W_i)$ 作为阈值标准 t 对 $P(W_{i+1}|W_i)$ 进行度量，判断是否将 W_iW_{i+1} 挑选为未登录词候选。二元模型的选词模式是定位首词，根据各个尾词与其的共现概率挑选未登录词候选。这对以生僻字为尾词的未登录词的识别效果不好，因此在二元模型的基础上引入互信息以进行进一步识别。

2) 互信息

互信息是通过对数据的统计信息来描述词与词的紧密程度，当紧密程度 MI 大于某个阈值 t_1 时，判定两词可结合为新词。其计算公式为

$$\mathrm{MI} = \log\frac{N \times F(W_iW_j)}{F(W_i) \times F(W_j)} \tag{5-18}$$

式中，$F(W_i)$ 为语料库中 W_i 的频度；$F(W_iW_j)$ 为语料库中 W_iW_j 的频度；N 为语料库中词的总个数。互信息的选词模式是不定位首词，直接根据两个词的共现概率来挑选未登录词候选，可以识别由生僻字构成的未登录词。对于在二元模型中 $P(W_j|W_i)$ 小于 t 的词组合 W_iW_j，将引入互信息公式以再次筛选。

3) 规则过滤

在前两步根据统计信息筛选的基础上，进一步建立规则以进行过滤，下面是几条规则的例子：

规则 1：过滤具有副词、介词、连词、助词等词性的词。

规则 2：过滤数量词。

规则 3：过滤上步判断为人名或地名的词。

在上面的两个步骤中都采用了频度过滤方法来过滤垃圾串，其目的是提高识别的准确率。

5.4　词性标注方法

5.4.1　概述

词性(Part-of-Speech)是用来描述词汇在语法上的分类或类型的属性，通常也称为词类。词类是一个语言学术语，是一种语言中词的语法分类，是以语法特征(包括句法功能和形态变化)为主要依据、兼顾词汇意义对词进行划分的结果。

从组合和聚合关系来说，一个词类是指：在一个语言中，众多具有相同句法功能、能在同样的组合位置中出现的词聚合在一起形成的范畴。词类是最普遍的语法的聚合。词类划分具有层次性。例如，汉语中，词可以分成实词和虚词，实词中又包括体词、谓词等，体词中又可以分出名词和代词等。

词性标注的相关介绍在 4.3.2 节中已详细给出，简单来说，词性标注就是在给定句子中判定每个词的语法范畴，确定其词性并加以标注的过程，这也是自然语言处理中一项非常重要的基础性工作。

各种自然语言处理过程中，几乎都有一个词性标注的阶段。因此，词性标注的准确率将直接影响后续的分析处理结果。基于其很高的重要性，词性标注一直是自然语言处

理的重要内容。词性标注的方法大致可以分为 3 类。

(1) 基于规则的方法。基于规则的方法是最早提出的词性标注方法，它是指手工编制包含繁杂的语法和语义信息的词典和规则系统。这种方法不仅费时费力，而且带有很大的主观性，难以保证规则的一致性。其更大的问题是处理歧义长句、生词、不规范句子的能力非常弱，词性标注准确率不高。

(2) 基于统计的方法。基于统计的方法是目前应用最广泛的词性标注方法。该方法客观性强，准确性较高，但需要处理兼类词和未登录词的问题。该方法将词性标注看作一个序列标注问题。其基本思想是：给定带有各自标注的词的序列，可以确定下一个词最可能的词性。现在比较常见的统计模型有隐马尔可夫模型(HMM)、条件随机域(CRF)等，这些模型可以使用有标记数据的大型语料库进行训练。

(3) 基于深度学习的方法。随着计算机运行速度加快，深度学习逐渐进入词性标注领域。深度学习方法通过对数据多层建模获得数据的特征和分布式表示，避免了烦琐的人工特征抽取，具有良好的泛化能力。深度学习常见的模型主要有多层感知器(Multi-Layer Perceptron，MLP)、卷积神经网络(Convolutional Neural Network，CNN)和长短期记忆(Long-Short Term Memory，LSTM)模型等。

5.4.2　基于规则的词性标注方法

基于规则的词性标注方法是人们提出较早的一种词性标注方法，其基本思想是按兼类词(拥有多种可能词性的词)搭配关系和上下文语境建造词类消歧规则，早期的规则一般由人编写。

然而随着语料库规模的逐步增大，以人工提取规则的方法显然是不现实的，于是人们提出了基于机器学习的规则自动提取方法，图 5-10 展示了 E.Brill 提出的基于转换规则的错误驱动的机器学习方法。

基于转换规则的错误驱动的机器学习方法的基本思想是，首先运用初始状态标注器标识未标注的文本，由此产生已标注的文本。文本一旦被标注以后，就与正确的标注文本进行比较，学习器可以从错误中学到一些规则，从而形成一个排过序的规则集，使其能够修正已标注的文本，使标注结果更接近于参考答案。

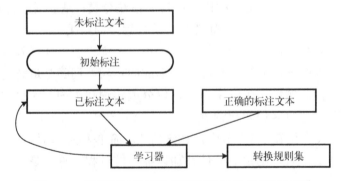

图 5-10　基于转换规则的错误驱动的机器学习方法

这样，在所有学习到的可能的规则中，搜索那些使已标注文本中的错误数减少最多的规则加入到规则集，并将该规则用于调整已标注的文本，然后对已标注的语料重新打分(统计错误数)。不断重复该过程，直到没有新的规则能够使已标注的语料错误数减少。最终的规则集就是学习到的规则结果。

这种方法的标注速度要快于人工，但仍然存在着学习时间过长的问题。对此，周明等提出了一种改进方法，该方法在算法的每次迭代过程中，只调整受到影响的小部分规则，而不需要调整所有的转换规则。因为每当一条获取的规则对训练语料实施标注后，语料中只有少数词性会发生改变，而只有词性发生改变的位置才影响与该位置相关的规则的得分。

5.4.3　基于统计的词性标注方法

在基于统计的词性标注方法中应用最广的就是 HMM 和 CRF 模型，而在第 4 章介绍隐马尔可夫模型的应用时，已经介绍了传统的隐马尔可夫模型在词性标注中的应用，在这里将介绍王敏提出的一种基于改进隐马尔可夫模型的词性标注方法。

在传统的隐马尔可夫模型进行词性标注时，词汇发射概率 $P(w_i|t_i)$ 描述了词语被标注为词性的概率，词性状态转移概率 $P(t_i|t_{i-1})$ 描述了词语 w_{i-1} 被标注为词性 t_{i-1} 的条件下，词语 w_i 被标注为 t_i 的概率。$P(t_i|t_{i-1})$ 表明 w_i 的词性标注概率依赖于 w_{i-1} 的词性标注，即体现了 w_i 与上文的依赖关系。但这种计算方法忽略了可能存在的 w_i 与其相邻的词 w_{i+1} 的词性标记的联系，即忽略了词 w_i 与下文的依赖关系。例如，"领导"这个词既可以作动词，也可以是名词，看下面的句子。

(1) 连长领导我们击退了敌人的进攻。

(2) 经理正同几位中级领导谈话。

(1)中的"领导"是动词，是由该句中"领导"后面的词"我们"决定的。(2)中的"领导"是名词，是由该句中"领导"后面的"谈话"决定的。为了描述 w_i 与下文的依赖关系，我们对传统的隐马尔可夫模型进行了改进，对 $P(W_{1,n}|T_{1,n})$ 进行了新的假定，即

$$P(W_{1,n}|T_{1,n}) = \prod_{i=1}^{n} P(w_i|t_i, t_{i+1}) \tag{5-19}$$

则将得到

$$T_{1,n} = \operatorname{argmax} P(T_{1,n}|W_{1,n}) = \operatorname{argmax} \prod_{i=1}^{n} P(w_i|t_i, t_{i+1}) P(t_i|t_{i-1}) \tag{5-20}$$

改进后的隐马尔可夫模型考虑到词语上下文依赖关系，其中词性状态转移概率为 $P(t_i|t_{i-1})$，词汇发射概率为 $P(w_i|t_i, t_{i+1})$。

对 $P(t_i|t_{i-1})$ 和 $P(w_i|t_i, t_{i+1})$ 同样使用最大似然估计(MLE)来进行计算，即

$$P(t_i|t_{i-1}) = \frac{N(t_{i-1}, t_i)}{N(t_i)} \tag{5-21}$$

$$P(w_i|t_i, t_{i-1}) = \frac{N(w_i, t_i, t_{i+1})}{N(t_i, t_{i+1})} \tag{5-22}$$

式中，$N(w_i, t_i, t_{i+1})$ 为在训练语料中词 w_i 被标注为 t_i 且其后一个词的词性为 t_{i+1} 的出现次数；$N(t_i, t_{i+1})$ 为训练语料中 t_i 与 t_{i+1} 同时出现的次数；$N(t_{i-1}, t_i)$ 为训练语料中 t_{i-1} 与 t_i 同时出现的次数；$N(t_i)$ 为训练语料中 t_i 出现的次数。

然后就是基于条件随机场(CRF)的词性标注方法，在前面的章节中，也已经对条件随机场的内容做了详细的讲解，并且详细介绍了条件随机场在分词领域中的具体应用，在使用 CRF 解决分词问题的时候，主要是将分词问题转换成序列标注问题进行解决的，所以使用 CRF 解决词性标注问题和解决分词问题可以说是大同小异，所以就不对详细过程进行过多的描述，下面主要介绍使用 CRF 解决词性标注问题的思想。

CRF 具有很强的推理能力，并且能够使用复杂、有重叠性和非独立的特征进行训练和推理，能够充分地利用上下文信息作为特征，还可以任意地添加其他外部特征，使得模型能够获取的信息非常丰富。同时，CRF 解决了最大熵模型中的标签偏置问题。CRF 与最大熵模型的本质区别是：最大熵模型在每个状态都有一个概率模型，在每个状态转移时都要进行归一化。如果某个状态只有一个后续状态，那么该状态到后续状态的跳转概率即为 1。这样，不管输入的内容是什么，它都向该后续状态跳转。而 CRF 是在所有的状态上建立一个统一的概率模型，这样在进行归一化时，即使某个状态只有一个后续状态，它到该后续状态的跳转概率也不会为 1，从而解决了标签偏置问题。因此，从理论上讲，CRF 非常适用于中文的词性标注。

使用 CRF 进行中文词性标注的过程就是给定一个中文句子 $x = (x_1, x_2, \cdots, x_n)$，通过维特比算法找出其对应的词性标注结果序列 $y = (y_1, y_2, \cdots, y_n)$，使得条件概率 $p_\lambda(y|x)$ 较大。为了计算条件概率，将利用词的上下文信息作为词的特征之一。相对于隐马尔可夫模型只能利用中心词的前 n 个词作为该词的上下文信息的弱点，CRF 能够同时使用中心词的前 n 个词和后 m 个词作为该词的上下文信息。这样，中心词的词性不仅与它前面的词有关，还与它后面的词有关，更加符合实际情况。在本节中，使用中心词本身、中心词前一个词、中心词后一个词，以及它们之间的不同组合构成了 6 个不同的特征，每个特征的权重都设为 1。

CRF 最大的优点之一就是它能够加入任意的特征作为输入。因此，为了向模型提供更多关于词的信息，充分利用训练集的统计信息和中文的构词特点，为每个词添加了新的统计特征。

通过对训练集的统计，可以得到训练集中每个词的词性。对于在训练集中只对应一种词性的词，可以认为它为非兼类词，为该词添加新的特征 T：T =该词对应的词性，该特征的权重为 1；对于在训练集中对应多个词性(假设为 N)的词，它一定为兼类词，统计出在训练集中该词对应的每个不同词性出现的次数 $C_i(i = 1, 2, \cdots, N)$。找出出现次数最多的词性 k，即 k 满足 $C_k = \max\limits_i C_i$，新添加的特征 T 为：T=词性 k，该特征的权重为 $\dfrac{C_k}{\sum\limits_i C_i}$。

对于未登录词，由于其在训练集中能够获取的信息很少，因此可以考虑词的构词特点，将该词的后缀信息作为新的特征。通过对中文语料的分析，发现词的构词特点与词的词性有一定的联系，例如，"镇"、"县"和"市"等一般用在词尾构成地名，"所"和"院"等一般用在词尾构成机构名等。然后通过词的后缀最长匹配，得到未登录词最可能的词性 i，新添加的特征 T 为：T = 词性 i。由于该特征具有较大的不可靠性，因此赋予该特征的权重为 0.5。在词性标注时有一类词的词性为成语，因此通过互联网收集了一个成语列表。如果要进行标注的未登录词出现在成语列表中，则添加的特征 T 为：T = 成语，且该特征的权重为 1。

通过添加新的特征，得到了系统最终的词性标注特征模板，如表 5-11 所示。

表 5-11　词性标注特征模板

特征	说明	权重		
$W = W_0$	中心词	1		
$W = W_{-1}$	中心词的前一个词	1		
$W = W_1$	中心词的后一个词	1		
$W = W_{-1}W_0$	中心词的前一个词和自身	1		
$W = W_0W_1$	中心词的后一个词和自身	1		
$W = W_{-1}W_0W_1$	中心词的前一个词、自身和后一个词	1		
$W = (\text{tag})$	中心词可能的词性	非兼类词	兼类词	未登录词
		1	$\dfrac{C_k}{\sum\limits_i C_i}$	0.5(词性是成语时为 1)

5.4.4　基于深度学习的词性标注方法

随着深度学习在自然语言处理领域的应用，自然语言处理领域中的各种任务的准确率都得到了非常大的提升，当然词性标注任务也不例外，在这里将介绍谢逸等提出的一种基于 CNN 和 LSTM 的混合模型来进行中文词性标注的方法，混合模型利用 CNN 滑动窗口和权重共享来获得局部上下文信息，从而生成词语表示特征并作为下一层的输入，而 LSTM 的时序性非常适合标注这种序列任务，将两者结合起来，充分利用两者的各自优势，中文词性标注的性能得到了显著的提升。

以"世界杯跳水赛中国选手再夺两枚金牌。"为例，基于 CNN 和 LSTM 的词性标注模型如图 5-11 所示。

基于 CNN 和 LSTM 的词性标注模型分为 3 个层次：第一层为 Word2Vec 层，通过使用 Word2Vec 将文本中的词语转换成为词向量；第二层为 CNN 层，将第一层所产生的词向量输入到 CNN 层，利用滑动窗口，计算前后词对当前词的影响，生成词语表示特征；第三层为 LSTM 层，将 CNN 层生成的各词的词语表示特征依次输入 LSTM，预测最后的词性标注标签。

首先通过词向量处理层 Word2Vec 将已分词的语料中的中文词转换为词向量，经过训练的词向量 $v_i = [a_1, a_2, \cdots, a_d]$(其中 d 为词向量的维度)在模型初始化的时候需要设置。

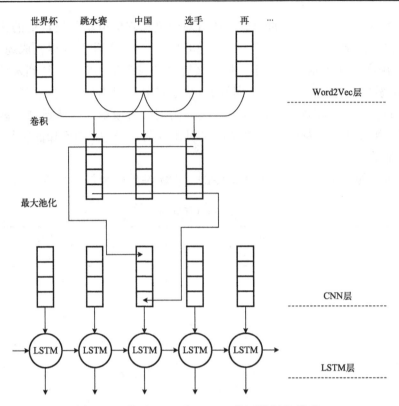

图 5-11 基于 CNN 和 LSTM 的词性标注模型

然后使用卷积神经网络来提取词语中的上下文信息，生成词语的表示特征，其结构如图 5-12 所示。

令 v_i 为第 i 个词的词向量，v_i 的维度为 d，当句子词语数为 L，卷积神经网络的滑动窗口大小为 k 时，落入第 j 个 $(j \leqslant L-1)$ 滑动窗口中的词向量依次为 $v_j, v_{j+1}, \cdots, v_{j+k-1}$，可以将它们表达为窗口向量，即

$$X_j = [v_j, v_{j+1}, \cdots, v_{j+k+1}] \tag{5-23}$$

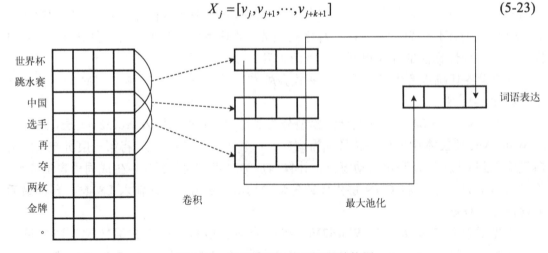

图 5-12 卷积神经网络处理层结构图

与当前词 v_j 有关的窗口向量依次为 $X_{j-k+1}, X_{j-k+2}, \cdots, X_j$。对于每个窗口向量 X_j，用

卷积核 W 进行卷积运算得到当前窗口特征：

$$Y_j = f(X \odot W + b) \tag{5-24}$$

式中，$\odot$ 为卷积乘；b 为偏置；f 为非线性激活函数，可以是 Sigmoid 函数、tanh 函数或者 ReLU 函数，鉴于 ReLU 函数收敛速度快的特性，这里采用 ReLU 函数。

最大池化能有效地减少特征和参数，降低计算的复杂度，因此在完成卷积运算后采用最大池化的方法来最大化词语特征表示。窗口向量 $Y_{j-k+1}, Y_{j-k+2}, \cdots, Y_j$ 组成窗口向量特征矩阵，对矩阵的每一行做 Max 操作，获得每一维的最大特征值，从而最大化词语的表示特征。

LSTM 是一种特殊的 RNN，这在前面的章节中也已经进行了详细的介绍，LSTM 能够选择哪些信息被遗忘，哪些信息被记住。LSTM 层的输入为 CNN 层的输出词向量 $\alpha_j (j \leq L)$，CNN 层的一个输出 α_j 对应于一个时刻 t 的 LSTM 层的输入。LSTM 层的输出送入 Softmax 分类器进行分类，计算每个词对应的标注标签最大的概率，从而获得词语的词性标注标签。

将深度学习和传统统计学习进行融合，其在序列标注问题上的表现同样优秀，典型的就是 LSTM-CRF 模型，这个模型在前面讲分词的时候就已经进行了详细的讲解，在这里就不重复论述了。BERT 模型发布后，其在序列标注问题上的表现非常优异，效果超越了诸多模型，达到了新高，对于词性标注这种典型的序列标注问题当然也不例外。BERT 模型将输入文本的词向量表示进行编码，然后将编码向量通过一个简单的全连接层映射到标签合集，再将单个词的 token 的输出向量经过 Softmax 处理，处理后输出向量的每一维数值就表示该 token 为某一词性的概率。同样地，可以在 BERT+全连接层的基础上增加 CRF，CRF 层可以加入一些约束来保证最终的预测结果是有效的。这些约束可以在训练数据时被 CRF 层自动学习。有了这些有用的约束，错误的预测结果会大大减少。

5.5　本 章 小 结

本章主要介绍了汉语自动分词、自动分词基本算法、未登录词识别和词性标注方法。首先，介绍汉语自动分词的相关内容，包括自动分词的原则及分词结果的评估方法等；然后，介绍四种基本分词算法及两种未登录词识别方法；最后，介绍基于规则的词性标注方法、基于统计的词性标注方法及基于深度学习的词性标注方法。

习　题　5

习题 5 答案

1. 汉语自动分词中常用的技术有哪些，各自的优缺点都是什么？
2. 编写程序实现汉语双向最大分词算法(可采用有限词表)，并利用该程序对一段中文文本进行分词实验，校对切分结果，并计算该程序分词的正确率 P、召回率 R 及 F-测度值。
3. 使用决策树实现一个汉语未登录词的识别算法(可限定条件)，并通过实验分析该算法的优缺点。
4. 掌握各种词性标注方法的要点，了解目前汉语词性标注的几种主要方法。
5. Google AI 研究院提出的 BERT 模型在 NLP 领域中的应用非常广泛，请尝试使用 BERT+CRF 模型实现词性标注。

第6章 语义分析

在自然语言处理领域，语义分析有很重要的地位。通常来讲，语义计算的任务主要是根据句子或者段落、篇章进行解析。在解析过程中，要考虑到语言的粒度，其中包括词、句子、段落、篇章等。目前而言，在语义计算方面已经有很好的深度学习模型，如 BERT 这种编码器模型，它能够很好地计算出句子嵌入数，从而方便执行下游任务(文本分类、相似度计算等)。当然语义计算的理论、方法、模型还在进一步研究中。

(1) 语义网络的基本概念。
(2) 概念依存。
(3) 词义消歧。
(4) 词向量表示与词嵌入。

6.1 语 义 网 络

6.1.1 基本概念

语义网络是使用有向图结构进行表示的，图的结点代表概念，边代表每个概念之间的关系。

1. 边的类型

(1) "是一种"：A 指向 B 的边表示 "A 是 B 的一种特例"。
(2) "是一部分"：A 到 B 的边表示 "A 是 B 的一部分"。
接下来，可以看到如下几个示例，R 表示 A 和 B 的关系，如图 6-1 所示。
鱼是一种动物，因此在下面这个例子中 R 是一种 is-a 的关系，如图 6-2 所示。

图 6-1 语义网络例 1　　　　图 6-2 语义网络例 2

2. 语义网络的概念关系(表 6-1)

表 6-1 语义网络的概念关系

谓词	表示关系
is-a	具体-抽象
part-of	整体-构件
is	一个结点是另一个结点的属性
have	占有、具有
before/after/at	事物间的次序
located-on/under/at	事物之间的位置

3. 事件的语义网络表示

当语义网络表达事件时,结点之间的关联关系有多种,它可能是施事、受事、时间等。例如,张三帮助李四,如图 6-3 所示。

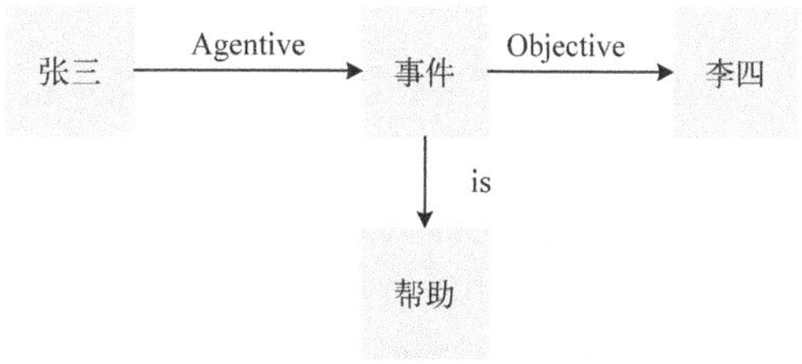

图 6-3 事件的语义网络表示

4. 事件的语义关系

关于事件的语义定义关系是这样的,它可以分为分类、聚焦、推论、时间和位置关系。图 6-4 中的例子就是一个分类关系。

5. 基于语义网络的推理、分析

(1) 根据提出的问题构成局部网络。

(2) 用变量代表待求的客体,如图 6-5 所示。

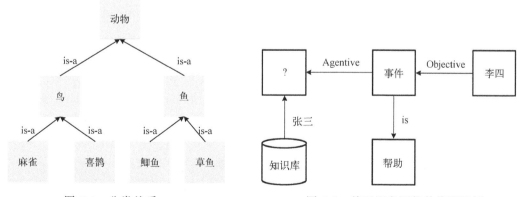

图 6-4 分类关系

图 6-5 基于语义网络的推理示例

6.1.2 语义标注

语义标注指的是通过语义元数据(通常是本体,也可以是 XML 的元数据、RDF、OWL 等语义描述)为 Web 资源(网页、文档、图片等多媒体资源)添加语义信息的过程。语义标注实现 Web 资源与其语义描述的关联，这样就可以对资源进行明确识别，深层次地理解和处理资源。从近期的研究发展趋势来看，语义标注将会从以下几个方面贯彻深入。

1. 获取深层次的语义内容

获取语义内容一般采用自动化的信息抽取技术。而信息抽取技术是语义标注的先决技术之一，语义标注的质量直接决定信息抽取的结果。目前在文档处理方面，使用语义标注研究来对文本进行浅层次表示也已实现，但对网络上的各种丰富的资源进行深度内容获取、挖掘、分析还存在许多问题，例如，文本中可能存在的隐含关系难以抽取表示，以及对多种模态的数据资源的深层信息的提取比较困难，此外，对输出的结构进行语义消歧还存在问题等。

2. 构建和更新本体

由于手工构建本体的方式过于复杂，因而要解决如下几个问题：第一，自动化构建本体，从文本中提取信息，进而采用半自动或自动的方式构建本体；第二，本体的进化和已经标注的数据的关系。因为本体是可以不断变化质的，所以需要支持语义标注的本体不断进化，同时要控制和管理本体的版本以及本体和标注之间的相对独立性。实现跨语言：现有的语言资源(如 WordNet、HowNet、MBERT)可用于支持多语言性。

6.2 概 念 依 存

概念依存(Concept Dependence，CD)理论的提出始于 20 世纪 70 年代。R.香克引入概念依存理论的目的就是让机器能够更好地处理自然语言(翻译问题、问答、推理等领域)，这种方法也为研究人类自然语言提供了一种直接的理论基础。概念依存理论将语义作为主要的考虑因素。可以想象，这种做法专注于语义层面，不受 Chomsky 的定义语法结构约束，简而言之就是用精确性换来处理的灵活性，因此有人称之为无语法性分析程序。

1. 基本概念

概念依存理论包含以下几个基本内容，给定不同语种的两个句子，如果这两个句子表达的意义相同，那么用概念依存模型表示这两个不同语种的句子的方式是唯一的。概念依存模型由一些基本语义单元组成，可以分成行动基元和带特征值的状态基元两大类。行动基元(或称为动作基元)可以从三个方面去解释。

(1) 从概念依存层次角度，可以预先定义一组动作基元来表示不同的动作。

(2) 关于手段或工具：说(Speak)表示讲话的目的总是期望能够得到某种反应，闻(Smell)表示用鼻子嗅取某个物体的味道，看(Look)表示通过眼睛捕获到自然世界的信息，听(Listen)表示通过耳朵接收到声音。

(3) 关于精神世界的概念。

2. 概念依存理论的组成

概念依存理论由"剧本"和"计划"组成,上面讲述到的动作基元和状态基元都是进行概念依存分析所必需的定义的基本层次。此外,进行概念依存分析还必须使用到"剧本"。正如日常提到的"剧本",它用来刻画面临常见场景所采取的固定的一系列动作。其次,在计划中的每一步都是一个"剧本"。

3. 概念依存理论的优缺点分析

通过上面基本概念的引入以及案例分析结果,可以看出概念依存理论的主要优点是能够表达出语义相关信息,主要目的就是揭示出一个句子想表达的含义,而正是这一点使得机器进行自然语言理解变得十分困难,但是概念依存理论给出一套完整的理论基础,不受语法结构约束,在处理形式上更加容易些。

6.3 词 义 消 歧

6.3.1 基本内容

1. 概述

自然语言处理领域主要从两个方面进行研究,分为自然语言理解(Natural Language Understanding,NLU)和自然语言推理(Natural Language Inference,NLI)。以不同的语言为单位,语义分析任务又有所差别。比如,从词的角度分析,语义分析的任务就是进行词义消歧。从句子层面来讲,可以考虑到语义角色标注(Semantic Role Labeling,SRL)任务。而从篇章层面来看,主要从指代消解(Coreference Resolution,CR)任务进行分析,关于篇章的语义分析也是研究热点。

词义消歧(Word Sense Disambiguation,WSD)是自然语言处理领域的重要任务之一。为了消除语言的歧义,需要对文本中的每一个可能的多义词的义项进行确定。例如在做英语分析句子结构时,或许某个单词不认识,但可以根据它的成分来猜测某个单词的意思。值得注意的是,词义消歧并不是重点,它可能只是系统的某一环节。早先,词义消歧工作中还是采用规则来进行分析的。因此,在有监督的机器学习算法中,根据标注好的数据,可以得知一个词在不同的上下文中的不同词义。通过对单词的上下文进行分类,就确定了该词的词义类型。因此,此种词义消歧任务也可以当作分类任务来完成。还有一种无监督的词义消歧算法,由于数据没有标注,因此先用聚类算法对同一个词的所有上下文进行等价类划分。倘若同一个词的上下文在多个等价类中出现,那么该词被判别为多义词。

2. 基础内容

1) 词义消歧问题
由于词在不同场景下可以表达不同含义,这一点无论中英文还是其他语言都会遇到,语言越灵活，它的某个词对应的词义也就越多，如下面这些例子：

　　Bank：银行/ 河岸。

　　Plant：工厂/ 植物。

　　Pen：钢笔/栅栏。

　　打：play/ take/ dial/ weave…

　　包：package/ guarantee / …

　　黑马：black horse/ dark horse。

2) 应用场景

基于词义消歧任务，应用场景可以分为一般领域和特定领域。一般领域主要是对于生活中常用到的文本进行分析，使用的语料是由多个常用领域的文本组成一个通用语料库，进而在这个通用语料库中执行词义消歧任务。另外就是对某个特定领域的文本进行词义消歧工作。针对词义消歧问题，简单的思路是将一般的词义消歧方法直接应用于领域语料，这对于通用的文本表征特征不一定有效，导致不能得到好的消歧性能。

6.3.2　理论方法

关于词义消歧方面的理论方法，早先的研究是从规则分析开始入手，后来用统计机器学习算法加上大规模语料库来实现，当前深度学习算法已有不错的结果。这些方法的基本思路都是不同语义的词的上下文一般不同。接下来，将一一对其进行介绍。

1. 有监督的词义消歧方法

有监督的词义消歧方法的总体思路是建立一个分类器，使用多义词的上下文类别把多义词的词义区分出来。这方面经典的工作有 P.F.Brown 提出的基于上下文特征和互信息的消歧方法，P. F. Brown 称其为基于信息论的消歧方法；W. A. Gale 等提出的基于贝叶斯分类器的消歧方法。

1) 基于上下文特征和互信息的消歧方法

假设已有一个双语对齐的平行语料库(如法语和英语)，通过词语对齐模型，每个法语单词可以找到对应的英语单词，一个多义的法语单词在不同的上下文中对应多种不同的英语翻译。

假设 $T_1, T_2, \cdots, T_m$ 是一个多义法语单词的英语译文(或语义)，$V_1, V_2, \cdots, V_n$ 是指示器可能的取值。P. F. Brown 利用 Flip-Flop 算法解决指示器分类问题(必须强调的是 P.F.Brown 指出这种算法只适用于只有两个义项的词义消歧)。

第一步：随机地将 $T_1, T_2, \cdots, T_m$ 划分为两个集合 $P = \{P_1, P_2\}$。

第一步：执行如下循环。

(1) 找到 $V_1, V_2, \cdots, V_n$ 的一种划分 $Q = \{Q_1, Q_2\}$，使其与 P 之间的互信息最大。

(2) 找到 $T_1, T_2, \cdots, T_m$ 的一种改进的划分 P，使得 P 与 Q 的互信息最大。

根据互信息的定义，有

$$S_i = \arg\max_{S_i} P(S_i \mid C) \tag{6-1}$$

从式(6-1)来看，Flip-Flop 算法每次都进行累加求和，因此互信息 $I(P;Q)$ 是单调增加的，算法终止条件是 $I(P;Q)$ 收敛。

P. F. Brown 提出查询全部源语言翻译的最佳划分及源语言可能的指示器的方法，其对应的搜索查询时间呈指数级增加。为此，P. F. Brown 等提出使用基于线性时间的划分理论算法。

2) 基于贝叶斯分类器的消歧方法

基于贝叶斯分类器的消歧方法根据上下文语境计算概率最大的词义。也就是说，如果某个词 w 有多个词义 $S_i(i \geqslant 2)$，那么可以把这个问题当作一个二分值(或多分类)问题，通过计算

$$S_i = \arg\max_{S_i} P(S_i \mid C) \tag{6-2}$$

求出确切的 w 的词义。

3) 基于最大熵的消歧方法

假设词 w 所有可能的词义组成一个集合 A，某一词义 $\alpha(\alpha \in A)$ 的上下文信息的集合为 B，基于最大熵的消歧方法就是建立条件最大熵模型，选择使条件概率 $P(\alpha \mid \beta)$ 最大的候选结果 α，即

$$P(\alpha \mid \beta) = \arg\max_{p \in P} H(p) \tag{6-3}$$

2. 无监督的词义消歧方法

有监督的词义消歧根据词的上下文和标注数据完成分类任务。而无监督的词义消歧通常称为聚类任务，这就要求划分同一个多义词的上下文的等价类。当进行词义识别的时候，将该词的上下文与其他各个词义对应上下文的等价类进行比较，通过上下文对应的等价类来确定词的词义。

此外需要注意的是很难使用完全无监督的词义消歧方法，当数据没有标注时无法确定词义，解决办法是通过无监督方法做词义辨识。

3. 基于词典信息的消歧方法

1) 基于词典语义的消歧方法

M.Lesk 提出的词典中的词条本身的定义就能够成为判断这个词条的词义的一个很好的条件，于是可以通过计算在词典中具有不同义项的词以及词在篇章中的上下文的相似程度，进而挑选最相关的词义。

2) 基于义类词典的消歧方法

基于义类词典的消歧方法和前面基于词典语义的消歧方法相似，不同的是基于义类词典的消歧方法采用的是整个义项所属的义类。

3) 基于双语词典的消歧方法

基于双语词典的消歧方法的基本思想是把需要消歧的语言称为第一语言，把需要借助的另一种语言称为第二语言。

例如，单词"apple"的含义可以指代水果，也可以指代苹果公司。当对"apple"进行消歧的时候，需要首先识别出含有"apple"的短语。如果出现"apple com."显然不能翻译成"水果有限公司"。

4) Yarowsky 消歧方法

Yarowsky 消歧方法是基于词典的词义消歧算法，对每个可能出现的歧义词进行单独处理，这样就会对歧义词产生两个限制：第一，每篇文本只能够有一个主题意义，且要求在任意给定的文本中，目标词的词义不能有其他意义；第二，每个搭配只有一个意义，目标词和周围词之间的相对距离、词序和句法关系为确定目标词的词义提供了较强的一致性的词义消歧线索。

4. 评价指标

国际计算机语言联合会(The Association for Computational Linguistics，ACL)词汇兴趣小组在 1997 年提出 SENSEVAL 是关于词义消歧的公共评测任务。该评测为各类算法提供了相同的训练和测试集，使得各类模型技术具有可比性。SENSEVAL 评测的主要指标为词义消歧的准确率 P、召回率 R、覆盖率 COV 和 F-测度值(F1)，它们的计算公式为

$$P = \frac{系统输出中正确的标记个数}{系统输出中全部的标记个数} \times 100\% \tag{6-4}$$

$$R = \frac{系统输出中正确的标记个数}{金标语料中全部正确的标记个数} \times 100\% \tag{6-5}$$

注：这里的金标语料(Gold Standard Corpus)指的是由人工标注或校对的质量很高的评测集的标准答案语料。

$$COV = \frac{金标语料中被系统标记的测试项个数}{金标语料中测试项的总数} \times 100\% \tag{6-6}$$

F-测度值在机器学习中经常被使用，它的公式为

$$F1 = \frac{2PR}{R+P} \tag{6-7}$$

关于这些评价标准，很多都是与机器学习中的内容相一致的，所以大家熟悉这些评测方法即可。

6.3.3 案例分析

ELMO 模型解决一词多义问题。

在讲解 ELMO 前，可以看如下案例。

第一句：The pen is in the box。

第二句：The box is in the pen。

如果按照 6.4 节讲述的 Word2Vec 这样的静态词向量表示这两句话，那么得到的结果就是这两句话的词向量完全一样。而事实上，大家都知道第一句话的中文意思，而对于第二句话可能很不解。盒子怎么会在钢笔里呢？事实上，第二句话的"pen"应该翻译成

"栅栏"，这就涉及一词多义问题。其实这种情况还有很多，比如，中文的"黑马"可以翻译成"dark horse"或者"black horse"，应该怎么翻译需根据具体情景而定。2018 年发表在 NAACL 的 Best paper "ELMO"模型便很好地解决了在 6.4 节静态词向量不能表示多义的问题。对于 ELMO 而言，预训练好的模型不再只是向量对应关系，而是一个训练好的模型。因此把一句话或一段话输入到 ELMO 模型，ELMO 模型会根据上下文来推断每个词对应的词向量。这样做之后明显的好处之一就是对于多义词，可以结合前后语境进行理解。

在讲解 ELMO 模型前，假设已经熟悉了 RNN 和 LSTM 这种处理序列的模型，如果读者不熟悉，可以参考本书其他章节进行补充学习。

EMLO 模型要做的事情和 Word2Vec 本质上没什么区别，都是要将词映射成词向量。不过大家可以进一步看 ELMO 内部模型结构图，如图 6-6 所示。

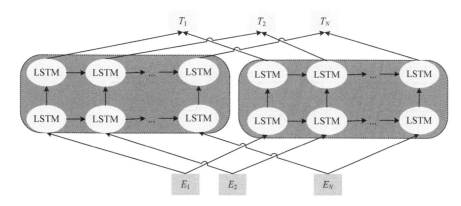

图 6-6　ELMO 内部模型结构图

可以看出 ELMO 模型就是将 Bi-LSTM 组合起来。它在 RNN 基础上做了两个改进：第一是使用了多层 LSTM；第二是增加了后向语言模型(Backward LM)。它的处理流程如下。

(1) 将序列输入到 ELMO 模型中，然后前面的 LSTM 网络中每个单元的隐藏层和后面的网络中每个单元的隐藏层输出相加，得出最终的隐藏层向量。这样就可以得到不同层的 LSTM 的隐藏层向量。

(2) 将第(1)步得到的向量分别乘以不同的权重。

(3) 将第(2)步的隐藏层向量求和得到最终的输出词向量。

其实根据图 6-6 可知 ELMO 模型就是由双向的两个 LSMT 组合起来的模块，这样序列中的每个词都能看到它前面的词，还能看到它后面的词，根据此思想，对输入序列建模，希望得到如下数学模型。

前向建模公式：

$$p(w_1, w_2, \cdots, w_N) = \prod_{k=1}^{N} p(w_k \mid w_1, w_2, \cdots, w_{k-1}) \tag{6-8}$$

后向建模公式：

$$p(w_1, w_2, \cdots, w_N) = \prod_{k=1}^{N} p(w_k \mid w_1, w_2, \cdots, w_{k-1}) \tag{6-9}$$

综合前向和后向建模公式得到

$$p(w_1, w_2, \cdots, w_N) = \sum_{k=1}^{N} (\log p(w_k \mid w_1, w_2, \cdots, w_{k-1}) + \log p(w_k \mid w_{k+1}, w_{k+2}, \cdots, w_N)) \quad (6\text{-}10)$$

因此，ELMO 训练的目标就是最大化式(6-10)。

6.4　词向量表示与词嵌入

6.4.1　基本内容

计算机只能进行计算任务。如何把人类语言字符串任务转换为计算任务呢？学过《大学计算机基础》的应该都知道 ASCII 码，它就是一套编码系统，是最通用的信息交换标准，总共定义 128 个字符。而对于自然语言来讲，如果能够设计一套可以表示每个字符的编码，就能很方便让计算机也能够表示人类语言。因此前人在这方面也做了许多努力，具体重要工作提出时间节点如图 6-7 所示。

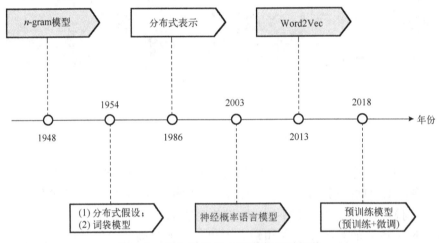

图 6-7　前人工作标志事件进展时间线

基本概念如下。

1)n-gram 模型

n-gram 是一种基于统计语言模型的算法。它的基本思想是将文本里面的内容按照字节进行大小为 N 的滑动窗口操作，形成了长度是 N 的字节片段序列。每一个字节片段称为 gram，统计所有 gram 的出现频度，并且按照事先设定好的阈值进行过滤，形成关键 gram 列表，获取到该文本的向量特征空间，而列表中的每一种 gram 就是一个特征向量维度。n-gram 模型基于这样的假设：第 $N(N \in (2,n))$ 个词的出现只与前面 $N-1$ 个词相关，而与其他任何词都不相关。整句的概率就是各个词出现概率的乘积。这些概率可以通过直接从语料中统计 N 个词同时出现的次数得到。常用的 n-gram 模型是二元的 Bi-gram 和三元的 Tri-gram。

2)分布式假设与词袋模型

分布式假设指明，如果两个词的上下文相似，那么这两个词的词义也应该是相似或相近的。于是利用共生矩阵来获取词的语义表示，这种方法可以看作一类获取词表示的方法。可以构建一个大小为 $W \times C$ 的共现矩阵 F，其中 W 是词典大小，C 是上下文数量。上下文的类型可以为相邻词、所在句子或所在的文档等。

3)分布式表示

分布式表示是指一段文本的语义分散在一个低维空间的不同维度上，相当于将不同的文本分散到空间中不同的区域。向量的每一维都表示文本的某种潜在的语法或语义特征。分布式表示要求模型以低维离散式表示方式在经过表示后呈现在空间中能够区分。

6.4.2　理论方法

1. n-gram

如果有一个由 m 个词组成的序列(或者说一个句子)，希望算得概率 $p(w_1, w_2, \cdots, w_m)$，根据概率论中乘法法则可得

$$p(w_1, w_2, \cdots, w_m) = p(w_1)p(w_2 \mid w_1)p(w_3 \mid w_1, w_2) \cdots p(w_m \mid w_1, \cdots, w_{m-1}) \qquad (6\text{-}11)$$

这个概率不方便计算。可以利用马尔可夫假设中的马尔可夫性：当前 t 时刻的状态仅与前面有限个时刻的状态相关。这样便不用追溯最开始的那个词，大幅缩减上述算式的长度：

$$p(w_1, w_2, \cdots, w_m) = p(w_i \mid w_{i-n+1}, \cdots, w_{i-1}) \qquad (6\text{-}12)$$

实践证明使用马尔可夫假设可以有效减少计算量。

下面给出一元模型、二元模型、三元模型的定义。

当 $n=1$ 时，称 1-gram 模型为 Uni-gram 模型，具体定义如下：

$$p(w_1, w_2, \cdots, w_m) = \prod_{i=1}^{m} p(w_i) \qquad (6\text{-}13)$$

当 $n=2$ 时，称 2-gram 为 Bi-gram 模型，具体定义如下：

$$p(w_1, w_2, \cdots, w_m) = \prod_{i=1}^{m} p(w_i \mid w_{i-1}) \qquad (6\text{-}14)$$

当 $n=3$ 时，称 3-gram 为 Tri-gram 模型，具体定义如下：

$$p(w_1, w_2, \cdots, w_m) = \prod_{i=1}^{m} p(w_i \mid w_{i-2}, w_{i-1}) \qquad (6\text{-}15)$$

因此根据上面公式，只需要计算等式右边的公式即可算出序列出现的概率。例如，对于 Bigram model，只需要统计出语料集中 (w_{i-1}, w_i) 出现的次数，以及 w_{i-1} 的次数，得

$$p(w_i \mid w_{i-1}) = \frac{C(w_{i-1}, w_i)}{C(w_{i-1})} \qquad (6\text{-}16)$$

讲了那么多理论和公式，下面来看看具体应用，为了表述方便，以 Bi-gram 模型举例说明。

假设现在有一个语料库，统计如表 6-2 所示的一些词出现的次数。

表 6-2　一些词出现的次数

i	want	to	eat	Chinese	food	lunch	spend
2533	927	2417	746	158	1093	341	278

下面的这些概率作为已知条件：

$$p(i|<s>) = 0.25$$
$$p(\text{English}|\text{want}) = 0.0011$$
$$p(\text{food}|\text{Chinese}) = 0.5 \tag{6-17}$$
$$p(</s>|\text{food}) = 0.68$$
$$p(\text{want}|<s>) = 0.25$$

表 6-3 所示为基于 Bi-gram 的共现矩阵。

表 6-3　基于 Bi-gram 的共现矩阵

单词	i	want	to	eat	Chinese	food	lunch	spend
i	5	827	0	9	0	0	0	2
want	2	0	608	1	6	6	5	1
to	2	0	4	686	2	0	6	211
eat	0	0	2	0	16	2	42	0
Chinese	1	0	0	0	0	82	1	0
food	15	0	15	0	1	4	0	0
lunch	2	0	0	0	0	1	0	0
spend	1	0	1	0	0	0	0	0

例如，表 6-3 中第二行、第三列表示给定前一个词是"i"时，当前词为"want"的情况一共出现了 827 次。

根据共现矩阵，可以得到频率分布表(共现矩阵(w_i, w_j)中的频数/w_i 的频数)，于是便可以计算每个序列出现的概率，然后比较不同序列出现的概率，取其最大值即可。

2. one-hot 和 TF-IDF

one-hot 编码是将类别变量转换为机器学习算法易于利用的一种形式的过程。这种编码方式又称为独热编码或 1 位有效编码，主要是采用 N 位状态寄存器来对 N 个状态进行编码，每个状态都有它独立的寄存器位，并且在任意时刻只有 1 位有效。这首先要求将分类值映射到整数值。然后，每个整数值表示为二进制向量，除了整数的索引之外，它都是零值，标记为 1。

举例说明，假设有一个带有"red"、"green"和"blue"值的标记序列。这样就可以用一个三维向量表示一个标签，如"red"表示成[1,0,0]，"green"表示成[0,1,0]，"blue"便可以表示成[0,1,0]。

其次，来看看 TF-IDF 算法，这个算法曾经一度被多次使用。TF(t,d)表示的是单词 t 在文档 d 中出现的频率，用单词 t 的出现次数除以这个文档的总单词数即可算出。

IDF(t,d)衡量单词 t 在文档 d 上的特殊性：

$$\mathrm{IDF}(t) = \log \frac{文档总数}{包含单词 t 的文档总数 + 1} \tag{6-18}$$

式中，分母部分最后会加 1，其目的是平滑整个公式。

3. 分布式表示

分布式表示主要分为三类：基于矩阵的分布式表示、基于聚类的分布式表示、基于神经网络的分布式表示。这三类使用了不同的技术手段，但是它们都基于分布或假设，核心思想也都由两部分组成：一是选取一种方式描述上下文；二是选取一种模型刻画目标词与上下文之间的关系。

1)基于矩阵的分布式表示

基于矩阵的分布式表示主要是构建"词-上下文"矩阵，通过某种技术从该矩阵中获取词的分布式表示。矩阵的行表示词，列表示上下文，每个元素表示某个词和上下文共现的次数，这样矩阵的一行就描述了该词的上下文分布，如表 6-4 所示。

表 6-4 基于矩阵的分布式表示

词语	文档 1	文档 2	文档 3	文档 4	文档 5	文档 6
我	1			1		
爱		1	1	4		1
你	1	1	1		1	1
中国	1	1			2	1
人民	1					1

常见的上下文有三种：①基于文档，即"词-文档"矩阵；②上下文的每个词，即"词-词"矩阵；③n 元词组，即"词-n-元组"矩阵。通常会利用前面讲到的 TF-IDF 算法以及取对数等技巧进行加权和平滑。另外，矩阵的维度较高并且非常稀疏时，可以通过 SVD、NMF 等手段进行分解降维，使其变为低维稠密矩阵。

这是一个矩阵（记作 S），这里的一行表示一个词在哪些文档中出现了，一列表示一个文档书中有哪些词。比如，文档 1 中有"我"、"你"、"中国"和"人民"，每个词个出现 1 次。将这个矩阵进行 SVD(奇异值分解)便会得到

$$S = U\Sigma V^{\mathrm{T}} \tag{6-19}$$

式中，U 矩阵表示词的一些特征；V 矩阵表示文本的特征；Σ 矩阵表示左奇异向量的一行与右奇异向量的一列的重要程序，数字越大越重要。

2)基于聚类的分布式表示

布朗聚类是一种自下向上的层次聚类算法，基于 n-gram 模型和马尔可夫链模型。布朗聚类是一种硬聚类，每一个词都在唯一的类中，如图 6-8 所示。

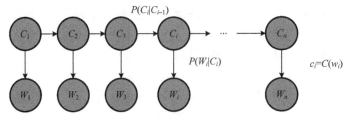

图 6-8　布朗聚类算法模型

布朗聚类的输入是一个语料库，这个语料库是一个词序列，输出是一个二叉树，树的叶子结点是词，树的中间结点是类别。初始的时候，将每一个词独立分成一类，然后，将两个类合并，使得合并之后评价函数最大，不断重复上述过程，直到达到想要的类别数量为止。

3)基于神经网络的分布式表示

Bengio 神经网络语言模型(Neural Network Language Model,NNLM)是对 n 元语言模型进行建模，估算 $p(w_i|w_{n-i+1},\cdots,w_{i-1})$ 的概率值。与 n-gram 等模型的区别在于：NNLM 不用计数的方法来估算 n 元条件概率，而是使用一个三层的神经网络模型(前馈神经网络)，根据上下文的表示以及上下文与目标词之间的关系进行建模求解。

$w_{t-1},\cdots,w_{t-n+1}$ 为 w_t 之前的 $n-1$ 个词，NNLM 就是要根据这 $n-1$ 个词预测下一个词 w_t。 $C(w)$ 表示 w 对应的词向量，存储在矩阵 C 中，$C(w)$ 为矩阵 C 中的一列，其中，矩阵 C 的大小为 $m\times|V|$，$|V|$ 为语料库中总词数，m 为词向量的长度。

输入层 x：将 $n-1$ 个词的对应的词向量 $C(w_{t-n+1}),\cdots,C(w_{t-1})$ 顺序拼接组成长度为 $(n-1)\times m$ 的列向量，用 x 表示：

$$x=[C(w_{t-n-1},\cdots,C(w_{t-1}))] \tag{6-20}$$

隐藏层 h：使用 tanh 作为激活函数，输出

$$\tanh(d+Hx) \tag{6-21}$$

式中，$H\in\mathbf{R}^{h(n-1)m}$ 是输入层到隐藏层的权重矩阵；d 是偏置项。

输出层 y：一共有 $|V|$ 个结点，分量 $y(w_{t=i})$ 为上下文是 $w_{t-n+1},\cdots,w_{t-1}$ 的条件下，下一个词为 w_t 的可能性，即上下文序列和目标词之间的关系，而 y_i 或者 $y(w_t)$ 是未归一化 log 概率(Unnormalized log-Probabilities)，其中 y 的计算为

$$y=b+Wx+U\tanh(d+Hx)$$

6.4.3　案例分析

讲到词嵌入，就不得不提 Minkoliv 2013 年的工作，Word2Vec 是语言模型的一种，它是从大量文本语料中以无监督方式学习语义知识的模型，被广泛地应用于自然语言处理中。Word2Vec 是轻量级的神经网络，其模型仅仅包括输入层、隐藏层和输出层，模型框架根据输入、输出的不同，主要包括 CBOW 和 Skip-gram 模型。CBOW 是在知道词 w_t 的上下文 w_{t-2}、w_{t-1}、w_{t+1}、w_{t+2} 的情况下预测当前词 w_t. 而 Skip-gram 是在知道了词 w_t 的情况下，对词 w 的上下文 w_{t-2}、w_{t-1}、w_{t+1}、w_{t+2} 进行预测，下面将分别对 CBOW 和 Skip-gram 模型展开介绍。

1) CBOW

CBOW 模型结构如图 6-9 所示。

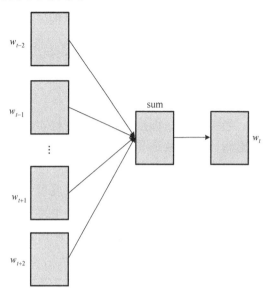

图 6-9　CBOW 模型结构

(1) 输入层输入的 X 是单词的 one-hot 编码(考虑一个词表 V，里面的每一个词 w_i 都有一个编号 $i \in \{1,\cdots,|V|\}$，那么词 w_i 的 one-hot 表示就是一个维度为 $|V|$ 的向量，其中第 i 个元素非 0，其余元素全为 0，如 $w_2=[0,1,\cdots,0]$)。

(2) 输入层到隐藏层之间有一个权重矩阵 W，隐藏层得到的值是由输入 X 乘上权重矩阵得到的、细心的人会发现，0-1 向量乘上一个矩阵，就相当于选择了权重矩阵的某一行。

(3) 隐藏层到输出层也有一个权重矩阵 W'，因此，输出层 y 的每一个值，其实就是隐藏层的向量点乘权重矩阵 W' 的每一列。

根据上面理论基础，给出 CBOW 需要优化的目标函数为

$$L = \sum_{w \in C} \log p(w|\text{Context}(w)) \tag{6-22}$$

2) Skip-gram

Skip-gram 模型其实就是将图 6-9 反过来而已，并无差别。直接给出 Skip-gram 模型的优化目标函数：

$$L = \sum_{w \in C} \log p(\text{Context}(w)|w) \tag{6-23}$$

优化方法如下。

(1) Hierarchical Softmax(层次化 Softmax)。从给出的 CBOW 模型来看，需要更新两个矩阵(分别是输入层到隐藏层、隐藏层到输出层)。在进行梯度更新的时候，计算量大主要体现在隐藏层到输出层这一部分的权重矩阵，因为这一部分涉及用 Softmax，所以复杂度比较高。因此采用层次化 Softmax 可以有效提高训练速度，得到的词向量的质量也几乎没有下降，这也是 Word2Vec 在 NLP 领域得到广泛应用的原因。层次化 Softmax

的实质是基于 Huffman 树结构，将计算量大的部分转成二分类问题。将隐藏层到输出层的权重矩阵替换为哈夫曼树结构。隐藏层的输出直接连到哈夫曼树的根结点。哈夫曼树的叶子结点表示词汇表中的所有词。而每个非叶子结点都对应着一个向量 v，它的维度与隐藏层的输出维度相同。

(2) Negative Sample(负采样)。负采样的本质是利用已知的概率密度函数来估计未知的概率密度函数。

依据实践经验，训练一个网络要不断更新权重矩阵——先前向计算 loss，反向求得梯度，然后更新权重矩阵。当神经网络每接收一个训练样本(或者一个 batch 的样本)时，整个网络的权重就会得到更新，这样做是非常消耗资源的，在实际训练过程中，如果在大规模语料集上进行训练，速度也会非常慢。

负采样的提出便解决了这个问题，它提高了训练速度以及得到的词向量的质量。这种方法不用对整个网络的权重进行更新。此外，负采样不再使用复杂的 Huffman 树，而是利用相对简单的随机负采样，能大幅度提高性能，因而可作为 Hierarchical Softmax 的一种替代。

6.5　语义分析在华为毕昇编译器 AI 调优中的应用

6.5.1　基本内容

1. 编译阶段的语义分析

编译阶段的语义分析主要是指计算编译过程所需的附加信息。因为它包括计算上下文无关文法和标准分析算法以外的信息，因此，它不被看成语法。信息的计算也与被翻译过程的最终含义或语义密切相关。因为编译器完成的分析是静态(它在执行之前发生)定义的，这样，语义分析也可称作静态语义分析(Static Semantic Analysis)。在一个典型的静态类型的语言 (如 C 语言)中，语义分析包括构造符号表、记录声明中建立的名字的含义、在表达式和语句中进行类型推断和类型检查以及在语言的类型规则作用域内判断它们的正确性。

编译器的语义分析可以分为两类。第 1 类是程序的分析，要求根据编程语言的规则建立其正确性，并保证其正确执行。对于不同的语言来说，语言定义所要求的这一类分析的总量变化很大。在 LISP 和 SmallTalk 这类动态制导的语言中，可能完全没有静态语义分析要求；而在 Ada 这类语言中就有很高的要求，程序必须提交执行。其他的语言介于这两种极端情况之间(如 Pascal 语言不像 Ada 和 C 语言对静态语义分析的要求那样严格，也不像 LISP 那样完全没有要求)。第 2 类是由编译程序执行的分析，用以提高翻译程序执行的效率。这一类分析通常包括对"最优化"或代码改进技术的讨论。读者应该注意到，这里研究的技术对两类情况都适用。这两类分析也不是相互排斥的，因为与没有正确性要求的语言相比，如静态类型检查这样的正确性要求能使编译程序产生更加有效的代码。

值得注意的是，这里讨论的正确性要求永远不能建立程序的完全正确性，正确性仅仅是部分的。但这样的要求仍然是有用的,可以给编程人员提供一些信息,提高程序的安全性和有效性。

2. 华为毕昇编译器

华为毕昇编译器基于开源 LLVM 开发,并进行了优化和改进,同时将 flang 作为默认的 Fortran 语言前端编译器,是一种 Linux 下针对鲲鹏 920 的高性能编译器,除支持 LLVM 通用功能和优化外,还做了以下增强。

(1) 高性能编译算法:编译深度优化,增强多核并行化、自动矢量化等,大幅提升指令和数据吞吐量。

(2) 加速指令集:结合 NEON/SVE 等内嵌指令技术,深度优化指令编译和运行时库,鲲鹏架构表现最佳。

(3) AI 迭代调优:内置 AI 自学习模型,自动优化编译配置,迭代提升程序性能,完成最优编译。

华为毕昇编译器优化架构如图 6-10 所示。

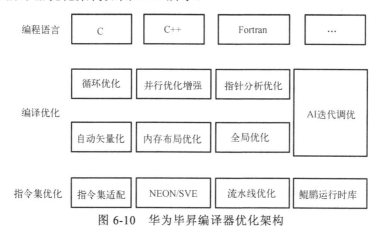

图 6-10 华为毕昇编译器优化架构

6.5.2 理论方法

1. 基于机器学习快速获取最优编译配置

如何获取性能最优编译选项是编译器使用中常见的问题,这往往需要长时间的手动选项调优。为了减少其中的工作量,使得用户能快速找到最优的优化选项,毕昇编译器自研了基于机器学习的自动搜索技术的自动调优工具。该工具是一种自动化的迭代过程,通过操作编译设置来优化给定程序,以实现最佳性能。它由两个组件分别是毕昇编译器和 Autotuner 命令行工具配合完成。它不需要在源码中注入代码,而是允许用户在简单的配置文件中指定优化配置,该文件包含优化信息及其相应的代码区间信息,其中有名称和行号等内容。此外,它还可以记录优化结果,以及可调优的代码区间,并以配置文件 YAML 的形式导出。

在 Autotuner 与毕昇编译器进行交互的过程中,会根据编译器产生的可调优代码结构创建搜索空间(Search Space)来生成编译配置,并调用编译器来编译源码,然后通过操作调优参数以及应用搜索算法和自带的遗传算法来获取更高性能的数据。

2. 毕昇编译器 Autotuner 自动调优流程

Autotuner 的调优流程由两个阶段组成：初始编译阶段和调优阶段。

初始编译阶段发生在调优阶段之前，Autotuner 首先会让编译器对目标程序代码做一次编译，在编译的过程中，毕昇编译器会生成一些包含所有可调优结构的 YAML 文件，说明在这个目标程序中哪些结构可以用来调优，如模块(Module)、函数(Function)、循环(Loop)。例如，循环展开是编译器中最常见的优化方法之一，它通过多次复制循环体代码，达到增大指令调度的空间、减少循环分支指令的开销等优化效果。若以循环展开次数为对象进行调优，编译器会在 YAML 文件中生成所有可被循环展开的循环作为可调优结构。

当可调优结构顺利生成之后，进入调优阶段：Autotuner 首先读取生成好的可调优结构的 YAML 文件，从而产生对应的搜索空间，也就是生成针对每个可调优代码结构的具体的参数和范围；调优阶段会根据设定的搜索算法尝试一组参数的值，生成一个 YAML 格式的编译配置(Compilation Config)文件，从而让编译器编译目标程序代码产生二进制文件；最后 Autotuner 将编译好的文件以用户定义的方式运行并取得性能信息作为反馈；经过一定数量的迭代之后，Autotuner 将找出最终的最优配置，生成最优编译配置文件，以 YAML 的形式储存。

6.6　本　章　小　结

本章讲述了语义分析的重要部分，即语义网络、概念依存、词义消歧、词嵌入等。首先，介绍语义网络如何表示概念的问题，以及概念依存理论基础知识，利用概念依存理论可以将语义作为主要的考虑因素，从而更好地处理语义关系。然后，讲述词义消歧的几种方法，目前自然语言处理领域也是由于词或句子语义存在多义性而造成文本处理比较困难的原因；最后，介绍词向量表示与词嵌入，其中词向量技术目前在深度学习领域内得到广泛应用，利用词向量可以表示任何事物，如一个单词、一个句子、一个序列、一个用户单击行为等。

习题 6 答案

习　题　6

1. 对比 Word2Vec 和 Glove 两种词嵌入方法，这两个模型有什么相同点和不同点。

2. 下载 Word2Vec 源码，并进行分析。参考网址：https://gitee.com/skyarn/word2vec。

3. 利用 Gensim 工具包 Word2Vec 训练中文词向量。

4. 使用 AllenNLP 提供的 ELMO 模型抽取其在不同句子中的词向量，并使用 t-SNE 进行可视化分析。

5. 简要描述对 BERT 模型的认识。

6. 自然语言推理要求机器去理解自然语言的深层次语义信息，进而做出合理的推理。要求使用 BERT 模型，可使用搜狗提供的语义分析数据给出 NLI 训练结果并进行十折交叉验证，其次尝试调查并使用其他语言模型训练技巧改进 BERT 模型，实现更好的效果。

第二部分 实 践 应 用

第 7 章 机 器 翻 译

本章导读

翻译这个概念早已经被提出，当初为了贸易的沟通与交流，人们需要借助翻译克服不同种族、地区之间的沟通障碍。"翻译"(Translation)一词起源于拉丁语"translatio"，意为"带来或携带"。而对于机器翻译而言，它的提出只不过是近 70 年来人类的伟大创新成果之一。接下来，本章将围绕机器翻译的历史发展过程和实现机器翻译的手段分别进行论述。

本章要点

(1) 机器翻译概述。
(2) 统计机器翻译。
(3) 神经机器翻译。

7.1 机器翻译概述

7.1.1 机器翻译方法概述

机器翻译主要经历两个阶段，分为人工阶段和机器翻译阶段，可以从图 7-1 对机器翻译的阶段有个简要概念。

概括起来，机器翻译的技术大体可以分为基于规则、基于数据驱动的机器翻译。

基于规则的机器翻译又有两种方法，第一种就是基于转换规则的机器翻译方法，简称转换法。这种方法由语言学家定义出规则，然后交给程序员去编码。这种方法可以理解为专家把词对之间转换的转换关系定义清楚，然后交给程序员写"if-then"这样对应关系语句；当满足某个条件时，就去执行某种语义或者词替换。通过图 7-2 可以直接直观理解这种方法。

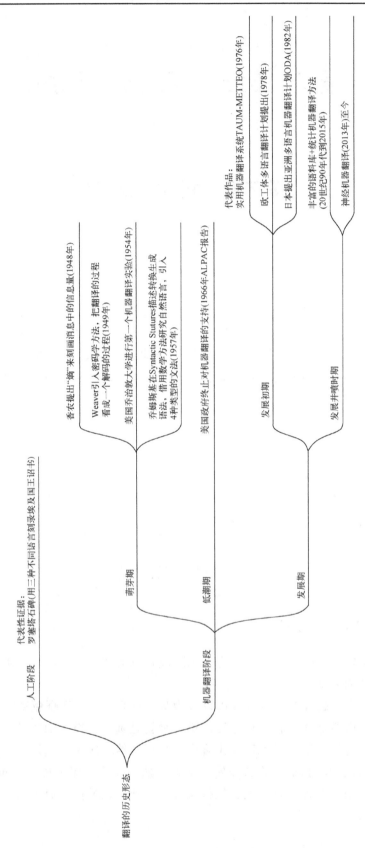

图 7-1　机器翻译的历史形态

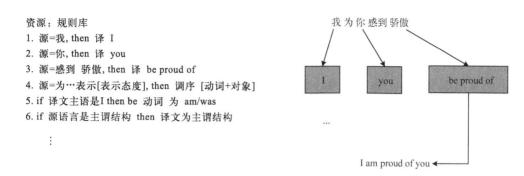

资源：规则库
1. 源=我, then 译 I
2. 源=你, then 译 you
3. 源=感到 骄傲, then 译 be proud of
4. 源=为…表示[表示态度], then 调序 [动词+对象]
5. if 译文主语是I then be 动词 为 am/was
6. if 源语言是主谓结构 then 译文为主谓结构
   ⋮

图 7-2 基于转换规则的机器翻译举例

通过图 7-2 可以看到的是<我，I>、<你，you>之间的替换，以及关于次序的调整过程。当然，这种基于规则表示单词之间的对应关系也为统计机器翻译方法提供了思路。

第二种是基于中间语言的机器翻译方法，希望能够找到一种中间语言(与具体语种无关的通用语言(Universal Language))，它充当两种不同语言翻译的桥梁。这样如果有 n 种语言，现在要实现它们之间互相翻译(这种任务就好比有 n 个结点的完全有向图，就需要构建一个系统充当结点之间的边)，便需要 $n(n-1)$ 个翻译器。借用中间语言的思路，便可以很大程度降低问题复杂性。它的具体过程如图 7-3 所示。

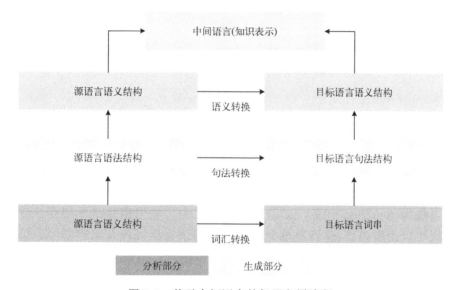

图 7-3 基于中间语言的机器翻译流程

如图 7-3 所示，整个翻译过程包括两个独立的阶段；分析部分和生成部分，即从源语言到中间语言的分析转换阶段和从中间语言到目标语言的生成阶段。

自 20 世纪 80 年代末以来，语料库技术和统计学习方法在机器翻译研究中得到广泛应用。基于数据驱动的机器翻译有如下三种方向：基于实例、基于统计、基于神经的机器翻译。

基于实例的机器翻译是 20 世纪 80 年代被提出的，这种方法的基本思想是在双语句库中找到与待翻译句子相似的实例，之后对实例的译文进行修改(对译文进行替换、增、删、顺序调整等操作)从而得到译文。

　　基于统计的机器翻译兴起于 20 世纪 90 年代，利用统计模型从单语或者双语语料库中自动学习翻译知识(这便不需要人为构建翻译知识库)，机器翻译系统直接从给定的语料库中计算出概率分布当作一个翻译知识库，然后完成翻译工作。它的缺点在于需要人为地提取特征和基本翻译单元形式，这将直接决定翻译结果的好坏。

　　图 7-4 给出一个简单的翻译模型，从中可以看出该系统包含两个部分，一个是翻译模型，另一个是语言模型，如第 6 章讲解的 n-gram 模型。翻译模型从双语语料库中学习到翻译知识，它的输出是短语表(包含各种词汇的翻译概率的表格)。有了这个短语表，就可以得到一个源语言与目标语言的对应关系，其中每个元素表示从源语言到目标语言转换的概率。

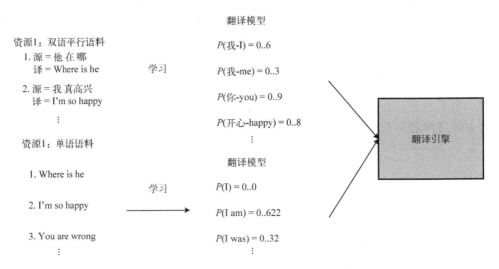

图 7-4　基于统计的机器翻译

　　基于神经的机器翻译于 2014 年后兴起。在基于神经的机器翻译中，投入神经网络的是词向量(即词的分布式表示)，这样翻译过程就是在实数空间上进行计算。这样机器翻译便可以视为 Seq2Seq 任务，即输入是一个序列，输出也是一个序列。序列到序列的转化过程可以由编码器-解码器框架实现。将源语言序列投入编码器中，编码器提取源语言中的信息并进行分布式表示，将其交给解码器，解码器把这种信息转换成另一种语言的表达。

7.1.2　机器翻译的研究现状

　　"如果您正在与某人交谈而他听不懂您的语言，您感觉如何？是的，您可能会觉得很可怕"。这个主题完全是关于语言理解的。机器翻译本身就暗示它与翻译有关，而 NLP 表明它与语言有关。机器翻译(MT)将一种自然语言自动翻译成另一种语言。机器翻译的最大优点是它可以在很短的时间内翻译大量文本。当谷歌推出这项服务后，大多数人都开始使用机器翻译。机器翻译方面的分析工作早在 20 世纪 50 年代就开始了，主要在美国进行。

今天，机器翻译的质量效果究竟如何呢？根据用户使用的情况而言，在很多特定的条件下，机器翻译的译文结果是非常好的，翻译的质量甚至接近人工翻译。但在某些开放式翻译任务中，机器翻译的结果还不完美。例如，在翻译小说方面，使用机器翻译得到的译文结果将是很糟糕的。其次，人工翻译讲究"信、达、雅"，机器翻译的译文有时候却是僵硬的、没有情感的。但是机器翻译的优点是快，这是人工翻译做不到的。

此外，机器翻译仍然面临着一些挑战。

(1) 囿于人类语言的复杂性，自然语言翻译问题复杂性极高。正如不同人对同一句话的理解不尽相同，一个句子往往不存在绝对的标准译文，其潜在的译文几乎是不可穷尽的，甚至人类译员在翻译一个句子、一个单词的时候，都要考虑整个篇章的上下文语境。

(2) 机器的理解不等于人类的理解。人和计算机的运行方式有着本质区别。人类语言能力的生物学机理与机器翻译系统所使用的计算模型本质上是不同的，机器翻译系统使用的是其自身能够理解的"知识"，如统计学上的词语表示。

(3) "一招鲜"无法"吃遍天"。语种的多样性会导致任意两种语言之间的翻译实际上都是不同的翻译任务。对于机器翻译来说，充足的高质量数据是必要的，但是不同语种、不同领域、不同应用场景所拥有的数据量有明显差异，很多语种甚至几乎没有可用的数据，这时开发机器翻译系统的难度可想而知。

机器翻译的发展日新月异，将十年前机器翻译的结果和今天的任何软件的翻译结果进行对比，也许会感叹天壤之别。从当今机器翻译的前沿技术看，近 30 年机器翻译的进步更多地得益于数据驱动方法和统计建模方法的使用。特别是近些年深度学习等基于表示学习的端到端方法使得机器翻译的水平达到了新高度。本书后续章节会逐步对机器翻译常用的模型、方法和系统实现进行全面介绍和分析，希望这些论述可以帮助读者学习相关内容。

7.2　统计机器翻译

基于规则的机器翻译存在以下几个弊端：第一，分析规则需要语言学家编写，工作量大，而且主观因素对规则编写的影响比较大；第二，需要不断地扩充规则。因此专家提出基于数据驱动的方法——统计机器翻译方法。这种方法不需要编写具体的规则，翻译系统可以直接根据数据集学习词、句子、句法结构等。这样需要处理的便是定义翻译所需要的特征和基本的翻译单元的形式，翻译知识都是以概率的形式保存在模型的参数中的。

7.2.1　基于词的机器翻译

本节主要介绍如下几个知识点。
(1) 基于噪声与信道模型的统计机器翻译原理。
(2) 词对齐理论知识。
(3) IBM 模型 1。

(4) 繁衍率和扭曲度。

首先，回顾人类实现翻译的做法：根据已有的知识及过往学习到的语言知识(包括单词、语法等层面)进行翻译这项行为活动。而对于计算机而言，要将一种语言(用 S 表示源语言)翻译成另一种语言 T(用 T 表示目标语言)，这要求我们将翻译的挑战转化为可以被计算机处理的形式(所谓可计算问题是指存在一台图灵机可以判断该语言是否被接受)。因此，需要构建一个模型来处理翻译问题，该模型接收一个源语言的字符串 S 作为输入，并生成对应的目标语言串 T 作为输出。

为达到上述目的，过往的学者总结出一套翻译流水线，其包括三个步骤。

(1) 分析：对源语言进行分析，在基于词的翻译模型中就是分词操作。

(2) 转换：把源语言句子中的每个单词翻译成目标语言单词。

(3) 生成：根据转换的结果，将目标语言的输出串 T 变成通顺且合乎句法的句子。

以上三个步骤在神经机器翻译中也同样适用，可以认为在神经网络机器翻译中，分析的步骤就等同于一个编码器(Encoder)，而转换的步骤就等同于编码-解码的 Attention 机制，生成的步骤等同于解码器(Decoder)。

1) 噪声信道模型

下面开始介绍一个最基本的模型：噪声信道模型，该模型是由 IBM 的研究人员提出的一种统计机器翻译的方法。简单地描述它：一个翻译系统可以被视为一个噪声信道，对于观察到的信道输出串 T，寻找最大可能的输入串 S，即求解 T 使得 $P(T|S)$ 最大。

根据贝叶斯公式，可以得出

$$P(T \mid S) = \frac{P(S \mid T) \times P(T)}{P(S)} \tag{7-1}$$

由于 $P(S)$ 与 $P(T)$ 无关，因此求式(7-1)的最大值相当于求

$$\hat{T} = \arg\max_T P(S \mid T) \times P(T) \tag{7-2}$$

可以根据图 7-5 噪声信道模型去理解式(7-1)和式(7-2)。

图 7-5　噪声信道模型

2) 词对齐

前面已经介绍了噪声信道模型，还需要引入一个基本假设，即词对齐假设。它是 Brown 提出的 5 个 IBM 模型的基础。词对齐描述了源语言句子与目标语言的句子之间单词级别的对应。IBM 模型假设词对齐具有两个性质。

(1) 一个源语言单词只能对应一个目标语言单词。

(2) 源语言单词可以翻译为空，这时它对应一个虚拟或伪造的目标语言单词。

如式(7-2)右边所示，一个是翻译模型 $P(S|T)$，另一个是语言模型 $P(T)$。而实际上要求 $P(S|T)$ 很难，训练数据只能覆盖到整个样本空间中非常小的一部分，绝大多数句子在

训练数据中心一次也没有出现。为了解决这种问题，IBM 模型假设：句子之间的对应可以由单词之间的对应表示。因此，引入一个词对齐的模型，将翻译句子的概率转成词对齐生成的概率：

$$P(S\mid T)=\sum_{A}P(S,A\mid T) \tag{7-3}$$

从式(7-3)看出，引入一个源语言与目标语言的词对应模型 A，并将对应的对应概率进行求和，得到目标语言 T 与源语言 S 的翻译概率。下面以一个具体的例子说明式(7-3)。假设要实现一个英语句子到法语句子的翻译(即目标语言句子是法语"Le programme a été mis en application"，源语言句子是英语"And the program has been implemented"，)，在该例子中，词与词对应关系如图 7-6 所示。图中，t_0 是起始翻译操作符号。

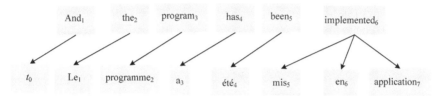

图 7-6　词对齐示例

通过图 7-6，可以假设源语言 $S=s_1^m=s_1s_2\cdots s_m$，目标语言 $T=t_1^n=t_1t_2\cdots t_n$，词对应顺序关系 $A=a_1^m=a_1a_2\cdots a_m$，因为 IBM 模型假设每一个源语言单词都会有一个对应的目标语言单词，故 $|A|=|S|=m$，其中 $a_j(j=1,2,\cdots,m)$ 的取值范围是 $0\sim n$。在上述例子中，$a_1=2$，$a_2=3$，$a_3=4$，$a_4=5$，$a_5=6$，$a_6=6$，$a_7=6$，引入一个词对应模型后，式(7-3)即可转化为

$$P(S,A\mid T)=P(m\mid T)\prod_{j=1}^{m}P(a_j\mid a_1^{j-1},s_1^{j-1},m,T)P(s_j\mid a_1^{j},s_1^{j-1},m,T) \tag{7-4}$$

(1) 根据目标语言句子 T 选择源语言句子 S 的长度 m，用 $P(m\mid T)$ 表示。

(2) 当确定源语言句子的长度 m 后，逐次生成每个源语言单词 s_j，也就是 $\prod\limits_{j=1}^{m}$。

(3) 对于每个位置 j，根据目标语言句子 T、源语言句子长度 m、已经生成的源语言单词 s_j 和对齐结果 a_1^{j-1}，生成第 j 个位置的对应结果 a_j，用 $P(a_j\mid a_1^{j-1},s_1^{j-1},m,T)$ 表示。

(4) 对于每个位置 j，根据目标语言句子 T、源语言句子长度 m、已经生成的源语言单词 s_1^{j-1} 和对齐结果 a_1^{j}，生成第 j 个位置的源语言单词 s_j，用 $P(s_j\mid a_1^{j},s_1^{j-1},m,T)$ 表示。

3) IBM 模型 1

目前，已经讲述了噪声信道模型和词对齐，现在便可以正式引出 IBM 模型 1。从式 (7-4)可以得到 $P(S,A\mid T)$，但是等式右边有太多的参数，又不能保证每个参数都互相独立。因此，必须对这个公式做进一步限制，使其简单化，满足如下几个条件。

(1) 假设 $P(m\mid T)=\varepsilon$，即源语言句子长度的生成概率服从均匀分布。

(2) 对齐概率 $P(a_j | a_1^{j-1}, s_1^{j-1}, m, T)$ 仅依赖于目标语言句子长度 n，即每个词对齐连接的生成概率也服从均匀分布，即

$$P(a_j | a_1^{j-1}, s_1^{j-1}, m, T) = \frac{1}{n+1} \tag{7-5}$$

(3) 源语言单词 s_j 的生成概率仅依赖与其对齐的译文单词 t_{a_j}，即词汇翻译概率

(4) 根据 $f(s_j | t_{a_j})$ 求出根据串 A 生成串 S 的概率，即

$$P(s_j | a_1^j, s_1^{j-1}, m, T) = f(s_j | t_{a_j}) \tag{7-6}$$

联立(7-3)~式(7-6)得出 IBM 模型 1：

$$P(S|T) = \sum_A P(S, A|T) = \sum_a \frac{\varepsilon}{(n+1)^m} \prod_{j=1}^m f(s_j | t_{a_j}) \tag{7-7}$$

分析式(7-7)，可以重写为

$$
\begin{aligned}
P(S|T) &= \frac{\varepsilon}{(n+1)^m} \sum_{a_1=1}^n \sum_{a_2=1}^n \cdots \sum_{a_m=1}^n \prod_{j=1}^m f(s_j | t_{a_j}) P(s_j | a_1^j, s_1^{j-1}, m, T) \\
&= \frac{\varepsilon}{(n+1)^m} \prod_{j=1}^m \sum_{i=0}^n f(s_j | t_i)
\end{aligned}
\tag{7-8}
$$

于是根据式(7-8)，可以用最优搜索的方法去试着解码，即求得一条路径 $\text{argmax}_T P(S|T)$。

上面的步骤还没有交代模型的参数到底怎么求。下面对模型的参数估计进行介绍。

解码的过程就是求得一个概率最大的值，因此其可以转化为一个优化问题。它的目标函数应该是

$$\hat{\theta} = \text{argmax}_\theta P_\theta(S|T) \tag{7-9}$$

式中，θ 为模型的参数；argmax_θ 为求最优参数的过程。

因此整个优化模型便可以写成

$$\max\left(\frac{\varepsilon}{(n+1)^m} \prod_{j=1}^m \sum_{i=0}^n f(s_j | t_i) \right) \tag{7-10}$$

约束条件：对于任意单词 $t_y : \sum_{s_x} f(s_x | t_y) = 1$。

于是，该问题可以转化为一个带有约束条件的最优化问题，可以借助拉格朗日乘子法来求解该模型。构造一个拉格朗日函数：

$$L(f, \lambda) = \frac{\varepsilon}{(n+1)^m} \prod_{j=1}^m \sum_{i=0}^n f(s_j | t_i) - \sum_{t_y} \lambda_y \left(\sum_{s_x} f(s_x | t_y) - 1 \right) \tag{7-11}$$

因此，对这个模型里仅有的 $f(s_x | s_y)$ 求导，得

$$\frac{\partial L(f,\lambda)}{\partial f(s_u,s_v)} = \frac{\partial\left[\dfrac{\varepsilon}{(n+1)^m}\prod_{j=1}^{m}\sum_{i=0}^{n}f(s_j\,|\,t_i)\right]}{\partial f(s_u\,|\,t_v)} - \frac{\partial\sum_{t_y}\lambda_y\left(\sum_{s_x}f(s_x\,|\,t_y)-1\right)}{\partial f(s_u\,|\,t_v)}$$

$$= \frac{\varepsilon}{(n+1)^m}\frac{\partial\left[\prod_{j=1}^{m}\sum_{i=0}^{n}f(s_j\,|\,t_i)\right]}{\partial f(s_u\,|\,t_v)} - \lambda_{t_v} \tag{7-12}$$

式中，s_u 和 t_v 分别为源语言和目标语言词表中的某一个单词。令 $\dfrac{\partial L(f,\lambda)}{\partial f(s_u,s_v)}=0$，得

$$f(s_u\,|\,t_v) = \lambda_{t_v}{}^{-1}\frac{\varepsilon}{(n+1)^m}\prod_{j=1}^{m}\sum_{i=0}^{n}f(s_j\,|\,t_i)\sum_{j=1}^{m}\delta(s_j,t_i)\sum_{i=0}^{n}\delta(t_i,t_v)\frac{f(s_u\,|\,t_v)}{\sum_{i=0}^{n}f(s_u\,|\,t_i)} \tag{7-13}$$

可以看出其是一个迭代的式子，因此可以使用期望最大化(Expectation Maximization，EM)算法。迭代计算 $f(s_u\,|\,t_v)$，使其收敛到最优值。

关于 EM 算法的描述如下。

算法 7-1　IBM 模型 1 算法描述(EM 算法)

输入：平行语料 $\{(s_1,t_1),\cdots,(s_K,t_K)\}$

输出：参数 $f(\,\cdot\,|\,\cdot\,)$ 的最优值

过程描述：

1　　初始化 $f(\,\cdot\,|\,\cdot\,)$，可以用一个均匀分布或者正态分布

2　　Repeat until　$f(s_u\,|\,t_v)$ 收敛

3　　　　for　$k:1\sim K$

4　　　　　　$c(s_u\,|\,t_v;s^k,t^k) = \sum_{j=1}^{m}\delta(s_j,t_i)\sum_{i=0}^{n}\delta(t_i,t_v)\dfrac{f(s_u\,|\,t_v)}{\sum_{i=0}^{n}f(s_u\,|\,t_i)}$

5　　　　for　t_v 在 $\{t_1,t_2,\cdots,t_K\}$ 至少出现一次

6　　　　　　$\lambda'_{t_v} = \sum_{s'_u}\sum_{k=1}^{K}c(s'_u\,|\,t_v;s^k,t^k)$　　　　　//求出拉格朗日算子

7　　　　　　for　s_u 在 $\{s_1,s_2,\cdots,s_K\}$ 至少出现一次

8　　　　　　　　$f(s_u\,|\,t_v) = \sum_{k=0}^{K}c(s_u\,|\,t_v;s^k,t^k)(\lambda'_{t_v})^{-1}$

9　　返回 $f(\,\cdot\,|\,\cdot\,)$

讲完 IBM 模型 1，可以归纳如下关于统计机器学习的问题。

(1) 建模：根据平行语料库可以得到一个翻译模型 $P(S|T)$，为了使句子更加通顺，引入一个语言模型 $P(T)$。这两个模型分别是对翻译问题和语言建模问题的数学描述，也是统计机器翻译的核心。

(2) 训练：如何获得 $P(S|T)$ 和 $P(T)$ 的参数，从数据中心得到模型的最优值。

(3) 解码：找到一条概率最大的路径，得到翻译的目标语言句子。

4) 扭曲度和繁衍率

定义扭曲度(Distortion)或调序距离：目标语言的词序相对于源语言词序的一种扭曲程度度，而这种扭曲程序是用调序距离计算出来的。

在机器翻译领域中，使用扭曲度来对翻译模型建模的有 IBM 模型 2 和隐马尔可夫模型。从式(7-5)看出，IBM 模型 1 假设词对齐概率 $P(a_j|a_1^{j-1},s_1^{j-1},m,T)=\dfrac{1}{n+1}$，它假设 $P(a_j|a_1^{j-1},s_1^{j-1},m,T)$ 只与目标语言句子的长度 n 有关，把源语言和目标语言句子中每个目标语言单词 t 与给定源语言单词 s 之间的对应概率看作均等的，而要考虑目标语言句子的不同位置和不同句对长度的影响，可能导致任意两个单词 s 和 t 之间的对应存在不同的概率。因此，IBM 模型 2 假设 $P(a_j|a_1^{j-1},s_1^{j-1},m,T)=\Phi(i|j,m,n)$，可以看到 IBM 模型 2 的数学描述：

$$P(S|T)=\sum_A P(S,A|T)=\sum_{a_1=0}^{n}\sum_{a_2=0}^{n}\cdots\sum_{a_m=0}^{n}\varepsilon\prod_{j=1}^{m}\Phi(i|j,m,n)f(s_j|t_{a_j}) \qquad (7\text{-}14)$$

与 IBM 模型 1 的训练和优化过程相比，IBM 模型 2 的训练和解码方式与其大致相同，最后给出 IBM 模型 2 的简化公式为

$$P(S|T)=\sum_A P(S,A|T)=\varepsilon\prod_{j=1}^{m}\sum_{i=0}^{n}\Phi(i|j,m,n)f(s_j|t_{a_j}) \qquad (7\text{-}15)$$

IBM 模型 1 和 2 中都是把翻译问题定义为词对齐问题，IBM 模型 1 假设对应概率服从均匀分布；IBM 模型 2 假设对齐的概率与源语言句子长度和目标语言句子长度以及源语言位置和目标语言位置相关。它们没有考虑到词之间的关系。虽然 IBM 模型 2 考虑到单词的绝对位置，但是未考虑到相邻单词间的关系。因此 Vogel 等提出基于一阶的隐马尔可夫模型的词对应模型，其主要思想是每个单词并不是在句子中均匀出现的，而是趋向于聚类。HMM 考虑词对齐概率不是依赖于词的绝对位置，而是相对位置。也就是说，位置 j 的对应概率 a_j 与前一个位置 $j-1$ 的对应概率 a_{j-1} 和目标语言的长度 n 有关，可以表示成

$$P(a_j|a_1^{j-1},s_1^{j-1},m,T)=P(a_j|a_{j-1},n) \qquad (7\text{-}16)$$

因此可以推出 HMM 的词对齐模型的概率公式为

$$P(S|T)=\sum_a P(m|T)\prod_{j=1}^{m}P(a_j|a_{j-1},n)f(s_j|t_{a_j}) \qquad (7\text{-}17)$$

为了使 HMM 的对齐概率满足归一化约束，可以将 HMM 对应概率写成如下形式：

$$P(a_j|a_{j-1},n)=\frac{\mu(a_j-a_{j-1})}{\sum_{i=1}^{n}\mu(a_j-a_{j-1})} \qquad (7\text{-}18)$$

式(7-18)可以看作一种隐马尔可夫模型，这里的状态转移概率是 $P(a_j | a_{j-1}, n)$，$f(s_j | t_{a_j})$ 是一种发射概率。

在翻译的过程中，可能出现这种情况：英语单词是"implemented"，而它对应的法语是"mis en application"，这种一对多的情况，便引出了翻译后句子长度的预测问题。

为了解决预测句子长度的问题，希望构建的翻译模型 $P(S|T)$ 应该可以先确定即将生成的目标语言句子的长度，然后确定每个源语言单词应该生成的对应的目标语言单词，最后应该考虑如何把整个过程中生成的词都放到合理的位置。另一个问题是翻译后的句子往往需要再次调序，如图 7-7 所示。

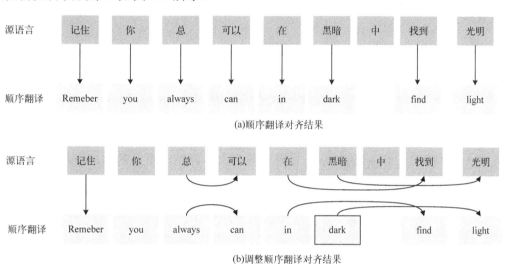

图 7-7　对齐结果与调序后翻译对齐结果

繁衍率或者产出率：每个目标语言单词生成的源语言单词的个数，如图 7-8 所示。

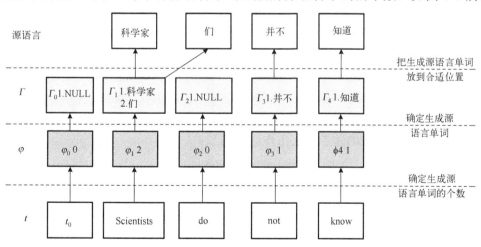

图 7-8　基于产生率的翻译模型执行过程

从图 7-8 可以得出基于产出率的翻译模型执行过程大概分成如下步骤。

(1) 对于每个英语单词 t_i，确定它的产出率 φ。比如，"do"产出率是 0，可以表示 $\varphi_2 = 0$，表明"do"这个单词产生 0 个单词。

(2) 确定英语句子中每个单词生成的汉语单词列表。例如，"Scientists"生成"科学家"和"们"两个汉语单词，即可表示 $\tau_1 = \{\tau_{11} =$ "科学家"，$\tau_{12} =$ "们"$\}$，"NULL"表示空对齐。

(3) 把生成的汉语单词放到合适的位置。

为了表述清晰，这里重新说明每个符号的含义。s、t、m 和 n 分别表示源语言句子中的词、目标语言句子中的词、源语言句张度以及目标语言句张度。φ、τ 和 π 分别表示产出率、生成的源语言单词以及它们在源语言句子中的位置。φ_i 表示第 i 个目标语言单词 t_i 的产出率。τ_1 和 π_i 分别表示 t_i 生成的源语言单词列表及其在源语言句子单词 s 中的位置列表。

$$p(\iota,\pi\,|\,t) = \prod_{i=1}^{n} p(\varphi_i\,|\,\varphi_1^n,t) \times \prod_{i=0}^{n}\prod_{k=1}^{\varphi_i} p(\iota_{ik}\,|\,t_{i1}^{k-1},\varphi_0^n,t)$$
$$\times \prod_{i=1}^{n}\prod_{k=1}^{\varphi_i} p(\pi_{ik}\,|\,\pi_{i1}^{k-1},\pi_1^{i-1},\iota_0^n,\varphi_0^n,t) \times \prod_{k=1}^{\varphi_0} p(\pi_{0k}\,|\,\pi_{01}^{k-1},\pi_1^n,\iota_0^n,\varphi_0^n,t) \tag{7-19}$$

从式(7-19)看出：

第一行对每个 $i\in[1,n]$ 的目标语言单词的产出率建模，即 φ_i 的生成概率，它依赖于 t 和[1,i−1]的目标语言单词的产出率 φ_1^{i-1}。而对 $i=0$ 时的产出率建模，即空标记 t_0 的产出率生成概率。它依赖于 t 和[1,i−1]的目标语言单词的产出率 φ_1^n。

第二行对词汇翻译建模，目标语言单词 t_i 生成第 k 个源语言单词 τ_{ik} 时的概率，依赖于 t 和所有目标语言单词的产出率以及 $i\in[1,n]$ 的目标语言单词生成的源语言单词 τ_1^{i-1} 和目标语言单词 t_i 生成的前 k 个源语言单词 τ_{i1}^{k-1} 这几个因素。

可以看出，一组生成的源语言单词 τ 和源语言单词的位置 π (记为<τ,π>)可以决定一个对应 a 和一个源语言句子 s。不同的<τ,π>可以对应同一个源语言句子和词对齐。把不同<τ,π>对应到相同的源语言句子 s 和对应 a 记为<s,a>。计算 $P(s,a|t)$ 时需要把每个可能结果的概率累加，得出

$$P(s,a\,|\,t) = \sum_{\tau,\pi\in<s,a>} P(\tau,\pi\,|\,t) \tag{7-20}$$

这里主要介绍 IBM 模型 3、4、5。

(1) IBM 模型 3。

IBM 模型 3 对式(7-20)做了简化工作。它假设：

$$P(\varphi_i\,|\,\varphi_1^{i-1},t) = P(\varphi_i\,|\,t_i) \tag{7-21}$$
$$P(\tau_{ik}=s_j\,|\,\tau_{i1}^{k-1},\tau_1^{i-1},\varphi_0^n,t) = t(s_j\,|\,t_i) \tag{7-22}$$
$$P(\pi_{ik}=j\,|\,\pi_{i1}^{k-1},\pi_1^{i-1},\tau_0^n,\varphi_0^n,t) = d(j\,|\,i,m,n) \tag{7-23}$$

一般而言，把 $d(j|i,m,n)$ 称为扭曲度函数。式(7-22)和式(7-23)仅当 $1\le i\le n$ 时成立。求翻译模型 $P(S|T)$ 时，假设先生成非空对齐源语言单词，并且将其放置到合适位置后再考虑空对齐源语言单词，在任何的空位置上放置空对齐源语言单词都是等概率的，即放置空对齐源语言单词服从均匀分布。假定总共有 φ_0 个空对齐源语言单词，已经安置 k 个空

位置，则

$$P(\pi_{0k} = j \mid \pi_{i1}^{k-1}, \pi_1^{i-1}, \tau_0^n, \varphi_0^n, t) = \begin{cases} \dfrac{1}{\varphi_0 - k}, & \text{当第}j\text{个位置是NULL时} \\ 0, & \text{当第}j\text{个位置不是NULL时} \end{cases} \tag{7-24}$$

t_0 所对应的 τ_0，得

$$\sum_{k=1}^{\varphi_0} P(\pi_{0k} = j \mid \pi_{i1}^{k-1}, \pi_1^{i-1}, \tau_0^n, \varphi_0^n, t) = \frac{1}{\varphi_0!} \tag{7-25}$$

为了确定哪些位置要放置空对齐的源语言单词，IBM 模型 3 假设当所有的非空对齐源语言单词被生成出来后(存在 $\varphi_1 + \cdots + \varphi_n$ 个非空对齐源语言单词)，这些单词后面都以 p_1 的概率随机地产生一个"槽"用来防止空对齐源语言单词，于是 $\varphi_0 \sim B(\varphi_1 + \cdots + \varphi_n, \varphi_0, p_1)$。

因此可以得出 IBM 模型 3 的翻译模型 $P(S|T)$ 的形式化描述为

$$P(S \mid T) = \sum_{a_1=0}^{n} \cdots \sum_{a_m=0}^{n} \left[\begin{pmatrix} m - \varphi_0 \\ \varphi_0 \end{pmatrix} (1-p_1)_0^{m-2\varphi_0} p_1^{\varphi_0} \sum_{i=1}^{n} \varphi_i! \eta(\varphi_i \mid t_i) \times \sum_{j=1}^{m} t(s_j \mid t_{a_j}) \times \prod_{j=1, a_j \neq 0}^{m} d(j \mid a_j, m, n) \right]$$
$$\tag{7-26}$$

式中，$\eta(\varphi_i \mid t_i) = P(\varphi_i \mid t_i)$ 表示产出率的分布。

$$\text{s.t.} \begin{cases} \sum_{s_x} t(s_j \mid t_{a_j}) = 1 \\ \sum_j d(j \mid i, m, n) = 1 \\ \sum_\varphi \eta(\varphi \mid t_y) = 1 \end{cases} \tag{7-27}$$

(2) IBM 模型 4。

IBM 模型 4 主要解决模型 1～3 在目标语言单词生成源语言单词过程中，仅把源语言单词看成独立的单元的问题，实际上这些源语言单词是一个整体。

IBM 模型 4 引入概念单元或者概念(Concept)，因此词对齐可以看作概念之间对齐。这里的概念是指具有独立语法或语义功能的一组单词。Brown 把每个句子表述成一列的概念(用 cept.表示)，需要指明的是源语言的 cept.数量不一定等于目标语言的 cept.数量。因为存在空 cept.，即源语言的 cept.对应目标语言的 NULL，如图 7-9 所示。

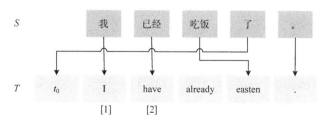

图 7-9 IBM 模型 4 词对齐实例

IBM 模型的词对齐中，目标语言的 cept.是非空对齐的目标语言单词，且每个 cept.

只能由一个目标语言单词组成。用[i]表示第 i 个独立单词 cept.在目标语言句子中的位置。此外可以用 Θ_i 表示位置为[i]的目标语言单词对应的源语言单词的位置的平均值，如果这个平均值不是整数，就对它向上取整。

因此，IBM 模型 4 修改模型 3 的扭曲度，将原来的扭曲度分解成两个部分进行计算，对于[i]对应的源语言单词列表($\tau_{[i]}$)中的第一个单词($\tau_{[i]1}$)，且[i] > 0，它的扭曲度用如下公式计算：

$$P(\pi_{[i]1} = j \mid \pi_1^{k-1}, \pi_1^{[i]-1}, \tau_0^n, \varphi_0^n, t) = d(j - \Theta_{i-1} \mid A(t_{[i-1]}), B(s_j)) \tag{7-28}$$

式中，第 i 个目标语言单词生成的第 k 个源语言单词的位置用变量 π_{ik} 表示。而对于列表($\tau_{[i]}$)中的其他的单词($\tau_{[i]k}, 1 < k \leqslant \varphi_{[i]}$)的扭曲度，且[i]>0，用如下公式计算：

$$P(\pi_{[i]1} = j \mid \pi_1^{k-1}, \pi_1^{[i]-1}, \tau_0^n, \varphi_0^n, t) = d_{>1}(j - \pi_{[i]k-1} \mid B(s_j)) \tag{7-29}$$

式中，函数 $A(\cdot)$ 和函数 $B(\cdot)$ 分别把目标语言和源语言的单词映射到单词的词类。这么做的目的是减小参数空间的大小。词类信息通常可以通过外部工具得到，如 Brown 聚类等。还有一种简单的方法是把单词直接映射为它的词性。这样可以直接用现在已经非常成熟的词性标注工具解决问题。

从上面公式改进的扭曲度模型可以看出，对于 $t_{[i]}$ 生成的第一个源语言单词，要考虑平均值 $\Theta_{[i]}$ 和这个源语言单词之间的绝对距离。实际上也就是要把 $t_{[i]}$ 生成的所有源语言单词作为一个整体并把它放置在合适的位置。

上述过程要先用 $t_{[i]}$ 生成的第一个源语言单词代表整个 $t_{[i]}$ 生成的单词列表，并把第一个源语言单词放置在合适的位置。然后，相对于前一个刚生成的源语言单词，把列表中的其他单词放置在合适的地方。这样就可以在一定程度上保证由同一个目标语言单词生成的源语言单词之间可以相互影响，达到了改进的目的。

(3) IBM 模型 5。

已经介绍了 IBM 模型 3 和模型 4，可以看出模型 3 和模型 4 中的词对齐会将一部分概率分配给一些根本就不存在的句子。这称为模型 3 和模型 4 的缺陷(Deficiency)。因为模型 3 和 4 并没有规定每个位置只能放一个单词，所以模型 3 和模型 4 在所有合法的词对齐的关系中其概率和不等于 1，其中有一部分的概率被分配到其他不合法的词对齐上，如图 7-10 所示。

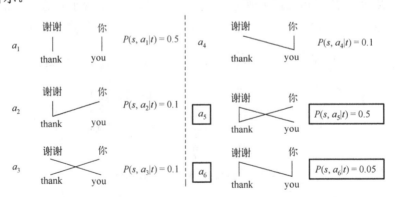

图 7-10 IBM 模型 3 和模型 4 的词对齐实例和概率分配

为了解决这个问题，IBM 模型 5 增加了额外约束。基本想法是，在放置一个源语言单词的时候检查这个位置是否已经放置了单词，如果没有，则把这个放置过程赋予一定的概率，否则把它作为不可能事件。基于此，在逐个放置源语言单词时必须先检查该位置是否为空。引入 $\upsilon(j,\tau_1^{[i]-1},\tau_{[i]}^{k-1})$，表示在放置 $\tau_{[i]k}$ 之前，从源语言句子的第一个位置到位置 j(包含 j)还有多少个空位置，把这个变量记为 υ_j。于是，对于 $[i]$ 所对应的源语言单词列表 $(\tau_{[i]})$ 中的第一个单词 $(\tau_{[i]1})$，有

$$P(\pi_{[i]1}=j\,|\,\pi_1^{k-1},\pi_1^{[i]-1},\tau_0^n,\varphi_0^n,t)=d_1(\upsilon_j\,|\,B(s_j),\upsilon_{\Theta_{i-1}},\upsilon_m-(\varphi_{[i]}-1))\cdot(1-\delta(\upsilon_j,\upsilon_{j-1})) \qquad (7\text{-}30)$$

对于其他单词 $(\tau_{[i]k},\,1<k\leqslant\varphi_{[i]})$，有

$$P(\pi_{[i]1}=j\,|\,\pi_1^{k-1},\pi_1^{[i]-1},\tau_0^n,\varphi_0^n,t)=d_{>1}(\upsilon_j-\pi_{[i]k-1}\,|\,B(s_j),\upsilon_m-\upsilon_{[i]k-1}-\varphi_{[i]}+k)\cdot(1-\delta(\upsilon_j,\upsilon_{j-1})) \quad (7\text{-}31)$$

用 $1-\delta(\upsilon_j,\upsilon_{j-1})$ 判断第 j 个位置是否为空，如果第 j 个位置为空，得出 $\upsilon_j=\upsilon_{j-1}$，这样 $P(\pi_{[i]1}=j\,|\,\pi_1^{k-1},\pi_1^{[i]-1},\tau_0^n,\varphi_0^n,t)=0$。

实际上，模型 5 和模型 4 的思想基本一致，即先确定 $\tau_{[i]1}$ 的绝对位置，再确定 $\tau_{[i]}$ 中剩余单词的相对位置。模型 5 虽然消除了产生不存在的句子的可能性，不过模型的复杂度也大大增加了。

7.2.2　基于短语的机器翻译

前面讲述的基于词的统计机器翻译是以词为基本单位的，主要用到的技术是词对齐，考虑的问题是如何将目标语言单词与源语言单词对应上，从而选择一条最大概率路径。本节介绍基于短语的机器翻译模型，它能更好地对单词之间的搭配和小范围依赖关系进行描述。

本节从四个方面讨论基于短语的机器翻译模型。

(1) 基于词的机器翻译模型存在的问题。

(2) 数学模型的建立以及短语抽取。

(3) 翻译调序。

(4) 解码。

1. 基于词的机器翻译模型的问题

语言中如果以词为单位进行翻译，有些情况就会特别意外，就像做英语篇章阅读理解，每个单词都认识，可是连起来就不是作者要表达的原意，如图 7-11 所示。

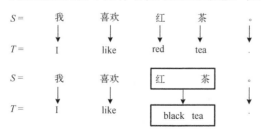

图 7-11　基于短语的翻译例 1

可以看出如果按照每个单词来翻译,"红茶"被翻译成"red tea",因为可能在词表中 $P(红,red)>P(红,black)$。但是根据语言知识,"红茶"对应的翻译应该是"black tea"。因此,一旦翻译的基本单元被确定下来,机器翻译系统会学习这个基本单元的对应翻译知识(即训练过程),然后运用这些知识对新的句子进行翻译(解码过程)。

语言的单位可以是词、短语、句子、段落、篇章。从某种意义上讲,单词也是一种短语,所以说基于短语的翻译模型可以实现基于词的翻译模型。而一旦扩大翻译的基本单元,每个基本单元对应的翻译单元也会增多,增大了翻译模型的假设空间。

2. 数学模型的建立以及短语抽取

短语:对于一个句子 $\omega=\{\omega_1,\omega_2,\cdots,\omega_n\}$,任意子串 $\{\omega_i,\cdots,\omega_j\}$ $(i\leqslant j$ 且 $0\leqslant i,j\leqslant n)$ 都是句子 ω 的一个短语。

句子的短语切分:如果一个句子 $\omega=\{\omega_1,\omega_2,\cdots,\omega_n\}$ 可以被切分为 m 个子串,则称 ω 由 m 个短语组成,记为 $\omega=\{p_1,p_2,\cdots,p_m\}$,其中 p_i 是 ω 的一个短语,$\{p_1,p_2,\cdots,p_m\}$ 也称作句子 ω 的一个短语切分。

双语短语(或短语对):对于源语言和目标语言句对 (S,T),S 中的一个短语 $\bar{s}_i$ 和 T 中的一个短语序列 $\bar{t}_j$ 可以构成一个双语短语对 $(\bar{s}_i,\bar{t}_j)$,简称短语对(Phrase Pairs)。

例如,对于一个双语句对"我/是/中国人" $\leftrightarrow$ "I am Chinese",可以得到的双语短语如下:

我 $\leftrightarrow$ I

我/是 $\leftrightarrow$ I am

中国人 $\leftrightarrow$ Chinese

是/中国人 $\leftrightarrow$ am Chinese

⋮

有了双语的句对,需要考虑如何把双语的短语描述成双语的句子生成,需要对句子翻译进行建模。基于词的翻译模型,把双语句子对应关系描述成词对齐的过程。用类似的方法可以使用两种短语描述句子的翻译。于是,自然而然地想到借用形式文法中推导的概念把双语句对的生成任务定义为基于双语的翻译推导。

基于短语的翻译推导:对于源语言和目标语言句对 (S,T),分别有短语切分 $\{\bar{s}_i\}$ 和 $\{\bar{t}_j\}$,且它们存在一一对应的关系。令 $\{\bar{a}_j\}$ 表示 $\{\bar{t}_j\}$ 中的每个短语对应源语言短语的编号,则称短语对 $\{(\bar{s}_{a_j},\bar{t}_j)\}$ 构成了 S 到 T 的基于短语的翻译推导(简称推导),记作 $d(\{(\bar{s}_{a_j},\bar{t}_j)\},S,T)$。于是想要得到一个目标语言句子,可以先从源语言句子 S 上的一个推导出发,根据源语言短语序列 $\bar{s}_{a_j}$ 和推导 d 可以得到目标语言短语序列 $\bar{t}_j$,进而生成整个目标语言句子 T。

从上述讨论可以看出,基于短语的机器翻译就是要对翻译推导 d 进行描述,因此为了实现基于短语的翻译模型,有四个基本问题需要解决。

如何用统计模型描述每个翻译推导的好坏——翻译的统计建模问题。

如何得到可以使用的双语句子对——短语翻译获取问题。

如何对翻译中调序问题进行建模——解码问题。

如何找到输入句子 S 的最佳译文——编码问题。

1) 数学模型的建立

先讨论第一个问题，翻译模型的问题。目标语言句子仍然是

$$\tilde{t} = \arg\max_{t} P(t\,|\,s) \tag{7-32}$$

直接去描述 $P(t|s)$ 是非常困难的，主要是因为用已有数据集中有限的样本去描述源语言和目标语言无限的样本空间会造成严重的数据稀疏问题。因此，需要把复杂的问题转换成容易计算的简单问题。

翻译推导 d 导入到翻译模型中，把 d 当作从 s 到 t 翻译的一种隐含结构。于是，和基于词的机器翻译类似，翻译模型就变为

$$P(t\,|\,s) = \sum_{d} P(d,t\,|\,s) \tag{7-33}$$

利用式(7-33)模型便把翻译问题转化成翻译推导生成的问题。但是，由于翻译推导的数量与词串的长度呈指数关系，穷举出所有的推导几乎是不可能的。

因此，常用解决方法如下。

方法一：把翻译推导的全体记作空间 D，从这个空间 D 中抽取一部分样本参与计算，而不是对整个 D 进行计算，例如，可以用 n 个最好的翻译推导代表整个空间 D。令 $D_{n\text{-best}}$ 表示最好的 n 个翻译推导所构成的空间，于是翻译模型可得

$$P(t\,|\,s) \approx \sum_{d \in D_{n\text{-best}}} P(d,t\,|\,s) \tag{7-34}$$

因此，得到最终的目标语言句子为 $\tilde{t} = \arg\max_{t} \sum_{d \in D_{n\text{-best}}} P(d,t\,|\,s)$。

方法二：直接用 $P(d,t|s)$ 的最大值代表整个翻译推导的概率和。这种方法假设"最好"的推导占据翻译模型的主要部分，因此计算公式为

$$P(t\,|\,s) = \max_{d} P(d,t\,|\,s) \tag{7-35}$$

因此，得到最终的目标语言句子为 $\tilde{t} = \arg\max_{t}(\max_{d} P(d,t\,|\,s))$。

值得注意的是翻译推导包含着目标语言句子的信息，因此每个翻译推导 d 都对应着一个目标语言句子 t。可以归纳出

$$\tilde{d} = \arg\max_{d}(P(d,t\,|\,s)) \tag{7-36}$$

这样，每给出一个源语言句子 s，先找到最优的翻译推导 $\tilde{d}$，再根据翻译推导 $\tilde{d}$ 生成对应的最优目标语言句子。

最终，给出整个基于短语的机器翻译系统流程，大家可以对系统做个全局的认识，如图 7-12 所示。

2) 短语抽取

在基于短语的翻译模型中，抽取短语对是关键的步骤，常用的有两种方法：第一种是基于词对齐的短语抽取；第二种是抽取与词对齐相一致的短语。

基于第一种方法可供使用的方法集是 P. Koehn 于 2003 年提出的基于词对齐工具 GIZA++的短语对抽取方法。P. Koehn 指出三种构造短语的翻译概率表的方法。第一种方

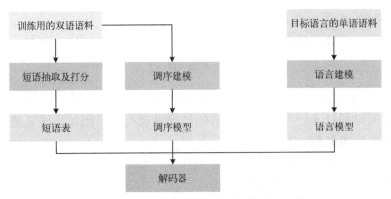

图 7-12　基于短语的机器翻译的系统流程

法是利用工具 GIZA++，获得词对齐的双语语料，在这些对齐语料的基础上进行短语翻译对抽取。首先对双语句对进行双向对应，如中英对应和英中对应，分别得到两种词对齐向量，记作 $A_1 = \{(a_j, j) \mid j = 1, 2, \cdots, J\}$ 和 $A_2 = \{(i, b_j) \mid i = 1, 2, \cdots, I\}$，然后取 $A = A_1 \cap A_2$。如果对这两组对位数据取交集，可以获得更高的准确率和可信度的对位关系；如果对这两组对位数据取并集，则可以获得更高的召回率和更多数量的对位数据。

P. Koehn 等使用的第二种构造短语翻译概率表的方法是基于句法分析的方法。在 P.Koehn 等的实验中也把一个词序列看作一个短语，只要这个词序列在句法分析树中被一个子树所覆盖即可。这种方法收集短语对的基本思路是：首先对双语句对进行词对齐，然后利用源语言和目标语言的句法分析器分别对源语言句子和目标语言句子进行句法分析，对所有词对齐一致的短语对进行检查，看其源语言的短语和目标语言的短语是否都是它们所在句子的句法分析树的子树，只有那些包含在句法分析树中的短语对才被确定为翻译对。

P.Koehn 还尝试了第三种构造短语翻译概率表的方法，即 Marcu 和 Wong 提出的基于短语的联合概率的统计翻译模型中使用的方法。除此之外，一些外部工具也可以用来获取词对齐，如 Fastalign、Berkeley Word Aligner 等。词对齐的质量通常使用词对齐错误率(AER)来评价。

3. 翻译调序

在前面基于词对齐的机器翻译模型讲述到，使用 n-gram 模型对语序进行建模，从而得到更好的目标语言句子，但是基于短语的机器翻译仍然需要用更加准确的方式描述目标语言短语间的次序。

接下来会介绍 3 种不同的调序方法，分别是基于距离的调序、基于方向的调序(MSD 模型)以及基于分类的调序。

第一，基于距离的调序。基于距离的调序是一种最简单的调序模型，在 7.2.1 节中讲述的扭曲度本质上也是一种基于距离的调序模型，只不过那时候在单词方面讨论，现在要把类似概念推广到短语。基于距离的调序的一个基本假设是：语言的翻译基本上都是顺序的。也就是说，源语言句子中的单词顺序与目标语言句子中的单词顺序基本一致。如果不一致，则认为出现了调序。

基于距离的调序方法的核心思想就是度量当前翻译结果与顺序翻译之间的差距。对于目标语言句子中的第 i 个短语，令 start_i 表示它所对应的源语言短语中第一个词所在的位置，end_i 表示它所对应的源语言短语中最后一个词所在的位置。于是，这个短语(相对于前一个短语)的调序距离为

$$d = \text{start}_i - \text{end}_{i-1} - 1 \qquad (7\text{-}37)$$

在图 7-13 中，源语言句子为"在桌子上的笔记本"。"The notebook"所对应的调序距离是 4，"on the table"所对应的调序距离是−5。如果两个句子被按照顺序翻译，则 $\text{start}_i - \text{end}_{i-1} - 1 = 0$。

如果把调序距离作为特征，一般会使用指数函数 $f(d) = a^{|d|}$ 作为特征函数(或者调序代价的函数)，

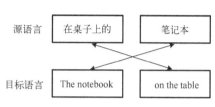

图 7-13 翻译调序例子

其中 a 是一个参数，控制调序距离对整个特征值的影响。调序距离 d 的绝对值越大，调序代价越高。基于距离的调序模型受不同语言结构影响会产生不同。结构相似的语言可能调序的距离小，代价变小。因此，选择是否使用该模型时要考虑语言的差异性。

第二，基于方向的调序。该方法是一种典型的词汇化调序方法，因此调序的结果会根据不同短语有所不同。概括说来，该方法会判断两个双语短语在源语言端的调序情况，包含三种调序类型：顺序的单调翻译(M)、与前一个短语交换位置(S)、非连续翻译(D)。因此，这个方法也称作 MSD 调序方法，也是 Moses 等经典的机器翻译系统所采用的调序方法。

当两个短语对在源语言和目标语言中都是按顺序排列时，它们就是单调的；如果对应的短语顺序在目标语言中是反过来的，属于交换调序；如果两个短语之间还有其他的短语，就是非连续调序。

每种调序类型都可以定义一个调序概率，表示如下：

$$P(o \mid s,t,a) = \sum_{i=1}^{K} P(o_i \mid \overline{s}_{a_i}, \overline{t}_i, a_{i-1}, a_i) \qquad (7\text{-}38)$$

式中，o_i 表示(目标语言)第 i 个短语的调序方向；$o = \{o_i\}$ 表示短语序列的调序方向；K 表示短语的数量。短语之间的调序概率是由双语短语以及短语对齐决定的，a 表示调序的类型，可以取 M、S、D 中的任意一种。而整个句子调整顺序后的效果得分就是把相邻的短语之间的调序概率相乘。

第三，基于分类的调序。在 MSD 调序中，双语短语所对应的调序概率 $P(o_i \mid \overline{s}_{a_i}, \overline{t}_i, a_{i-1}, a_i)$ 是用最大似然估计进行计算的，这种方法会面临数据稀疏问题，同时没有考虑调序影响的细致特征。因此，比较好的方法是直接用统计分类器对调序进行建模，如使用最大熵模型、SVM 模型等分类器输出调整词序后的序列的概率或者得分。对于分类的调序模型，需要考虑两个方面。

(1) 训练样本的生成，可以把 M、S、D 当作短语的类别标签，把对应的短语和短语对齐信息看作输入，这样就可以用 SVM 或者其他分类器进行训练。

(2) 分类特征设计。选择什么特征直接影响分类的效果。在调序模型中，比较常用的

是将单词作为特征,例如,将短语的第一个单词和最后一个单词作为特征就可以达到很好的效果。

4.解码

解码的目的是根据输入源语言句子 s,找到一个最好的目标语言句子 $\tilde{t}$,但是按照前面讲述的,可以通过找到模型得分最高序列找到翻译推导,即

$$\tilde{d} = \arg\max_d (P(d,t\,|\,s)) \text{ 或者 } \tilde{d} = \arg\max_d \text{score}(d,t,s) \tag{7-39}$$

找到这样一个最优的翻译推导并非易事。对于每一个源语言句子 s,可能的翻译结构是指数级的。此外,机器翻译解码是一个 NP 完全问题,纯暴力搜索显然不符合实际情况。基于栈的自左向右的解码方法是基于短语的模型中经典的解码方法,非常适合执行短语生成的各种任务。

需要注意的是,在翻译过程中,源语言的每个单词(短语)只能被翻译一次,这对应着覆盖度模型;译文的生成自左向右连续进行,定义了解码的方向。

在解码过程中,首先通过在前面讲述到的短语提取部分最终得到的短语表匹配出每个短语可能的翻译,这一步称作**翻译候选匹配**。不同的短语可能对应着多个翻译候选。接下来要做的是使用这些翻译候选生成完整的译文。机器翻译中,一个很重要的概念是翻译假设。它可以被当作一个局部译文所对应的短语翻译推导。在翻译开始阶段,从一个空假设开始,挑选翻译选项扩展当前的翻译假设,这一步称作翻译假设扩展。在机器翻译过程中,整个流程就相当于生成一个图的结构,每个结点代表一个翻译假设。当翻译假设覆盖了源语言句子 s 所有的短语时,便不能被扩展了,此时就成生成了一个完整的翻译假设(译文)。最后根据这个图找到一条最优路径,即最优的译文,如图 7-14 所示。

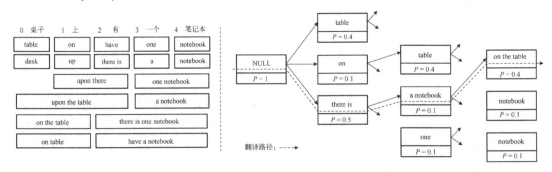

图 7-14　翻译候选匹配、翻译假设扩展以及翻译路径搜索

在翻译假设扩展阶段,一旦句子的长度变长,整个搜索空间就会变得很大。此时最常用的便是剪枝算法,也就是在搜索图中排除掉一些结点。剪枝算法有多种,可以使用束剪枝或者阈值剪枝。有时,即使引入束剪枝算法,解码过程中仍然会有很多冗余的翻译假设。有两种方法可以进一步加速解码:重组相同译文的翻译假设和对低质量的翻译假设进行裁剪。

(1) 重组相同译文的翻译假设,这种方法比较简单,要求对目标语言的译文调整顺序,重新组合得到翻译后的序列。

(2) 对低质量的翻译假设进行裁剪,这一做法虽然减小了搜索空间,但带来的问题是:删除的翻译假设可能会在后续的扩展过程中被重新搜索出来;过早删除那些低质量的翻译假设可能导致无法搜索到最优翻译假设。针对这些问题,目前较好的做法是将翻译假设进行整理并存放到栈结构中。当放入栈的翻译假设超过一定阈值时(如 200),可以删除模型得分低的翻译假设。一般地,会使用多个栈来保存翻译假设,每个栈代表覆盖源语言单词数量相同的翻译假设。

在基于栈的解码中,每次都会从所有的栈中弹出一个翻译假设,并选择一个或者若干个翻译假设进行扩展,之后把新得到的翻译假设重新压入栈中。这个过程不断执行,并可以配合束剪枝、假设重组等技术。

7.2.3 基于句子的机器翻译

在中学的时候,语文课上都会进行一项任务——分析句子结构。通常,在实践中,会将句子划分为主、系、表、定、状、补这几个部分。这说明语言是有结构的,而这种结构体现在句子层面就是句法信息。

例如,在实现中英文长难句翻译过程中,会先划分句子主要成分,便于确定不同部分在句子中的作用,这样一来方便进行对表语、定语、状语的处理。综上,使用句法分析可以很好地处理翻译中的结构调序和远距离依赖等问题。基于句子的机器翻译也是在统计机器翻译时代的主要研究方向之一。在历史长河中,有非常多的模型和方法被提出并且均取得不错的成果。本节将从如下三个方面进行介绍。

(1) 基于短语的机器翻译的问题。

(2) 基于层次短语的模型。

(3) 基于语言学句法的模型。

1. 基于短语的机器翻译的问题

前面讲到基于短语的机器翻译,它的优点是能够获得连续的意思完整的词串,因此可以对局部上下文进行建模。当单词之间的搭配和依赖关系出现在词串中时,短语可以很好地描述这种依赖关系。但是,一旦单词之间的距离变长,这种基于短语的机器翻译"效率很低"。同 n-gram 模型一样,短语长度越长,数据越稀疏。

例如,将中文句子"中国在过去的几十年里飞速地发展"翻译成英文句子,如图 7-15 所示。

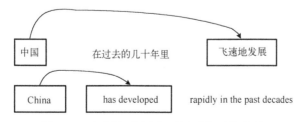

图 7-15 汉语和英语在不同距离下的依赖

在这个例子中,如果直接使用单词组成的短语进行翻译,就会出现严重的数据稀疏问题，因为在实际应用过程中，输入到系统的短语很难与训练数据中的短语一样。仅仅使用连续词串是不能够处理所有的机器翻译问题的，其根本原因在于句子的表层串很难描述片段之间的大范围的依赖。由此，基于对句子的层次结构信息建模便可以描述出句子结构。

"小徐喜欢小林。"这句话的语法分析树如图 7-16 所示。

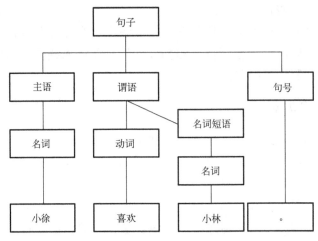

图 7-16　句子的语法分析树

从图 7-16 中看出，以语法分析树的形式描述句子，而语法分析树表达出来的是一种递归的结构，子树与子树之间组合构成更大的子树，最终表示出整个句子。比起线性结构，这种层次树结构更容易表达大片段之间的关系。在序列中距离"很远"的单词，在树结构中就可能就在同一子树上。

2. 基于层次短语的模型

句子中是有很多修饰部分的。例如，在中文表述中，习惯把修饰部分放到句子的主要成分之间，比如，"我高高兴兴地走出家门。"这句话中主语"我"和谓语"走出"、宾语"家门"构成主要句子成分主谓宾结构，而"高高兴兴地"修饰谓语"走出"部分，充当状语。如果用短语去匹配这个搭配，需要覆盖很长的词串。如果把这样的短语考虑到建模中，会面临非常严重的数据稀疏问题，因为无法保证这么长的词串在训练数据中能够出现。其表格数据如表 7-1 所示。

实际上，从 n-gram 模型中也能得出，随着短语长度变长，短语在数据中会变得越来越低频，相关的统计特征也会越来越不可靠。表 7-1 就体现了不同长度的短语在一个训练数据中出现的频次。长度超过 3 的短语已经非常低频了，更长的短语甚至在训练数据中一次也没有出现过。综上，利用长短语得出词之间长程依赖并不是有效的方法，而且，低频的长短语无法提供可靠的信息，使用长短语也会导致模型处理速度变慢、模型的体积急剧增加。

在实际翻译系统中，可以引入模板匹配方法来解决长距离调序问题。下面介绍了翻译实例，如图 7-17 所示。

表7-1 不同短语在训练数据中出现的频次

短语(中文)	训练数据中出现的频次
高兴	334
走出	258
高兴 走出	90
高兴 走出 家	40
高兴 走出 家 学校	0

从图7-17中可以看出，短语之间的调序现象本身对应了一种结构(模板)，即中文中的"[什么]之一"可以翻译成"one of [什么]"这样的结构。因此，这个翻译的过程，可以看作一个基于模板替换的层次化模型结构。基于层次短语模型可以很好地解决短语系统中长距离调序建模不足的问题。层次短语模型的核心是把翻译问题归结为两种语言词串的同步生成问题。实际上，词串的生成问题是自然语言处理中的经典问题。层次短语模型的创新之处是把传统单语词串的生成推广到双语词串的同步生成上，使得机器翻译可以使用类似句法分析的方法进行求解。

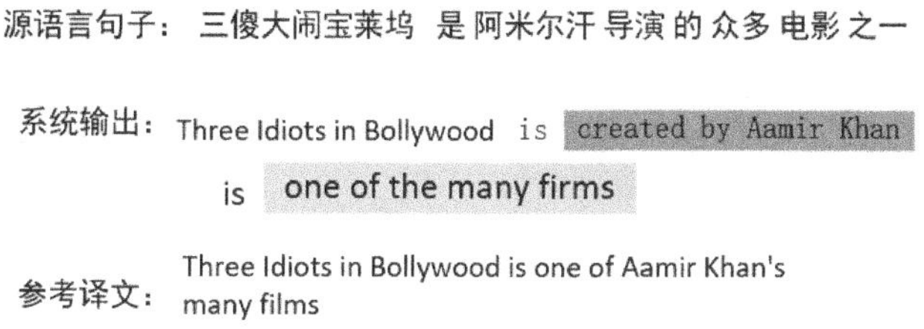

源语言句子：三傻大闹宝莱坞 是 阿米尔汗 导演 的 众多 电影之一

系统输出：Three Idiots in Bollywood is created by Aamir Khan

is one of the many firms

参考译文：Three Idiots in Bollywood is one of Aamir Khan's many films

图7-17 基于短语的机器翻译实例

引入同步上下文无关文法(Synchronous Context-Free Grammar，SCFG)解释层次短语翻译模型，它由五部分构成(N, T_s, T_t, I, P)，其中，N是非终结符集合，T_s，T_t分别是源语言和目标语言的终结符集合；$I \subseteq N$是起始非终结符集合；P是规则集合，每条规则$p \in P$有如下形式：

$$A \rightarrow <\alpha, \beta, \sim>$$

式中，$A \in R$表示规则左部，它是一个非终结符。规则的右部由三部分组成，$\alpha \in (N \cup T_s)*$表示由源语言终结符和非终结符组成的串，$\beta \in (N \cup T_s)*$表示由目标语言终结符和非终结符组成的串，"$\sim$"表示α和β中非终结符的1:1对应关系。

根据这个定义，源语言和目标语言有不同的终结符集合(单词)，但是它们会共享同一个非终结符集合(变量)。每个产生式包括源语言和目标语言两个部分，分别表示由规则左部生成的源语言符号串和目标语言符号串。由于产生式会同时生成两种语言的符号串，因此这是一种"同步"生成，可以很好地描述翻译中两个词串之间的对应。

给出一个具体SCFG实例。

$S \rightarrow <\text{NP}_1 \text{ 爱上 } \text{VP}_2, \text{ NP}_1 \text{ love } \text{VP}_2>$

$\text{NN} \rightarrow <\text{美丽, beautiful}>$

$\vdots$

这里的 S、NP、VP 等符号可以被看作具有句法功能的标记，因此这个文法和传统句法分析中的 CFG 很像，只是 CFG 是单语文法，而 SCFG 是双语同步文法。非终结符的下标表示对应关系，比如，源语言的 NP_1 和目标语言的 NP_1 是对应的。因此，在上面这种表示形式中，两种语言间非终结符的对应关系"～"是隐含在变量下标中的。

推导：这个与 7.2.2 节中讲到的翻译推导是一致的，下面是一个完整的层次短语文法，以更简单的 SCFG 表示来举例。

p_1: $X \rightarrow$ <小徐 X_1, Xiao Xu X_1>

p_2: $X \rightarrow$ <X_1 爱上 X_2, X_1 fell in love with X_2>

p_3: $X \rightarrow$ <深深地, deeply>

p_4: $X \rightarrow$ <小林 X_2, X_2 Xiao Lin >

p_5: $X \rightarrow$ <。, .>

其中，规则 p_1 和 p_2、p_4 是含有变量的规则，这些变量可以被其他规则的右部替换；规则 p_3、p_5 是纯词汇化规则，表示单词或者短语的翻译。

所以对于一个双语的句对，有：

源语言：小徐深深地爱上小林。

目标语言：Xiao Xu deeply fell in love with Xiao Lin.

可以进行如下推导(设 X 是起始符号)：

$< X_1, X_1 > \xrightarrow{p_1} <$小徐$X_2$, Xiao Xu X_2 $>$

$\xrightarrow{p_2} <$小徐X_3爱上X_4, Xiao Xu X_3 fell in love with X_4 $>$

$\xrightarrow{p_3} <$小徐深深地爱上X_4, Xiao Xu deeply fell in love with X_4 $>$

$\xrightarrow{p_4} <$小徐深深地爱上小林X_4, Xiao Xu deeply fell in love with Xiao Lin X_4 $>$

$\xrightarrow{p_5} <$小徐深深地爱上小林, Xiao Xu deeply fell in love with Xiao Lin. $>$

把上面的过程称作为翻译推导，记为

$$d = p_1 \cdot p_2 \cdot p_3 \cdot p_4 \cdot p_5 \tag{7-40}$$

在层次短语模型中，每个翻译推导都唯一地对应目标语言译文。因此可以用推导的概率 $P(d)$ 描述翻译的好坏。层次短语翻译的目标是：求概率最高的翻译推导 $\tilde{d} = \arg\max P(d)$。值得注意的是，基于推导的方法在句法分析中也十分常用。层次短语翻译实质上也是通过生成翻译规则的推导来对问题的表示空间进行建模。

下面给出层次短语系统的处理流程，如图 7-18 所示。

在层次短语模型中，最重要的是从双语语料中得到翻译的文法规则并进行下一步的特征学习，形成翻译模型(规则+特征)。而且也要从目标语言的语料中学习语言模型，最终把翻译模型和语言模型一起送到解码器中，在特征权重调参后，得到一个最优的模型，完成对句子的解码工作。

还需向大家介绍的是在层次短语系统中，如何抽取层次短语规则。层次短语系统所

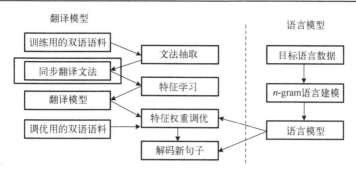

图 7-18 层次短语系统处理流程图

使用的文法包括两部分：不含变量的层次短语规则，上面举的例子"小徐爱上了小林"中规则 p_3、p_5 就不含变量；另一种是含有变量的层次短语规则，如规则 p_1、p_2、p_4。

下面将重点介绍含有变量的层次短语规则。

与词对齐的相兼容的层次短语规则：对于句对(s, t)和它们之间的词对齐 a，令 Φ 表示在句对(s, t)上与 a 相兼容的双语短语集合，则当$(x, y) \in \Phi$ 时，$X \rightarrow <x, y, \Phi>$ 是与词对齐相兼容的层次短语规则。对于$(x, y) \in \Phi$，存在 m 个双语短语 $(x_i, y_j) \in \Phi$，同时存在$(1 \cdots m)$的一个排序 $\sim = \{\pi_1, \cdots, \pi_m\}$，且：

$$x = \alpha_0 \mathcal{X}_0 \cdots \alpha_{m-1} \mathcal{X}_m \alpha_0$$
$$y = \beta_0 y_{\pi_1} \cdots \beta_{m-1} y_{\pi_m 0} \beta_m$$

(7-41)

式中，$\{\alpha_0, \cdots, \alpha_m\}$ 和 $\{\beta_0, \cdots, \beta_m\}$ 表示源语言和目标语言的若干个词串(包含空串)，$X \rightarrow <x, y, \sim>$ 是与词对齐相兼容的层次短语规则。这条规则包含 m 个变量，变量的对齐信息是 "$\sim$。" 这个定义中，所有规则都是由双语短语生成的。如果规则中含有变量，则变量部分也需要满足与词对齐相兼容的定义。按上述定义实现层次短语规则抽取也很简单，只需要对短语抽取系统进行改造：对于一个短语，可以通过挖"槽"的方式生成含有变量的规则。每个"槽"就代表一个变量。

通过这种方式能够获取翻译系统所需的文法。这种方式可以抽取出大量的层次短语规则。但是不加限制地进行抽取会带来规则集合的过度膨胀，给解码系统带来很大负担。比如，如果考虑任意长度的短语，会使得层次短语规则过大，一方面这些规则很难在测试数据上被匹配，另一方面抽取这样的"长"规则会使得抽取算法变慢，而且规则数量猛增之后难以存储。还有，如果一个层次短语规则中含有过多的变量，也会导致解码算法变得更加复杂，不利于系统实现和调试。因此，在使用的过程中，会加上一些约束条件，例如：

(1) 抽取规则最大间隔是 10 个单词。

(2) 每条规则(源语言端)的变量不能超过 2 个。

(3) 规则(源语言端)的变量不能连续出现。

在具体实现时还会考虑其他的限制，比如，限定规则的源语言端终结符数量的上限等。

CKY 算法：首先，向大家介绍乔姆斯基范式——上下文无关文法，它规定了两条规则：

$$A \rightarrow BC$$
$$A \rightarrow \alpha$$

(7-42)

式中，α 是任意的终结符；A、B、C 是任意的变元，且 B 和 C 不能是起始变元。此外，允许规则 $S \rightarrow \varepsilon$，$S$ 是起始变元。因此需要先对文法进行范式化才能够进行 CYK 分析。CYK 算法需要构造一个 $R^{(n+1)(n+1)}$ 的识别矩阵，n 为输入句子长度(句子：$x = w_1 w_2 \cdots w_n$，w_i 是构成句子的单词)。识别矩阵的构成如下。

(1) 方阵对角线以下全部为 0。

(2) 主对角线以上的元素由文法 G 的非终结符构成。

(3) 主对角线上的元素由输入句子的终结符号(单词)构成。

如何构造识别矩阵呢？

第一步：构造主对角线，令 $t_{00}=0$，然后从 t_{11} 到 t_{nn} 在主对角线的位置上依次放入输入句子 x 的单词 w_i。

第二步：构造主对角线以上紧靠主对角线的元素 $t_{i,i+1}$，其中 $i=0,1,2,\cdots,n-1$。对于输入句子 $x = w_1 w_2 \cdots w_n$，从 w_i 开始分析。

如果在文法 G 的产生式集中有一条规则 $A \rightarrow w_1$，则填充 $t_{01}=A$，依次类推，如果有 $A \rightarrow w_{i+1}$，则 $t_{i,i+1}=A$，对于主对角线上的每一个终结符 w_i，所有可能推导出它的非终结符写在右边主对角线上方的位置上。

第三步：按平行于主对角线的方向，一层一层地向上填写矩阵的各个元素 $t_{ij}(i=0,1,\cdots,n-d,\ j=d+i,\ d=2,3,\cdots,n)$，如果存在一个正整数 $k(i+1 \leqslant k \leqslant j-1)$，在文法 G 的规则集中有产生式 $A \rightarrow BC$，并且 $B \in t_{ik}$，$C \in t_{kj}$，那么将 A 写到矩阵 t_{ij} 位置上，如图 7-19 所示。

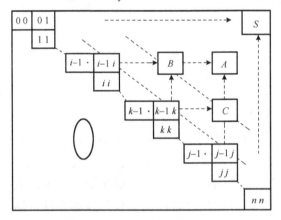

图 7-19　CYK 算法示例过程

3. 基于语言学句法的模型

基于短语的统计机器翻译本身存在一些固有缺陷，如短语层次上的全局重排序、短语非连续性和泛化能力问题，极大地束缚了该方法的进一步发展。这便使得人们又不得不求助于句法，引入句法结构知识有助于解决层次短语方法中遇到的问题。基于句法的统计机器翻译分为两大类：基于形式化语法和基于语言学语法。

1)基于形式化语法的统计机器翻译

在设计基于形式化语法的统计机器翻译模型时，有时候并不限制利用语言学知识，但是模型设计者往往考虑到模型复杂度，将模型退化到不包含任何语言学知识的形式化语法上。下面将介绍吴德凯的 ITG 模型，其本质是基于同步上下文无关文法。

同步上下文无关文法(SCFG)是对单语上下文无关文法(CFG)的双语扩展，比如，对于单语的 CFG 规则：

$$VP \rightarrow VNP \tag{7-43}$$

扩展为同步 CFG 的双语规则可以是：$(VP \rightarrow V_1NP_2, VP \rightarrow NP_2V_1)$，其中数字标号表示一一对应关系，具有相同标号的非终结符相互对应。简单而言，同步上下文无关文法可看作一个三元组：$SCFG = (G_1, G_2, \delta)$，其中 G_1、G_2 是单语的上下文无关文法，δ 是 G_1、G_2 的对应关系。从该式子可以看出 SCFG 也能够描述出一种递归语法关系。如果按照形式语法的定义，则 SCFG 是这样一个四元组：$SCFG = (N, T, P, S)$。

其中 N、T 分别是非终结符和终结符的有限集合，S 是特定的开始符，P 是产生式的有限集合，重写规则具有下面的形式：$(A \rightarrow \alpha, B \rightarrow \beta, \delta)$，其中 A、B 是非终结符，α、β 是非终结符和终结符组成的字符串，δ 是 α、β 中非终结符的一一对应关系。A、B 可以相同，相同时可以将重写规则简写为 $X \rightarrow (\alpha, \beta, \delta)$。

吴德凯的 ITG 模型是最早将同步语法用于统计机器翻译的模型之一。它可以看作 SCFG 的一个约束简化版本，其中一个最重要的假设是，同步规则右边两种语言的语序只存在两种可能性：保序或者逆序。保序是指源语言和目标语言的语序完全一致；逆序则是指它们的语序恰恰相反。基于该假设，SCFG 重写规则中的对应关系 δ 可以简化为两种，分别用[]和< >来表示，前者表示保序，后者表示逆序。为了进一步降低模型计算的复杂度，ITG 可以退化成 BTG(Bracketing Transduction Grammar)，BTG 只有一个非终结符，其规则也只有下面三条：

$$A \xrightarrow{[\cdot]} (A^1, A^2)$$
$$A \xrightarrow{< >} (A^1, A^2) \tag{7-44}$$
$$A \rightarrow (x, y)$$

第一条规则用于保序地合并两个相邻成分，第二条规则用于逆序地合并两个相邻成分，第三条规则用于翻译源语言的单词/短语。

2)基于语言学语法的统计机器翻译

基于语言学语法的统计机器翻译不仅采用了形式化的句法体系，同时包含了丰富的语言学知识。语言结构可以用不同的形式来描述，在自然语言处理中最常见的两种形式是短语结构树和依存树。短语结构树描述了句子的组成成分及各成分之间的关系，依存树描述了词与词之间关系。相比较而言，依存树更体现了句子的内部语义结构，而短语结构树则更多地体现了句子内部的句法结构。由于这两种语法分析树结构的不同与表示的特征不同。因此下面将分别介绍这两种结构。

(1) 基于短语结构树的统计机器翻译。基于短语结构树的统计机器翻译模型可以分为树-串、树-树模型。

① 树-串模型，并按照模型基于源语言结构树还是基于目标语言结构树，将树-串模

型分为串到树的模型和树到串的模型。需要注意的是，这里的方向是按照源语言-目标语言的顺序来说的，并不是基于噪声信道的方向。

串到树模型：最典型的代表模型是南加利福尼亚大学信息科学研究所(ISI/ USC)提出的树-串模型。它们的基本思想是，目标语言端是有短语结构树的，按照噪声信道模型来解释，就是目标语言的树经过有噪声的信道后被异化成源语言的串，解码的任务就是将源语言的串还原成目标语言的树。

树到串模型：与 ISI 模型相比，相同的是它们都是用概率化的规则来描述树和串之间的转换关系；但不同的是，它不是从源语言的串到目标语言的结构树，而是相反，从源语言的结构树到目标语言的串。

刘洋提出树模板方法，该方法的基本思想：首先用句法分析器获得源语言的短语结构树，然后利用树到串对齐模板(TAT)将源语言的树映射到目标语言上，因此解码过程实际上更像一个树到串的转换过程。

② 树-树模型。要在两种语言之间建立树-树模型，首先要解决的一个问题是语言间的结构差异问题。因此衡量一个树-树模型的好坏，首先要看它在多大程度上允许这种结构差异的存在，或者说它描述结构差异的能力有多强。对于之前提到的同步上下文无关文法(SCFG)，由于它只能描述单层的树结构，因此能够捕捉到的结构差异也限制于单层结构内，即同一个父结点下孩子结点的差异，例如，需要插入一个新的孩子结点，或者需要在孩子结点间调整语序。其表达结构差异的能力还不是很强，因为语言间的差异往往涉及多层树结构之间的变化。

基于树-树模型的统计机器翻译解码时，通常有两种做法。第一种是首先通过句法分析器得到源语言的树，然后通过树到树的映射规则或者树到树的转录机将源语言的树转化成目标语言的树。第二种是一开始就没有源语言的树，在给定源语言句子的基础上做同步分析，同时得到源语言和目标语言的树。这两种做法实际上是相通的，它们都需要一步概率化的同步语法，以实现树到树的配对映射；不同的是能否获取到外部句法分析器的支持。对于第一种方法，解码的过程就是树转换的过程；对于第二种方法，解码的过程则是分析的过程。

(2) 基于依存树的统计机器翻译。在介绍基于依存树的统计机器翻译之前，有必要先简要介绍依存树。依存树中的每个结点对应于句子中的一个单词，这和短语结构树是不同的，短语结构树中只有叶子结点和单词对应。依存树中每条有向边代表一对单词之间的关系，方向从中心结点指向修饰结点，除了根结点之外，每个结点有且只有一条有向边指向它。

短语结构树与依存树可参考图 7-20。

依存语法有几个优点：第一，依存语法是词汇化的，在基于短语的统计机器翻译中，引入短语的词汇化概率可以极大地提升系统性能，基于词汇化的重排序模型也大大优于基于距离的重排序模型；第二，依存语法能够体现出语义上的关系，这种语义约束更直接快速作用到相关成分，比如，动词在短语结构树中，往往距离宾语较近，而距离主语较远，但是在依存树中，它和主语与宾语的距离一样近；第三，和短语结构树相比，依存树能更好地减小不同语言之间树结构的差异性。

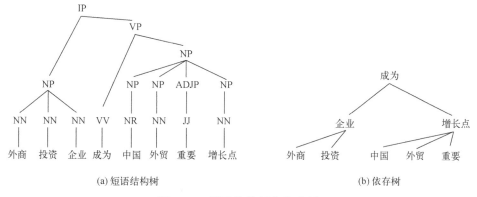

图 7-20 短语结构树和依存树

类似于基于短语结构树的统计机器翻译模型，基于依存树的统计机器翻译模型也可以分为树-树模型和树-串模型。但是目前基于依存树的工作基本上都可以看作树-树模型，所以这里不再细分。

7.3 神经机器翻译

7.3.1 神经机器翻译概述

机器翻译是指通过计算机将源语言句子翻译到与之语义等价的目标语言句子的过程。1949 年，Warren Weaver 在《翻译备忘录》中提出了使用机器进行翻译的思想。从历史发展来看，机器翻译主要方法是：第一，基于规则的机器翻译；第二，基于统计的机器翻译；第三，基于神经的机器翻译。在前面已经介绍了基于规则和统计的机器翻译，现在介绍基于神经的机器翻译。2013 年，Kalchbrenner 和 Blunsom 提出利用神经网络技术进行机器翻译。之后，Sutskever、Cho、Bahdanau 等提出基于编码器-解码器结构的神经机器翻译模型。2016 年，Junczys Downmunt 等在 30 多个语言对上对比神经机器翻译和统计机器翻译的方法，结果发现神经机器翻译在 27 个任务上超过了基于短语的统计机器翻译。2017 年，Google 在 *Attention Is All You Need* 中提出了一个基于注意力结构的编码和解码结构处理序列相关的问题，取名为 Transformer。截至目前，Transformer 结构已经广泛用在自然语言处理方面和机器视觉方面。在后面将介绍 Transformer 做翻译任务。

1. 基本概念

1)分布式表示

分布式表示的主要思想是"一个复杂系统的任何输入都应该是多个特征共同的表示结果"。这种表示方法将语言文字从离散空间映射到多维连续空间，任何东西都可以用这种分布式表示。在自然语言处理中，一个单词也用一个实数向量(词向量或词嵌入)表示，通过这种方法将语义空间重新刻画，将这个离散空间转化成一个连续空间，这时单词就不再是一个简单的词条，而是由成百上千个特征共同描述出来的，其中每个特征分别代表这个词的某个"方面"。

2)端到端学习

神经网络提供一种简单的学习机制，即直接学习输入与输出的关系，而不必同传统机器学习方法一样要经过数据预处理、特征选择与特征提取、构建模型、设计损失函数、求解最优化等过程。

3)表示学习

端到端学习只需要考虑输入和输出，因此就引入如何表示出实体的问题，也就是表示学习。在深度学习时代，问题输入和输出的表示已经不再是人类通过简单地总结得到的规律，而是可以让计算机自己进行描述的一种可计算"量"，如一个实数向量。由于这种表示可以被自动学习，因此也大大促进了计算机对语言文字等复杂现象的处理能力。

4)神经网络

在前面章节可以看到神经网络的定义，从输入数据送到神经元进行计算这些过程。究其本质不过是矩阵的运算。以感知机算法举例，它的模型结果如图 7-21 所示。

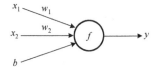

图 7-21   感知机模型

将其写成数学公式：

$$f(x_1, x_1) = w_1 x_1 + w_2 x_2 + b \tag{7-45}$$

2. 评价指标

在这里讲解一些关于文本生成式任务的评价指标，如 BLEU、METEOR、ROUGE 等。下面将介绍最常用的 BLEU 和 METEOR。

(1) BLEU 是最早提出的机器翻译评价指标，是所有文本评价指标的源头。

BLEU 是比较候选译文和参考译文里的 n-gram(实践中从 Unigram 取到 4-gram)重合程度，重合程度越高，就认为译文质量越高。选不同长度的 n-gram，是因为 unigram 的准确率可以用于衡量单词翻译的准确性，更高阶的 n-gram 的准确率可以用来衡量句子的流畅性。

用 unigram 进行匹配，参考图 7-22，这个例子中匹配度是 5/6。

倘若用 3-gram 进行匹配，参考图 7-23。

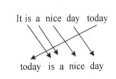

图 7-22   unigram 匹配

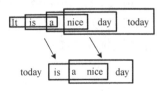

图 7-23   3-gram 匹配

在 3-gram 模型中，如图 7-23 所示分成 4 个窗口，其中有 2 个可以命中参考译文，那么 3-gram 的匹配度就是 2/4。

从给出的两个例子可以看出，BLEU 关注准确率，而忽视了召回率。

比如，在中英文翻译中，对于中文源语言"我爱你"，机器翻译译文为"I you you"，人工译文为"I love you"。在计算 unigram 时，you 都在译文中出现，因此匹配度为 1，但是在黄金标注好的数据集中，you 仅出现 1 次，所以 BLEU 修正了这个值的计算公式：

$$\text{Count}_{\text{clip}} = \min(\text{count}, \max\_ref\_count)$$

式中，count 是 n-gram 在机器翻译译文中出现的次数；max_ref_count 是该 n-gram 在一个参考译文中出现的最大次数。最终的统计结果取两者中的较小值。因此上面案例中，修正后的 1-gram 的统计结果是 1/3。

然而 n-gram 的匹配度可能会随着句子长度的变短而提高，因此会存在这样一个问题：一个翻译引擎只翻译出了句子中的部分句子且翻译得比较准确，那么它的匹配度依然会很高。为了避免这种评分的偏向性，BLEU 在最后的评分结果中引入了长度惩罚因子：

$$\text{BP} = \begin{cases} 1, & \ell_c \geq \ell_s \\ e^{1-\frac{\ell_s}{\ell_c}}, & \ell_c < \ell_s \end{cases} \tag{7-46}$$

式中，ℓ_c 代表机器翻译译文的长度；ℓ_s 表示参考译文的有效长度，当存在多个参考译文时，选取和翻译译文最接近的长度。当翻译译文长度大于参考译文的长度时，BP 为 1，意味着不惩罚，只有机器翻译译文长度小于参考译文时才会计算 BP。

由于各 n-gram 统计量的精度随着阶数的升高而呈指数形式递减，所以为了平衡各阶统计量的作用，对其采用几何平均形式求平均值然后加权，再乘以长度惩罚因子，得到最后的评价公式：

$$\text{BLEU} = \text{BP} \times \exp\left(\sum_{n=1}^{N} \frac{1}{n} \log P_n \right) \tag{7-47}$$

(2) METEOR 适用的情况是有时候翻译模型的翻译结果是对的，只是碰巧跟参考译文没对上(如用了一个同义词)，用 WordNet 等知识源扩充了同义词集，同时考虑了单词的词形(词干相同的词也认为是部分匹配的，也应该给予一定的奖励，比如，把 likes 翻译成了 like 总比翻译成别的词要好)。在评价句子流畅性的时候，用了 chunk 的概念(候选译文和参考译文能够对齐的、空间排列上连续的单词形成一个 chunk，这个对齐算法是一个有点复杂的启发式 beam serach)，chunk 的数目越少，意味着每个 chunk 的平均长度越长，也就是说候选译文和参考译文的语序越一致。最后还有召回率和准确率，两者都要考虑，用 F1 值作为最后的评价指标。由于 METEOR 是用 Java 实现的，用到一个外部知识库 WordNet 进行单词对齐，所以对于 WordNet 中不包含的语言就不能用 METEOR 评价。

7.3.2 神经机器翻译模型

1. 基于 RNN 的神经机器翻译模型

RNN(循环神经网络)结构和编码器-解码器结构的神经机器翻译模型一直都是学术界和工业界广泛使用的模型。其中，Bahdanau 首先在编码器-解码器结构加上注意力机制，得到 RNN Search 模型，使得生成每个目标端词语时，解码器可以将"注意力"集中到源端的几个相关词语上，并从中获取有用的信息，得到更好的翻译效果。注意力机制能够更好地处理长程依赖关系，解决了 RNN 中信息在长距离的传递过程中容易被遗忘的问题，如图 7-24 所示。

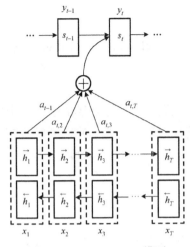

图 7-24　RNN Search 模型

根据图 7-24，编码器使用前向 RNN+反向 RNN 来对输入的句子进行编码，分别得到两个隐藏状态(前向隐藏状态+后向隐藏状态)，然后把这两个隐藏状态拼接起来，作为对应词语的隐藏状态。双向 RNN 可以更好地处理文本的上下文信息。在解码器方面：① Bahdanau 提出了一种软对齐的注意力机制模型，其中，h_i 根据 Encoder 中各个隐藏状态的线性组合来获取；②软对齐的方式，可以使得对齐与翻译同时进行。注意力机制被用于提取与当前预测高度相关的源端信息，防止源端信息在长距离的解码中被遗忘一部分。在第 j 步的解码中，位置 j 与位置 i 的源端信息的相关度按照如下方式计算：$e_{ij} = v_a^{\mathrm{T}}\tanh(W_a S_{j-1} + U_a h_i)$。注意力向量为源端信息按照相关度的加权和，$a_{ij} = \dfrac{\exp(e_{ij})}{\displaystyle\sum_{i=1}^{n}\exp(e_{ij})}$，$c_j = \displaystyle\sum_{i=1}^{T} a_{ij}h_i$。

2. 基于 CNN 的神经机器翻译模型

基于 RNN 的神经机器翻译模型得到很好的效果后，研究人员开始探究基于 CNN 的神经机器翻译模型。Meng 等用卷积神经网络来编码源语言，并将其集成到统计翻译模型中。Gehring 等将神经机器翻译模型的源端编码器替换成基于卷积神经网络的结构。

编码器卷积神经网络在处理输入序列中的一个片段时，并不知道这个片段在句子中的具体位置。因此，在词嵌入中加入位置编码可以使模型获得更丰富的信息，增强模型的表示能力。假设为词嵌入，p 为位置嵌入，则模型输入为 w 与 p 之和，如式(7-48)所示：

$$\begin{cases} w = (w_1, w_2, \cdots, w_m), \quad p = (p_1, p_2, \cdots, p_m) \\ \varepsilon = (w_1 + p_1, w_2 + p_2, \cdots, w_m + p_m) \end{cases} \tag{7-48}$$

模型的编码器就是多个卷积模块的叠加，通过卷积操作对输入序列进行编码。令输入窗口大小为 k，模型维度为 d，则卷积模块的输入 $X \in \mathbf{R}^{kd}$，卷积核的大小为 $W \in \mathbf{R}^{2d \times kd}$，其中 $\mathbf{R}$ 表示实数集，并将输入编码为 $2d$ 长度的向量，通过 GLU 非线性变换将其变换为 d 维向量。随后，卷积模块的输入通过残差连接与 GLU 输出相连，得到卷积模块的输出。

解码器与编码器的结构基本相同，也是由多个卷积模块叠加而成的。下面将主要讲解码器与编码器的不同之处。

在卷积模块的编码后，解码器的第 ℓ 层对编码器的第 μ 层计算注意力得分，首先对编码器的隐变量 h_i^{ℓ} 进行变化，$d_i^{\ell} = W_d^{\ell} h_i^{\ell} + b_d^{\ell} + g_i$，其中 g_i 为目标端第 i 个词的嵌入，W、b 为线性变换的参数。求出源端第 μ 层的注意力权重 a_i^{j}：

$$a_i^{j} = \frac{\exp(d_i^{\ell} \times z_j^{u})}{\displaystyle\sum_{j=1}^{m}\exp(d_i^{\ell} \times z_j^{u})}$$

式中，z_j^μ 为编码器第 μ 层第 j 步的输出。用以上式子所得注意力权重更新解码器的隐藏状态，得到 $c_i^\ell = \sum_{j=1}^m a_{ij}^\ell (z_j^\mu + e_j)$ 。

在更新隐藏状态时，用到的不仅有编码器输出 z_j^μ，还有源端词嵌入 e_j。所得结果 c_i^ℓ 将作为下一个卷积模块的输入。

3. Transformer 模型

2017 年，Vaswani 等提出了完全基于注意力机制的 Transformer 模型，该模型创新地使用了自注意力机制来对序列进行编码，其编码器和解码器均由注意力模块和前向神经网络构成。Transformer 能够解决 RNN 模型串行计算的问题，它可以并行处理，因此训练速度远超 RNN，且在翻译质量上有大幅提升。自 2017 年后，Transformer 成为二代网络结构，是学术界和工业界主流模型。编码器没有直接使用输入序列的词嵌入，而是引入一个位置编码，以表示序列中不同词的位置关系。按照 Vaswani 提供的计算位置，编码方法如下：

$$\begin{cases} \text{PE}(\text{pos}, 2i) = \sin(\text{pos} / 10000^{2i/d}) \\ \text{PE}(\text{pos}, 2i+1) = \cos(\text{pos} / 10000^{2i/d}) \end{cases} \tag{7-49}$$

式中，pos 为位置编码向量。

7.4 实战 GRU 翻译模型

在 7.3.2 节介绍了 RNN 神经机器翻译模型的原理，本节将使用华为自研的昇腾平台构建一个以 GRU 作为神经网络单元的 Seq2Seq 的机器翻译模型，GRU 模型是 RNN 模型的变体，同时比 LSTM 网络更加简洁，因此这次实践环节以 GRU 模型来作为编码器和解码器。本模型在 Kyunghyun 等提出的基于 RNN 的 Encoder-Decoder 机器翻译模型的基础上构建。模型的配套代码可以在 Gitee 网站中获取：https://gitee.com/ascend/ModelZoo-PyTorch/tree/master/PyTorch/built-in/nlp/GRU_for_PyTorch。请读者详细阅读项目 README 文档。

本次实践内容使用昇腾(HUAWEI Ascend)服务器。昇腾系列芯片 AI 处理器是华为 Atlas 人工智能计算解决方案，通过模块、板卡、小站、服务器、集群等丰富的产品形态，打造面向"端、边、云"的全场景 AI 基础设施方案，覆盖深度学习领域推理和训练全流程。

在训练集方面选用的是 Multi30K。Multi30K 是 Flickr30K 数据集的扩展，包含 31014 个德语翻译的英语描述和 155070 个独立收集的德语描述。Flickr30K 数据集包含 31014 幅来自在线照片共享网站的图像，每幅图像都有五个英文描述。该数据集包含 145000 个训练描述、5070 个验证描述和 5000 个测试描述。此外，Multi30K 数据集通过翻译独立的德语句子扩展了 Flickr30K 数据集。

7.4.1　基础知识与环境配置

1. GRU 模型的介绍

GRU 同 LSTM 一样能够有效捕捉长序列之间的语义关联，缓解梯度消失或爆炸现象。同时它的结构和计算要比 LSTM 更简单。其模型结构如图 7-25 所示。

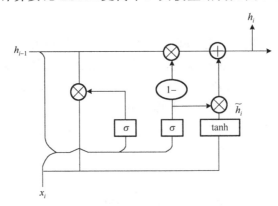

图 7-25　GRU 模型结构

编码器使用双向门控循环单元(GRU)对源语言的句子进行编码，以使每个位置的编码同时包含前、后文本的历史信息。双向 GRU 由前向 GRU 和后向 GRU 组成，前向 GRU 从左向右读取源语言并计算一系列的前向隐藏状态 $\vec{h}_i$，后向 GRU 从右向左扫描源语言句子，计算一系列后向隐藏状态 $\overleftarrow{h}_i$。假设输入序列的词嵌入为($x_1, x_2, \cdots, x_T$)，则编码器如图 7-26 所示。因此根据双向 GRU 模型可以得

$$\vec{h}_i = \overrightarrow{\mathrm{GRU}}(x_i, \vec{h}_{i-1})$$
$$\overleftarrow{h}_i = \overleftarrow{\mathrm{GRU}}(x_i, \overleftarrow{h}_{i-1}) \qquad\qquad (7\text{-}50)$$
$$h_i = (\vec{h}_i, \overleftarrow{h}_{i-1})$$

解码器是一个前向 GRU，以自回归方式预测译文 y。生成译文第 j 个词 y_j 的概率为 $\mathrm{Softmax}(t_{j-1}, c_j, s_j)$，其中 t_{j-1} 是词 y_{j-1} 的嵌入，s_j 是解码器在第 j 步时的隐藏状态，c_j 是第 j 步的注意力向量，状态 $s_j = \mathrm{GRU}(t_{j-1}, s_{j-1}, c_j)$。

下面介绍该模型的工作原理，图 7-26 展示的是编码器-解码器模型结构。

源语言序列"<sos> 读 书 <eos>"经过词嵌入后得到词向量表示 e_i。用编码器 GRU 来计算隐藏层向量 h_i，从而得到上下文向量 Z，然后使用该上下文向量 Z 与解码器 GRU 采用自回归方式逐步生成解码向量，输出给线性层虚线方格来生成目标语言句子。在本模型中，使用 GRU 作为编码器和解码器中的网络单元，即图 7-26 中实线和虚线的椭圆形状。下面进行对该模型的具体介绍。

编码器接收一个序列 $X = \{x_1, x_2, \cdots, x_T\}$ ，通过 GRU 结构的嵌入层，循环计算其隐藏状态 $H = \{h_1, h_2, \cdots, h_T\}$ ，并返回最终的隐藏状态，即一个上下文向量 $Z = h_T$。解码器的作用是对编码器输出的上下文向量 Z、上一时刻的预测单词 y_{t-1} 和解码器上一层的隐藏状态

S_{t-1} 进行计算，得到下一时刻状态 S_t。最后线性层通过当前时间节点的 S_t、编码器的输出上下文向量 Z 和上一时刻的预测单词 w_{t-1} 得到当前时刻的预测单词 w_t。

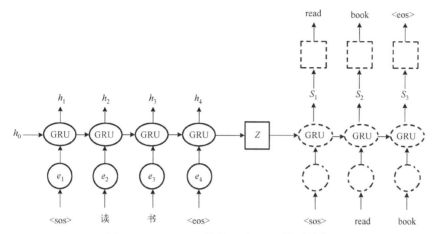

图 7-26　Seq2Seq 编码器-解码器模型结构

2. 配置实验环境

编译环境：①安装 Pytorch 所需要的软件包依赖 pyyaml 和 wheel；②编译安装 Pytorch 与昇腾插件，使用 Pytorch 适配服务器的 NPU；③配置环境变量并执行单元测试脚本以验证 Pytorch 环境是否配置成功；④安装混合精度模块以加速训练。

运行环境：①下载并安装 spacy(spacy==2.0.18)、torchtext 和编码解码分词包；②准备数据集，下载 torchtext 数据集 Multi30K；③运行./test 目录下的 train_full_8p.sh 训练模型，训练后的日志文件保存在./ output 文件夹下，可以查看训练精度和效率。

7.4.2　代码实现

实现模型的过程主要分为数据处理、搭建网络模型、训练模型、评估模型这几个主要的过程，具体如下。

1. 数据处理

torchtext 提供 data 数据包，它可以支持设定一个 tokenize 处理器，指定预处理对应的语言。其中包含的 Field 类可以用张量 Tensor 表示常见文本处理数据类型进行处理，包含一个 vocab 词表对象，该对象对 Field 中的文本数据及其向量化表示进行定义。Field 类还包含用于定义如何对数据类型进行数字化的其他参数，如分词 Tokenization 方法和应该生成的张量类型。可以从 torchtext.datasets 提供的 Multi30K 获取数据集。

```
1  src=Field(tokenize=tokenize_de,init_token='<sos>',eos_token= '<eos>',
   lower=True,fix_length=46)                      #源数据域定义
2  trg=Field(tokenize=tokenize_en,init_token='<sos>',eos_token= '<eos>',
   lower=True,fix_length=46)                      #目标数据域定义
3  train_data,valid_data,test_data=Multi30K.splits(exts=('.de','.en'),
```

```
                root=args.data_dir,fields=(SRC,TRG))        #切分训练集、验证集、测试集
   4    SRC.build_vocab(train_data,min_freq=2)
   5    TRG.build_vocab(train_data,min_freq=2)
   6    INPUT_DIM=len(src.vocab)                             #获取输入向量的维度
   7    OUTPUT_DIM=len(trg.vocab)                            #获取输出向量的维度
   8    device=CALCULATE_DEVICE                              #获取设备信息
   9    train_iterator=Iterator(train_data,batch_size=args.batch_size,
        device=device)
  10    valid_iterator=Iterator(valid_data,batch_size=args.batch_size,device=device)
  11    test_iterator=Iterator(test_data,batch_size=args.batch_size,device=
        device)
```

代码第 1 行和第 2 行定义 Field 类，提供不同语言的预处理类。

代码第 3 行获取 Multi30K 数据集。

代码第 4 行和第 5 行获取对应数据集的词表对象 vocab。

代码第 6～8 行获取源、目标语言向量维度以及设备信息。

代码第 9 行和第 10 行获取对应训练集、验证集、测试集的迭代器。

2. 搭建网络模型并训练模型

(1) 编码器网络定义。编码器网络在初始化的时候需要制定输入向量的维度 input_dim、嵌入层的维度 emb_dim 以及隐藏层的维度 hid_dim，具体代码如下：

```
 1 class Encoder(nn.Module):
 2    def __init__(self,input_dim,emb_dim,hid_dim,dropout,seed=0):
 3        super().__init__()
 4        self.hid_dim=hid_dim
 5        self.embedding=nn.Embedding(input_dim,emb_dim)
 6        self.rnn=nn.GRU(emb_dim,hid_dim)    #使用 nn 网络自带的 GRU 模型
 7        self.dropout=nn.Dropout(dropout)         #定义 dropout 层，防止过拟合
 8        self.seed=seed
 9        self.prob=dropout
10    def forward(self,src):
11        embedded=self.embedding(src)
12        if self.training:
13            if torch.__version__ >= "1.8":
14                embedded=nn.functional.dropout(embedded,p=self.prob)
15            else:
16                embedded,_,_=torch.npu_dropoutV2(embedded,self.seed,
                    p=self.prob)
17        outputs,hidden=self.rnn(embedded) #no cell state!
18        return hidden
```

代码第 1～9 行定义编码器模型，并初始化模型。

代码第 10～18 行定义编码器前向计算函数。

(2) 解码器网络定义。同编码器结构类似,解码器需要定义输出维度、中间嵌入的维度、隐藏层的维度。最后一层通过一个线性网络得到预测概率,具体代码如下:

```
1    class Decoder(nn.Module):
2        def __init__(self,output_dim,emb_dim,hid_dim,dropout,seed=0):
3            super().__init__()
4            self.hid_dim=hid_dim
5            self.output_dim=output_dim
6            self.embedding=nn.Embedding(output_dim,emb_dim)
7            self.rnn=nn.GRU(emb_dim + hid_dim,hid_dim)
8            self.fc_out=nn.Linear(emb_dim + hid_dim * 2,output_dim)
9            self.dropout=nn.Dropout(dropout)
10           self.seed=seed
11           self.prob=dropout
12       def forward(self,input,hidden,context):
13           input=input.unsqueeze(0)
14           embedded=self.embedding(input)
15           if self.training:
16               if torch.__version__ >= "1.8":
17                   embedded=nn.functional.dropout(embedded,p=self.prob)
18               else:
19                   embedded,_,_=torch.npu_dropoutV2(embedded,self.seed,
                     p=self.prob)
20           emb_con=torch.cat((embedded,context),dim=2)
21           output,hidden=self.rnn(emb_con,hidden)
22           output=torch.cat((embedded.squeeze(0),hidden.squeeze(0),
                 context.squeeze(0)), dim=1)
23           prediction=self.fc_out(output)
24           return prediction,hidden
```

代码第 1~11 行定义解码器的结构,并初始化模型。

代码第 10~18 行定义解码器前向计算函数。

(3) Seq2Seq 模型搭建。基于编码器和解码器结构搭建 Seq2Seq 模型,所以在 init 函数中需要传入实例化好的编码器 Encoder 和解码器 Decoder,具体代码如下:

```
1    class Seq2Seq(nn.Module):
2        def __init__(self,encoder,decoder,device):
3            super().__init__()
4            self.encoder=encoder
5            self.decoder=decoder
6            self.device=device
7            assert encoder.hid_dim == decoder.hid_dim,\
8                "Hidden dimensions of encoder and decoder must be equal!"
9        def forward(self,src,trg,teacher_forcing_ratio=0.5):
10           batch_size=trg.shape[1]
```

```
11          trg_len=trg.shape[0]
12          trg_vocab_size=self.decoder.output_dim
13          outputs=torch.zeros(trg_len,batch_size,trg_vocab_size).to(self.device)
14          context=self.encoder(src)
15          hidden=context
16          input=trg[0,:]
17          for t in range(1,trg_len):
18              output,hidden=self.decoder(input,hidden,context)
19              outputs[t]=output
20              teacher_force=random.random()< teacher_forcing_ratio
21              top1=output.argmax(1)
22              input=trg[t] if teacher_force else top1
23          return outputs
```

(4) 训练模型。这一步需要将定义好的模型类 model 实例化，完成模型的定义以及使用。待模型搭建完成后，还需要定义优化器，优化器会在训练模型时进行反向传播以优化模型参数。定义训练函数 train 如下：

```
1   def train(model,train_iterator,optimizer,criterion,epoch,args,
    ngpus_per_node,clip):
2       model.train()
3       for i,batch in enumerate(train_iterator):
4           if i == len(train_iterator)- 1:
5               continue
6           data_time.update(time.time()- end)   #记录训练时间
7           src=batch.src.to(CALCULATE_DEVICE)
8          trg=batch.trg.to(CALCULATE_DEVICE)
9           optimizer.zero_grad()                       #清除优化器梯度，防止梯度累积
10          output=model(src,trg).to(CALCULATE_DEVICE)
11          output_dim=output.shape[-1]
12          trg=trg.to(torch.int32)
13          output=output[1:].view(-1,output_dim).to(CALCULATE_DEVICE)
14          trg=trg[1:].view(-1)
15          loss=criterion(output,trg)                  #计算损失
16          losses.update(loss.item())
17      return epoch_loss / len(train_iterator)
```

定义的训练 train 函数会传入 8 个参数，具体解读如下。

① 参数 model：输入实例化的模型，即第(3)步定义好的 Seq2Seq 模型。

② 参数 train_iterator：训练集迭代器，可以按照批次获取训练集数据。

③ 参数 optimizer：输入定义好的优化器，需要注意本次实践环节使用的是 Adam 优化器，学习率初始化为 0.003。

④ 参数 criterion：计算损失的函数，使用的是 CrossEntropyLoss 交叉熵损失函数。

⑤ 参数 epoch：训练轮数。

⑥ 参数 args：预先设定的参数。

⑦ 参数 ngpus_per_node：用于分布式训练。

⑧ 参数 clip：进行梯度裁剪的阈值，防止梯度爆炸。

代码第 1～17 行是模型的训练过程。该过程的详细步骤如下。

① 将模型设置为训练状态，见代码第 2 行。

② 依次从训练集迭代器 train_iterator 获取训练数据，将读取的源数据 src 和目标数据 trg 传入 model 进行计算，获取预测值，见代码第 7～10 行。

③ 将预测值 output 和目标数据 trg 计算交叉熵损失并进行反向传播以更新网络参数，见代码第 11～16 行。

3．评估模型

评估模型的计算方式和训练函数类似，在传入参数的时候只需要将其传入验证集迭代器，在验证集上计算损失，但是需要将模型设置为 eval 推理状态，即不需要更新模型参数。具体代码可以参考前面的 train 函数。

7.5　本 章 小 结

本章介绍了机器翻译的历史发展,涵盖统计机器翻译和神经机器翻译两个主要阶段。在本章中，应该理解神经网络(如 RNN 和 CNN)在神经机器翻译中的基础原理，同时了解机器翻译的多种实现方法(包括基于词、短语和句子的不同方法)。最后，介绍常用神经机器翻译模型，探讨了当前流行的 Transformer 结构。

习　题　7

1．机器翻译主要有哪些方法？这些方法各有什么特点？

2．在基于短语的机器翻译中,有哪些方法可以方便准确地调整目标语短语间的次序，以实现更好的翻译效果，并简要阐述这些方法是如何实现的。

3．在自然语言处理中，常见的描述语言结构的形式有哪些，简单介绍这些形式并归纳其相同点与不同点。

4．从已知的 Transformer 模型中，尝试学习 BERT 模型。

5．仔细理解 Transformer 结构中的 Self-Attention 机制，试从网上查找其他 Attention 方面的相关资料，并进行对比分析。

习题 7 答案

第8章 文本分类、聚类和情感分析

当涉及文本处理和分析时，文本分类、聚类和情感分析是最重要的领域之一。本章将深入探讨这些关键技术的原理、方法和应用。通过阅读本章，读者将了解文本分类、聚类和情感分析的基本原理与实践方法，以更好地处理和分析文本数据。

(1) 文本分类的基本概念及其实现。
(2) 文本聚类的基本概念及其实现。
(3) 情感分析的基本概念及其实现。

8.1 文 本 分 类

文本分类是指根据既定的主题分类规则，通过分类文本及其主题标签进行学习训练，最终为未知文本分配一个或多个既定分类主题的过程。文本分类技术广泛应用于新闻媒体、期刊检索以及数字图书馆等领域，是处理大规模文本数据的一个必要手段。

8.1.1 文本分类的定义

文本分类是指按照预先定义的以并列或者分层方式组织的主题类别 $C = \{c_1, c_2, \cdots, c_L\}$，通过一定的学习机制，在对带有类别标签的训练文本 $D = \{(x_1, y_1), \cdots, (x_N, y_N)\}$ 进行学习的基础上，给未知文本分配一个或多个类别的过程。文本分类的过程可以用一个目标函数来表示，即 $\varphi : D \times C \to \{T, F\}$，对于 $x_i \in D$，$c_j \in C$，$(x_i, c_j) \to T$ 表示 x_i 属于类别 c_j；而 $(x_i, c_j) \to F$ 表示 x_i 不属于类别 c_j。

在文本分类任务中，文本可以是传统意义上的纯文本，也可以是 Web 上的资源，包括了 HTML 或 XML 页面形式。根据已知的 Web 资源的特点，一般在抽取文本资源的时候可以从以下两个方面入手：①从 Web 内容中提取关键词；②使用网页分析工具(如 HTML 解析器)删除网页标签，将网页转换为纯文本。

文本分类一般过程主要包含了文本预处理、特征约简、训练与分类、分类结果的评价和反馈等。

8.1.2　文本分类的发展

文本分类在国外大体经历了三个发展阶段，第一阶段(1960～1964 年)，这个阶段的学者研究了对文本进行自动分类的可行性；第二阶段(1965～1974 年)，这个阶段的学者开展了对文本自动分类的真正实验研究；第三阶段(1975 年至今)，在这个阶段中文本自动分类开始落地实践，随着计算机硬件和理论的不断发展，文本分类的新方法和新系统层出不穷。

我国的文本自动分类工作发展史也是这三个阶段，只是相比较于国外，我国的文本自动分类研究起步较晚。侯汉青于 1981 年率先提出了与文本自动分类相关的研究问题。此后，我国的文本分类问题才真正地站上了研究的舞台。

从文本分类使用的方法上说，20 世纪 80 年代的文本分类的实现主要依赖于知识工程和专家系统；随着技术的发展，从 90 年代开始，文本分类的方法逐渐以机器学习体系为主。

8.1.3　传统文本分类的实现

如前所述，尤其是 20 世纪 90 年代以来，随着统计学习方法的逐步发展和信息时代数据集的壮大，形成了一套解决文本分类问题的体系，即特征工程+浅层分类模型(即传统分类器)。

1. 特征工程

特征工程往往是完成文本分类任务最耗时耗力的部分，但非常重要。机器学习的过程可以抽象地描述为：先将数据转化为信息，再从中提取知识。特征工程就是将"数据"转化为"信息"，而分类器则是将"信息"转化为"知识"。但是，与分类器模型不同，特征工程通常情况下不通用，为了更好地实现文本分类，特征工程的处理过程通常包含三个部分：文本预处理、特征提取和文本表示。

1) 文本预处理

中文文本的预处理过程主要有两个阶段，包括了文本分词和去停用词。在本章之前，已经详细阐述了分词、语义消歧等概念。为什么根据词粒度而不是字粒度进行文本预处理？其主要原因是词粒度相比于字粒度可以包含更多的特征信息，同时大多数分类算法忽略了输入特征的顺序信息，如果按照字粒度进行预处理，显然会丢失很多关联、顺序信息。

与英文不同，因为英文有着天然的分词结构，所以英文文本的预处理过程相对容易。对中文文本进行分词处理首先需要有针对性地设计分词算法，并且需要考虑去停用词。

2) 特征提取

在表达文本之前，需要进行特征提取，主要包括了两个部分：特征选择和特征加权。特征选择的基本思想是对原始特征项按照特定的度量进行单独评分和排序，选择得分最高的部分特征项，其余特征项认为是无意义的。最常用的度量方案主要包括文档频率、互信息、信息增益和 χ^2 统计量。而特征加权的度量主要是传统的 TF-IDF 算法及其扩展，这类算法的主要思想是词语的重要性由其在相关文档中出现的频次定义。

经过文本预处理之后的文本可以看作词的集合，每个词对应一个维度，进而整个文本构成一个大的输入向量。但对于文本分类来说，并不是所有的词都有意义，同时这样构成的向量维度太大，不利于计算机进行处理。因此，文本的处理过程实际上面临着两个问题：

(1) 如何实现输入向量的降维？

(2) 如何计算出每个词所代表的权重？换句话说，如何计算出每个词对文本最终所属类型的影响程度？

上述两个问题对应的工作就是特征提取和特征权重计算。

(1) 特征项的选择。

① 基于文档频率的特征提取。文档频率(DF)主要代表了含有特定特征项的文档的频率。在 DF 的基础上进行特征提取的过程是这样的：首先在训练语料库中计算包含该特定特征项的文档频率(数量)。然后根据先前设定的 DF 阈值范围进行判断，如果算出来的 DF 值小于设定的阈值下限，则认为其不具有代表性，这个时候需要去掉该特征项；如果计算出来的 DF 值大于设定的阈值上限，则认为其缺乏区分度，这个时候也是需要将该特征项去掉的。

② 互信息。假设 X、Y 是两个随机变量，那么它们之间的互信息就是 X 和 Y 的联合概率分布和各自独立分布乘积的相对熵，用 $I(X, Y)$ 表示。互信息可以看成一个随机变量中包含的关于另一个随机变量的信息量，或者说一个随机变量由于已知另一个随机变量而减少的不确定性。

互信息(MI)法的基本思想是：互信息越大，特征项 t 和类型 C 共享的程度越大。具体的词项与类型的互信息的定义式为

$$I(U;C) = \sum_{e_t \in \{1,0\}} \sum_{e_c \in \{1,0\}} P(U=e_t, C=e_c) \log \frac{P(U=e_t, C=e_c)}{P(U=e_t)P(C=e_c)} \tag{8-1}$$

式中，U 和 C 都是二值类型，当文档包含词项 t 时，$e_t=1$，否则 $e_t=0$；当文档属于类型 C 时，$e_c=1$，否则 $e_c=0$。在具体的计算过程中可以采用最大似然估计，上面的概率值都是通过统计文档中词项和类型的数目计算的。于是实际互信息计算公式为

$$I(U;C) = \frac{N_{11}}{N}\log\frac{N_{11}N}{(N_{11}+N_{10})(N_{11}+N_{01})} + \frac{N_{01}}{N}\log\frac{N_{01}N}{(N_{01}+N_{00})(N_{01}+N_{11})}$$
$$+ \frac{N_{10}}{N}\log\frac{N_{10}N}{(N_{10}+N_{11})(N_{10}+N_{00})} + \frac{N_{00}}{N}\log\frac{N_{00}N}{(N_{00}+N_{10})(N_{00}+N_{01})} \tag{8-2}$$

式中，N_{xy} 表示词项 $x=e_t$ 和类型 $y=e_c$ 情况下所对应的文档数目，于是，N_{11} 表示包含词项 t 且属于类型 C 的文档数；N_{10} 表示包含词项 t 且不属于类型 C 的文档数；N_{01} 表示不包含词项 t 且属于类型 C 的文档数；N_{00} 表示不包含词项 t 且不属于类型 C 的文档数；N 是所有文档的数目。

③ 卡方统计量。统计学常常用卡方统计量 χ^2 来检测两个事件的独立性。在文本分类的特征选择中，这里的两个事件指的是：词项和类型的出现。特征对于某个既定的类

型的 χ^2 统计量越高，那么它们之间的相关性就越大，此时可以认为该特征携带的关于分类的信息较多，反之则较少，定义为

$$\chi^2(D,t,c) = \frac{(N_{11} + N_{10} + N_{01} + N_{00})(N_{11}N_{00} - N_{10}N_{01})^2}{(N_{11} + N_{01})(N_{11} + N_{10})(N_{10} + N_{00})(N_{01} + N_{00})} \quad (8\text{-}3)$$

式中，N_{xy} 的定义同上。

④ 信息增益法。信息增益(IG)法根据特征项 t_i 为分类过程提供的信息量来衡量其重要程度。特征项 t_i 的信息增益可以理解为，在具有该特征或不具有该特征时，整个分类过程中信息量的大小，而分类的信息量是由熵来衡量的，即

$$\begin{aligned}
\text{Gain}(t_i) &= \text{Entropy}(S) - \text{Expected Entropy}(S_{t_i}) \\
&= \left\{ -\sum_{j=1}^{M} P(C_j) \times \log P(C_j) \right\} - \left\{ P(t_i) \times \left[-\sum_{j=1}^{M} P(C_j \mid t_i) \times \log P(C_j \mid t_i) \right] \right\} \quad (8\text{-}4) \\
&\quad + P(\overline{t_i}) \times \left[-\sum_{j=1}^{M} P(C_j \mid \overline{t_i}) \times \log P(C_j \mid \overline{t_i}) \right]
\end{aligned}$$

式中，$P(C_j)$ 为 C_j 类文档在语料数据中出现的占比，也就是出现的概率；$P(t_i)$ 为语料数据中含有特征项 t_i 的相关文档的占比；$P(C_j \mid t_i)$ 为文档包含特征项 t_i 时属于 C_j 类的条件概率；$P(\overline{t_i})$ 为语料中不包含特征项 t_i 的文档的概率；$P(C_j \mid \overline{t_i})$ 为文档不包含特征项 t_i 时属于 C_j 的条件概率；M 表示类型数。

(2) 特征权重计算(TF-IDF)。

一般情况下，如果某个词在文档中出现的频率很高，而在其他文档中出现的频率比较低，则说明该词具有很强的区分度，可以很好地区分文档内容属性，一般用 $\text{tf}(t) \times \text{idf}(t)$ 来计算。其中，tf 指的是一个词或者词组在文档中的频率，即

$$\text{tf}(t) = \frac{C}{S} \quad (8\text{-}5)$$

式中，C 为在文档 w 中特征词出现的次数；S 为该文档的总词数。

而 idf 代表了逆文档频率，该指标主要用来衡量一个词或者是词组的普遍重要性，计算过程为

$$\text{idf}(t) = \log \frac{D}{d} \quad (8\text{-}6)$$

式中，D 为文档的总数；d 为文档中包含词语 t 的文档总数。

3) 文本表示

文本表示的过程其实就是将前面经过预处理的文本进行进一步的转化，将文本表示为计算机可理解的方式，文本表示的好坏可以直接决定文本分类的质量，是很重要的一部分内容。传统的文本表示方法主要有两个：词袋模型和向量空间模型，但是这类方法不能利用文本的上下文关系，每个词都是相互独立的。

词袋模型，顾名思义，其基本思想是：对文本来说，忽略烦琐的词序、语法和句法

规则，仅仅需要把文本当成一些词的袋子，或者说词的集合，在这个袋子里面，每个词都是相互独立的。在这样的前提下，如果一个词袋中"猪"、"马"、"牛"、"羊"、"谷"、"地"和"拖拉机"等词多，而"银行"、"楼房"、"汽车"和"公园"等词少，往往判定该文档的核心内容是描绘乡村。

例如，三个句子如下：

(1) 小孩喜欢吃零食。

(2) 小孩喜欢玩游戏，不喜欢运动。

(3) 大人不喜欢吃零食，喜欢运动。

词袋模型的第一步需要将上面的三个句子进行分词，然后构建袋子。需要明确的是，计算机其实只认识进制数字。因此将分词结果装入袋子的时候还需要对词进行简单的编码，最简单的办法就是每个词语占据一位，例如，"小孩"放在第一位，"喜欢"放在第二位。

"小孩"：1，"喜欢"：2，"吃"：3，"零食"：4，"玩"：5，"游戏"：6，"大人"：7，"喜欢"：8，"运动"：9

至此，语料数据中分出了一共 9 个词语，同时进行了一个简单的数位编码，那么这里的每个词语都可以用一个 9 维的向量表示，词袋模型的示例如下。

句子 1：[1, 1, 1, 1, 0, 0, 0, 0, 0]。

句子 2：[1, 2, 0, 0, 1, 1, 0, 1, 1]。

句子 3：[0, 2, 1, 1, 0, 0, 1, 1, 1]。

这样的方法对于极少数据的情况是可行的，对大规模的数据来说，词袋模型将面临两个极大的问题，即高维度、高稀疏性问题。

为了解决词袋模型的问题，出现了向量空间模型，该方法通过特征项选择来降低维度，同时该方法通过特征权重计算来增加稠密性。向量空间模型(VSM)的一些基本概念如下。

文档(Document)：具有一定规模的文本片段，这个规模可大可小，因此日常概念中的句子、句组、段落、段落组甚至整篇文章都可以称为文档。不对文本(Text)和文档进行区分。

项/特征项(Term/Feature Term)：向量空间模型中切分文本的最小单位，可以是字、词、词组或短语等。一个文档可以看作其特征项的集合，可以形象化地描述为

$$\text{Document} = D(t_1, t_2, \cdots, t_n) \tag{8-7}$$

式中，t_n 为特征项，$1 \leqslant k \leqslant n$。

项的权重(Term Weight)：对于含有 n 个特征项的文档来说，每个特征项所能代表的区分能力是不一样的，所以就需要用权重来表示其重要程度，因此对于一个文档 D 来说，它其实就是一个具有权重的特征的集合，即 $D = D(t_1, w_1; t_2, w_2; \cdots; t_n, w_n)$，简记 $D = D(w_1, w_2, \cdots, w_n)$，其中 w_n 就是特征项 t_n 的权重，$1 \leqslant k \leqslant n$。

根据上述的概念，一个文档可以看作一个 n 维空间的一个特殊的向量，详细准确的定义是这样的：

给定一个文档 $D(t_1, w; t_2, w_2; \cdots; t_n, w_n)$，那么 D 的表示需要满足以下的两条约定。

(1) 每个特征项 $t_k (1 \leqslant k \leqslant n)$ 应该是互异的(即没有重复)。

(2) 每个特征项 t_k 应该是没有先后顺序关系的(即不考虑文档的内部结构)。

(向量空间模型)在以上两个约定下，可以按照特征项 $t_1, t_2, \cdots, t_n$ 构建一个 n 维坐标系，而权重 $w_1, w_2, \cdots, w_n$ 的集合就是其相应的坐标值。因此，称 $D = D(w_1, w_2, \cdots, w_n)$ 为文本 D 的向量表示或向量空间模型，如图 8-1 所示。

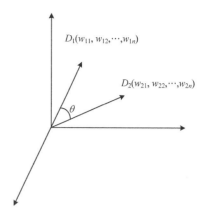

图 8-1　文档的向量空间模型示意图

向量的相似度度量定义：衡量不同文档的内容相关程度的一种度量。设文档 D_1 和 D_2 在 VSM 中的向量表示为

$$\begin{cases} D_1 = D_1(w_{11}, w_{12}, \cdots, w_{1n}) \\ D_2 = D_2(w_{21}, w_{22}, \cdots, w_{2n}) \end{cases} \tag{8-8}$$

那么，最直观的向量相似度计算可通过内积来实现，即

$$\text{Sim}(D_1, D_2) = \sum_{k=1} n_{1k} \times w_{2k} \tag{8-9}$$

考虑到向量的归一化，可以通过向量之间的余弦值来衡量相似度，即

$$\text{Sim}(D_1, D_2) = \cos\theta = \frac{\sum_{k=1}^{n} w_{1k} \times w_{2k}}{\sqrt{\sum_{k=1}^{n} w_{1k}^2 \sum_{k=1}^{n} w_{2k}^n}} \tag{8-10}$$

在使用向量空间模型来实现文本表示的时候，通常需要经过如下处理：

(1) 根据文本数据按照特征项进行处理，即得到 $D = D(t_1, t_2, \cdots, t_n)$；

(2) 在上一步的基础上，对训练集和测试集中的每个文本数据进行权重赋值、规范化等处理，最终得到算法需要的特征向量。

除了向量空间模型外，还有 LDA 主题模型、LSI/PLSI 等方法，同样地，随着深度学习而名声大噪的词嵌入(Word Embedding)其实也是一种文本表示的方法。

2. 传统分类器

文本分类本质上是一种分类任务，从训练集出发，可以应用于文本分类的统计学习模型有很多，常见的分类器有朴素贝叶斯分类器、支持向量机、k 最近邻分类器、决策树分类器、模糊分类器等。

1) 朴素贝叶斯分类器

朴素贝叶斯(Naive Bayes)其实就是统计概率计算的过程，计算文档属于某个类别的概率，这个过程其实需要计算每个词语的类别归属，然后进行一个综合。具体的算法步骤如下：

(1) 计算特征词 w_j 属于每个类 j 的概率，计算过程为

$$P(j\,|\,w_i) = \frac{\#\,w_i \in \text{class}_j}{\#\,w_i}$$

(8-11)

式中，$\#\,w_i$ 为所有文档中特征词 w_i 的计数。

(2) 对于由特征词 $\{w_1, w_2, \cdots, w_n\}$ 组成的文本 D，计算其属于某个类别的概率，即

$$P(j\,|\,D) = \prod_{i}^{n} P(j\,|\,w_i)$$

(8-12)

(3) 比较文档属于每个类别的概率，概率最大的类别就是结果：$\text{predicted} - \text{class} = \text{argmax}_j\,P(j\,|\,D)$。

朴素贝叶斯分类器数学基础坚实，分类效率稳定，可以应用到大规模文本集合中。

2) 支持向量机

支持向量机本身就是二分类器，在使用支持向量机进行多分类任务时，需要进行拓展，主要的拓展方法如下。

(1) 直接求解法：需要对目标函数进行修改，以实现一次性对多个类别做出分类。

(2) 间接求解法：将多分类问题拆分成多个二分类问题来解决，有两种主要的实现思想。

①对任意类别进行一次分类，假如总共有 m 个类别，那么一共需要 $m(m-1)/2$ 次 SVM 的分类过程。最终的分类结果就是一个投票过程，所有的分类过程中出现次数最高的类别就是文本的类别。

②在对某个类别进行确认的时候，将其他所有类别视为一组，有 m 个类别就进行 m 次确认，这也是一个计数的过程。

3) k 最近邻分类器

k 最近邻分类器的基本思想是物以类聚。也就是说，对一个新的文本来说，其归属的类别由其周围的 k 篇文本决定，具体算法步骤如下。

(1) 根据特征项集合重新描述训练文本向量。

(2) 将新文本表示为特征向量。

(3) 根据文本向量选出最相似的 k 个文本。这里对于 k 的选择目前没有一个公认的好方法，一般都是根据实验的结果来进行调整。

(4) 根据所选出的 k 个文本，按照式(8-13)计算每个分类的权重：

$$\text{Weight}_j = \frac{\sum_{i}^{k} f(D_i \in \text{class}_i)}{k}$$

(8-13)

式中，$f(D_i \in \text{class}_i)$ 为二值函数，若 D_i 属于类 j，那么函数值为 1，否则为 0。

(5) 权重最大的分类就是结果：$\text{predicted} - \text{class} = \text{argmax}_j\,\text{Weight}_i$。

4) 决策树分类器

利用决策树分类器实现文本分类的大致步骤如下：

(1) 从训练集中随机选择一个窗口，即一个同时含正例和反例的子集；

(2) 在窗口的基础上，用相关的"建树算法"构建决策树，一些常见的建树算法可以通过自行查阅相关资料来进行了解；

(3) 对窗口之外的例子，用前面的决策树进行类别判定，找出错判的例子；

(4) 将第(3)步找出来的判错例子插入窗口，重复第(2)步，否则结束。

5) 模糊分类器

模糊分类器的一个关键思想是所有的文本都是具有代表性的，这里的代表性指的是关键特征项，也就是说一个文本其实可以由若干关键特征项(模糊集)来描绘。

设 $L = \{l_1, l_2, \cdots, l_n\}$ 为由 n 个特征关键词组成的论域，则任一文本或文本类可以在该论域上用一个模糊集来描述。定义在第 k 类上的模糊集为

$$F_k = \left\{ \frac{u_{k1}}{l_1}, \frac{u_{k2}}{l_2}, \cdots, \frac{u_{kn}}{l_n} \right\} \tag{8-14}$$

待分类文本 T 的模糊集为

$$F_T = \left\{ \frac{u_{T1}}{l_1}, \frac{u_{T2}}{l_2}, \cdots, \frac{u_{Tn}}{l_n} \right\} \tag{8-15}$$

式中，$l_1, l_2, \cdots, l_n$ 为特征关键词；$u_{k1}, u_{k2}, \cdots, u_{kn}$ 为每个特征关键词对第 k 类的隶属度，隶属度可以是某个特征关键词对第 k 类的重要性、频度和代表性等。某些 $u_{ki}(1 \leqslant i \leqslant n)$ 可以为 0，表示特征关键词 l_i 对该类的区分没有贡献，$u_{Ti}(1 \leqslant i \leqslant n)$ 同理。

判定分类文本 T 所属的类别可以通过计算文本 T 的模糊集 F_T 分别与其他每个文本类的模糊集 F_k 的关联度 SR 实现，两个类别的关联度越大，说明这两个类别越接近。

8.1.4　基于深度学习的分类器设计

1. FastText

在 2016 年，Facebook 开源了一个词向量计算和文本分类工具 FastText，其架构如图 8-2 所示，它是一个浅层网络模型，其特点是训练速度很快，并且文本分类的效果可以达到与深度网络相同。

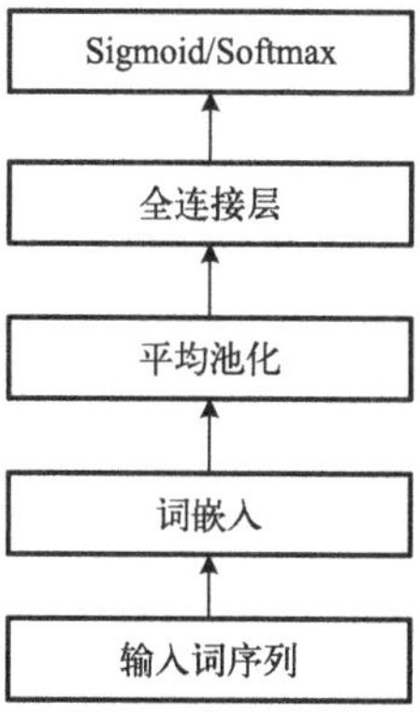

FastText 架构也有一些不足，假设这里有两个句子：

(1) 我喜欢这类电影，但是喜欢这一个。

(2) 我喜欢这类电影，但是不喜欢这一个。

图 8-2　FastText 架构示例

这样的两个极其接近的句子在经过平均池化之后，输入全连接层进行分类时，向量将会十分接近，分类器不可能分辨出这两个句子的区别，这个时候就需要添加更加丰富的特征信息。

2. TextCNN

和传统意义上的图像 CNN 不同，TextCNN 的输入数据是文本数据。本文数据本身是一维数据，尽管通过词嵌入等操作可以生成二维数据，但是按照图像的卷积过程从左到右、从上到下地处理文本数据是没有意义的，下面将通过举例说明这点。

假设存在文本"明天天气不错，出来玩"，TextCNN 首先将整句话进行分词"明天/天气/不错/，/出来/玩"，分词后的词汇可以通过 Embedding 方法映射成一个五维词向量(维度可以随意指定，这里指定为五维)，词汇和向量之间的关系如下：

(1) 明天——[0, 0, 0, 0, 1]。

(2) 天气——[0, 0, 0, 1, 0]。

(3) 不错——[0, 0, 1, 0, 0]。

(4)，——[0, 1, 0, 0, 0]。

(5) 出来——[1, 0, 0, 0, 0]。

(6) 玩 ——[0, 0, 0, 1, 1]。

经过编码后的文本可以方便计算机进行处理，从这里可以看出，不同的编码方式与文本的处理结果有着直接的关系。同时从这里可以看出，卷积窗口的左右滑动仅仅是对一个词的反复扫描，这种滑动没有意义。

TextCNN 的卷积过程通常按照文字的编码顺序上下进行，根据上面的编码，对"明天天气不错，出来玩"的卷积过程做出示例，见图 8-3(注意：左边为文字编码，中间为卷积核，右边为卷积输出)。

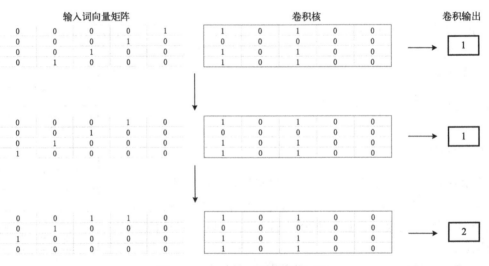

图 8-3　TextCNN 卷积过程示例

CNN 网络除了卷积之外，另一神奇的操作是池化，在针对文本的 TextCNN 中，池化操作和普通 CNN 网络的池化操作一致。卷积之后，最大池化操作将从 Feature map = [1, 1, 2]中选取一个最大值作为输出，这里的输出是[2]，池化操作降低了参数数量，具有如下两点好处。

(1) 可以降低过拟合的风险。

(2) 可以进一步加速计算。

TextCNN 网络架构也是卷积和池化操作的一种堆叠，最后抽取的特征可以接入一个 Softmax 层进行最终的分类。

综上，TextCNN 网络结构如图 8-4 所示。TextCNN 网络架构简单，训练简单，在经过良好编码的词向量基础上可以取得很好的效果。但是需要注意，通常使用 TextCNN 来进行中短文本场景的处理。TextCNN 不太适合长文本，因为卷积核尺寸通常不会很大，无法捕捉长文本之间的特征，同时池化操作会丢失文本数据相互之间包含的结构信息，从而很难去发现文本中复杂的转折关系等。

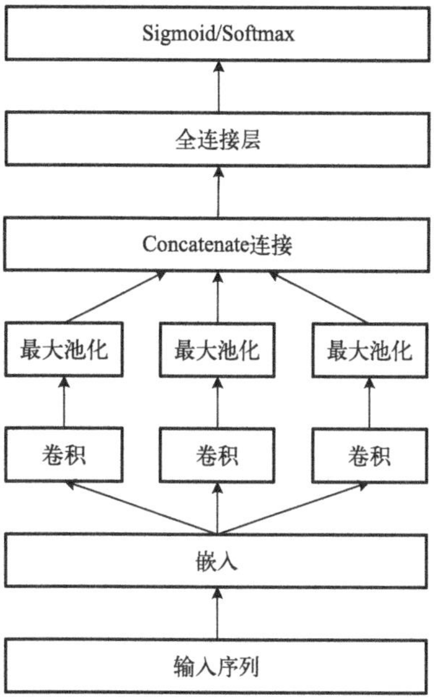

3. TextRNN

TextRNN 实际上就是利用循环神经网络来处理文

图 8-4　TextCNN 网络架构

本分类的问题，考虑到长程依赖问题，实际上常用 LSTM 以及 GRU。第一种常见的 TextRNN 网络架构如图 8-5 所示。在图 8-5 中，经过预处理编码之后的输入网络中，最后拼接初始时间步和最终时间步的隐藏状态作为全连接层的输入以实现文本分类。

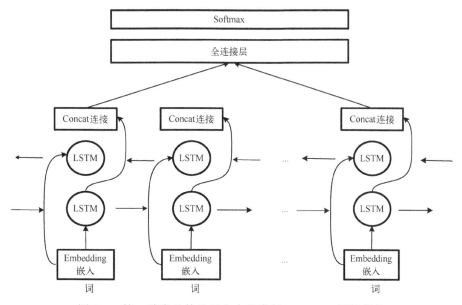

图 8-5　第一种常见的处理文本分类的 TextRNN 网络架构

与第一种架构不同的是，第二种常见的 TextRNN 网络架构增加了一个 LSTM 结构，如图 8-6 所示。在每个时间步上，双向 LSTM 中的两个隐藏状态会被拼接并输入到上层的单向 LSTM，最上层 LSTM 的最后一个时间步的结果会输入 Softmax 得到最终的分类结果。

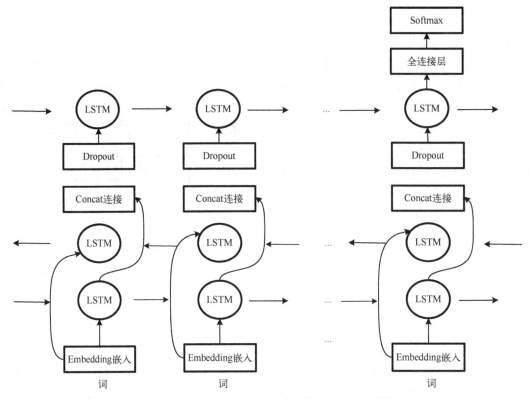

图 8-6　第二种常见的处理文本分类的 TextRNN 网络架构

从前面可以看出，针对文本分类的 TextCNN 和 TextRNN 有各自的优缺点，TextCNN 局限于卷积核的大小，无法对长距离文本进行准确的建模，但是 TextCNN 可以很方便地将句子中 *n*-gram 的关键信息提取出来。TextRNN 更擅长捕捉句子中的长序列信息，但是在训练速度上不占优势，后一个时间步的输出依赖于前一个时间步的输出，无法进行并行计算，比 TextCNN 慢很多。因此，针对上述 TextCNN 和 TextRNN 的特性，有学者提出了 TextRCNN 以综合两种模型架构的优缺点。同时，近年来受到图像学习的启发，出现了一批以 BERT 为代表的语言模型，它们能更加准确地理解句子的语义，且模型不需要针对具体任务做大幅度修改，适用于文本分类任务，也取得了很好的效果。深度学习是一个发展很快的学科分支，关于深度学习和文本分类还有很多的奥妙之处，希望读者多加学习补充。

8.2　文　本　聚　类

文本聚类的目标就是将一个大的文本集合分为若干小的文本集合，这些小的文本集合需要满足类间相似度最小、类内相似度最大。作为一种无监督机器学习技术，聚类不需要训练过程，也不需要事先手动标记文档。因此，聚类技术非常灵活，具有很高的自动化处理能力。当前文本聚类主要应用在文档间的比较、针对文档的重要性和相关性排序等方面。

8.2.1　基于分层的文本聚类

层次聚类(Hierarchical Clustering，HC)算法也称为树聚类算法。其主要思想是将样本集合并或拆分为更高内聚或更详细的子样本集，即实现过程是"自下而上"或"自上而下"的。与经典的聚类算法 *K*-means 相比，HC 算法的实现过程不预先设定聚类数量，只要达到聚类条件或者迭代次数即停止。

以"自下而上"的过程为例说明 HC 算法的实现过程，每个文本数据点首先形成一个独立的组。在下一轮迭代中，相邻的组将根据特定的距离度量组合成组，直到所有的数据对象形成一个组或达到某些条件。典型的 HC 算法有 BIRCH、CURE、CHAMELEON 等。本书以 BIRCH 为例，展示了层次聚类算法实现文本聚类的过程。

BIRCH 算法采用聚类特征树(CF 树)来实现快速聚类，CF 树的结构类似 B+树。CF 树中的每个结点都包含多个聚类特征(CF)。从图 8-7 可以看出，CF 树内层结点的 CF 都有指向子结点的指针，同时该树对叶子结点层做了处理，叶子结点之间通过指针形成了一个双向链表。

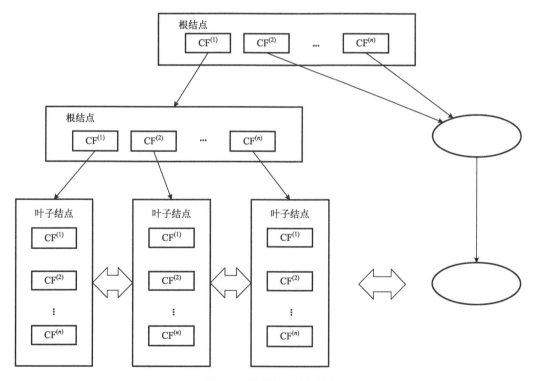

图 8-7　聚类特征树示例

聚类特征可以用三元组(*N*, LS, SS)来表示，每个值所代表的意义如下。

N：特征具有的样本点数量。

LS：各个样本点的特征维度的和向量。

SS：各个样本点的特征维度的平方和。

以图 8-8 为例，某个结点有下面 5 个样本(3, 4)、(2, 6)、(4, 5)、(4, 7)、(3, 8)，则该

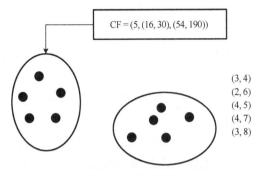

$$CF = (5, (16, 30), (54, 190))$$

(3, 4)
(2, 6)
(4, 5)
(4, 7)
(3, 8)

图 8-8　聚类特征

特征点对应的 $N = 5$，LS = (3+2+4+4+3, 4+6+5+7+8) = (16, 30)，S = (3^2+2^2+4^2+4^2+3^2+4^2+6^2+5^2+7^2+8^2) = (54+190) = 244。

聚类特征(CF)满足线性关系：$CF_1 + CF_2 = (N_1 + N_2, LS_1 + LS_2, SS_1 + SS_2)$。该性质在聚类特征树上的具体体现是：在聚类特征树中，父结点中的每个 CF 的三元组的值等价于它所有指向子结点三元组的和。

聚类特征树的构建是 BIRCH 算法的基础，对特征树的构建过程感兴趣的读者可以自行查阅相关资料。完整的 BIRCH 算法还有一些可选过程，具体如下。

(1) 依次读入所有样本点以建立一棵 CF 树。

(2) (可选)筛选上一步建立的 CF 树，这一步的主要目的是去除一些异常的 CF 结点。

(3) (可选)聚类过程可以选择一些更好的算法，如 K-means，进而得到一棵比较好的 CF 树。这一步的主要目的是尽可能消除读入顺序导致的不合理的树结构问题以及一些分裂问题。

(4) (可选)在第(3)步的基础上，将所有树中 CF 结点的质心作为初始质心，按照距离的远近进行一次聚类。这一步的主要目的是进一步减少聚类不合理的情况。

8.2.2　基于划分的文本聚类

基于划分的文本聚类就是将 N 个文本分为既定的 K 个类，这里的 $K<N$。

在划分的过程中，对于给定的 K，基于划分的文本聚类算法首先给出第一种分组方法，然后通过迭代修改分组，这使得每个改进的分组方案都比前一个更好，"好"的标准是：同组的记录越近越好，不同组的记录越远越好。使用这个基本思想的算法有 K-means 算法、K-medoids 算法、CLARANS 算法。

K-means 聚类过程中最重要的是 K 值的选取以及距离的计算，在文本聚类中，相似度的计算依靠前面介绍过的 TD-IDF 来完成。如何评价文本之间的相似程度呢？在此引入欧几里得距离，即

$$d(X,Y) = \sqrt{(x_1 - y_1)^2 + (x_2 - y_2)^2 + \cdots + (x_n - y_n)^2} \tag{8-16}$$

文件聚类的问题可以转化为一般性的聚类问题。除欧几里得距离外，常用作度量标量相异度的还有曼哈顿距离和闵可夫斯基距离，两者定义如下：

(1) 曼哈顿距离：

$$d(X,Y) = \sqrt{(x_1 - y_1)^2 + (x_2 - y_2)^2 + \cdots + (x_n - y_n)^2} \tag{8-17}$$

(2) 闵可夫斯基距离：

$$d(X,Y) = \sqrt[p]{|x_1 - y_1|^p + |x_2 - y_2|^p + \cdots + |x_n - y_n|^p} \tag{8-18}$$

8.3　情　感　分　析

放眼身边，无论日常购物的平台(如亚马逊、淘宝)，方便人们出行旅游、生活娱乐的网站(如携程、美团、豆瓣电影)，社交媒体(如推特、微博)，还是以移动 APP 为依托服务于人们的金融行情、资讯新闻，都充斥着数以万计的评论信息。例如，买家在购物平台购买了产品之后，可能会根据产品的使用体验，回到购物平台添加对该产品的评价，往往评价里面包含了商品是否满足自己的期望、商品的特点、质量的好坏、满意的地方以及需要改进的地方等内容。显而易见，如果能够准确有效地对这些互联网评论进行情感倾向分析，将产生巨大的效益。

8.3.1　基于情感词典的情感分析

基于情感词典的情感分析的过程如图 8-9 所示，该过程中的预处理过程和本书前面讲解的一致，在此不再论述。

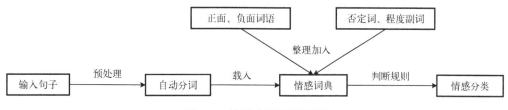

图 8-9　情感分析过程示例

可以注意到，该情感分析过程最重要的是情感词典。情感词典提供了不同情感词的情感极性的大小，根据描述情感的词语的类型，情感词典一般可以分为如下四种。

(1) 正面词语词典。

(2) 负面词语词典。

(3) 否定词语词典。

(4) 程度副词词典。

情感词典包含两部分，即词语及其权重，如表 8-1 所示。

表 8-1　情感词典示例

正面词语	负面词语	否定词语	程度副词
很快: 1.75	无语: 2	不: 1	超级: 2
挺快: 1.75	醉了: 2	没: 1	都: 1.75
还好: 1.2	没法吃: 2	无: 1	实在: 2
很萌: 1.75	不好: 2	非: 1	还: 1.5

情感词典在整个情感分析中至关重要，不同的情感词典会有不同的情感粒度划分。情感词典有开源的，如 BosonNLP，也可以自己训练。

基于词典的文本匹配算法相对简单，根据分词结果查找词典并计算情感值，具体的算法流程如下。

(1) 将文本进行分句。

(2) 查找分句的情感词，记录其是正面的还是负面的，以及其位置。

(3) 在情感词前查找程度副词，找到就停止查找。将程度副词的权重乘以情感词的权重。

(4) 在情感词前查找否定词个数，若是奇数，则该情感词的特性需要乘以–1，否则乘以1。

(5) 找出感叹号和问号等重要的标点符号。

① 如果分句结尾有感叹号，且前面有情感词，则相应的情感值+2。

② 如果以问号结尾，则该句判断为负面情感值+2。

(6) 计算完一条评论中所有分句的情感值([正面情感值，负面情感值])，用数组记录。

(7) 计算每条评论中各分句的正面情感均值与负面情感均值，然后比较正面情感值总和与负面情感值总和，较大的一个即为所得情感倾向。

下面以"我特别喜欢重庆这个城市！因为重庆有非常多好看的景点。但是，我不喜欢重庆的天气，因为重庆的天气有点差，热的时候让人感觉不爽。"为例来进行说明。

根据上述的算法流程，分析这句话大概可以按如下步骤进行。

(1) 情感词分两种：正面和负面。出现一个积极词正面情感值就+1，出现一个消极词正面情感值就–1。在这句话里面，有"好看"和"喜欢"两个正面词，"差"和"不爽"两个负面词。

(2) 情感词"喜欢"、"好看"和"差"前面都有一个程度副词。通常情况下，"极好"就比"较好"和"好"的情感更强烈，"太差"也比"有点差"的情感强烈一些，所以需要在找到情感词后再往前找找有没有程度副词。根据常识，程度副词修饰情感词的程度是有差异的。

(3) "我特别喜欢重庆这个城市"后面有感叹号，感叹号意味着情感强烈，因此正面情感值+2。

(4) 在找到情感词时，还需要往前找否定词，如"不"和"不能"。同时还需要对否定词进行计数，如果否定词的个数是奇数，表示此时的情感需要进行反转，总的情感值就需要乘–1，偶数则表示情感没有反转。在这句话里面，可以看出"喜欢"前面只有一个"不"，所以情感应该反转。

(5) 正面情感值和负面情感值需要分别独立计算，可以很明显地看出，这句话里面有褒有贬，不能用一个分值来表示它的情感倾向。

(6) 以分句的情感为基础，加权求和，从而得到一条评论的情感值。

这条例子评论有六个分句，下面是对每个分句的打分(这里设定程度副词"非常"和"特别"的权重为4和3，设定"喜欢"的权重为1，读者可以自行体会到情感词典的重要性)：[正面情感值，负面情感值]。

① 我特别喜欢重庆这个城市！->[正面情感值，负面情感值]：[3×1+2, 0]。

② 因为重庆有非常多好看的景点。->[正面情感值，负面情感值]：[4×1, 0]。

③ 但是，->[正面情感值，负面情感值]：[0, 0]。

④ 我不喜欢重庆的天气，->[正面情感值，负面情感值]：[–1×1, 0]。

⑤ 因为重庆的天气有点差，->[正面情感值，负面情感值]：[0, 0.5×1]。

⑥ 热的时候让人感觉不爽。->[正面情感值，负面情感值]：[0, 1]。

最后，这句话的得分为[3×1+2, 0]+[4×1, 0]+[0, 0]+[−1×1, 0]+[0, 0.5×1]+[0, 1] = [8, 1.5]，即为[正面情感值，负面情感值] = [8, 1.5]。因为 8 > 1.5，所以整句话的情感判断为积极的。

8.3.2　基于深度学习的方面级情感分类算法

依据文本情感分析的不同粒度，能够将它分为三种：文档级、句子级和方面级。随着人们的需求不断升级发展，情感分析的重点和难点也主要转移到了粒度更细的方面级情感分析中。例如，"总体上很喜欢这双鞋子，款式很时尚，颜色很显年轻，不过就是材料不是特别透气"这句话中，如果单从句子级给出情感分析结果，情感是积极的。但是，很多用户的需求不仅限于想知道该产品的整体口碑，还想知道它的各个方面的具体口碑，例如，一位用户想要购买年轻、显活力的鞋子，而另一位用户需要透气舒适的鞋子，那么单单知道鞋子还不错是远远不够的,他们还需要知道鞋子在以上各个方面的口碑如何。因此，需要利用方面级情感分析方法。那么，这里的"鞋子"是实体，而"款式"、"颜色"和"材料"是这个实体的三个具体方面，可以得到这三个方面的具体情感极性分别为积极、消极。正因于此，用户可以更好地结合自身需求和互联网评论的具体情况，来做出适合自己的选择。

1. 基于 LSTM 和 GRU 的方法

基于普通 RNN 进行改造的网络能够更好地代替 RNN 来处理序列化数据。本节主要使用了两种方法，分别是基于 LSTM 的方法和基于 GRU 的方法。

1) TC-LSTM 模型和 TD-LSTM 模型

TD-LSTM 的模型结构如图 8-10 所示。

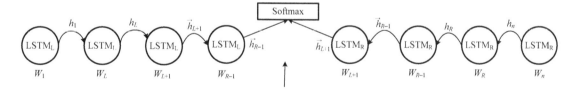

图 8-10　TD-LSTM 模型结构

在 TD-LSTM 模型中使用了两个 LSTM，左边的记为 $LSTM_L$，右边的记为 $LSTM_R$。分别对方面词左边的文本和右边的文本进行建模。

$LSTM_L$ 的输入是方面词的前文和方面词，$LSTM_R$ 的输入是方面词和方面词的后文。模型从左到右运行 $LSTM_L$，从右至左运行 $LSTM_R$。使用这种结构还有一个好处就是模型认为将方面词作为 LSTM 的最后一个时序单元，能够更好地利用方面词的语义。之后，模型将 $LSTM_L$ 和 $LSTM_R$ 的最后一个单元的隐藏层输出进行连接,并将其输入到 Softmax 层，完成对方面词的情感分类。

相比于 LSTM 模型，目标依赖的 TD-LSTM 依然不够好，这是由于它依然没有捕获方面词和评论文本的各个单词之间的联系，但这对确定方面词的情感极性有着很重要的作用。基于这个考虑，一种目标连接的 LSTM(Target-Connection LSTM，TC-LSTM) 被提出。

TC-LSTM 通过将方面词和评论文本中的单词进行连接，扩展了 TD-LSTM。它的模型结构如图 8-11 所示。

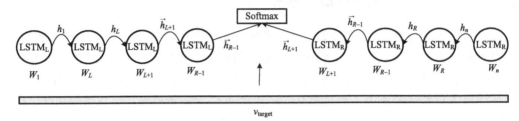

图 8-11　TC-LSTM 模型结构

TC-LSTM 的输入是由 n 个单词组成的句子 $\{w_1, w_2, \cdots, w_n\}$ 和评论文本中的方面词 $\{w_{l+1}, w_{l+2}, \cdots, w_{r-1}\}$。方面词的数量是可变的，模型通过对其所包含的词向量进行求平均，得到词向量的表示 v_{target}。模型在执行情感分类任务的时候，将句子分为了三个部分：方面词、方面词的前文、方面词的后文。在计算两个 LSTM 的隐藏层输出的时候，TD-LSTM 和 TC-LSTM 使用到的方法类似。与 TD-LSTM 不同的是，TC-LSTM 里每个时序单元的输入是评论文本的单词嵌入和 v_{target} 的连接。这使得 TC-LSTM 在表示评论文本的时候，能够更充分地利用方面词和评论文本中的单词语义的关联。

在训练 TD-LSTM 和 TC-LSTM 的时候，采用了端到端的训练方式，损失函数为交叉熵损失，即

$$\text{loss} = -\sum_{s \in S} \sum_{c=1}^{C} P_c^g(s) \log P_c(s) \tag{8-19}$$

式中，S 是训练数据；C 是情感分类的种类；s 是一个评论文本；$P_c(s)$ 是 Softmax 层预测情感分析结果为 c 类的概率；$P_c^g(s)$ 是分析结果为 c 是否正确，它的值是 0 或者 1。模型通过反向传播求出损失函数对所有参数的倒数，采用随机梯度下降法更新参数。

2) 基于 GRU 网络的 Cabasc 模型

根据实证研究，现存的许多用于情感分析的神经网络模型存在一些共同的问题：第一，大部分注意力模型都只考虑了局部的上下文信息，而没有考虑每个上下文单词的相关性和其对给定方面词的贡献，并不是每个情感词都是针对给定的方面词的。第二，现有的大多数注意力模型只考虑单词级别的注意力计算，而没有考虑整个句子表达的整体含义，这就导致模型不能准确地识别出那些带有讽刺语义的句子。第三，一个评论文本可能包含给定主题的多个方面。因此，对于每个不同的方面词，评论文本中的每个单词都有着不同的重要性。

Cabasc 模型比较系统地考虑了这三个问题。模型提出了一个句子层的内容注意力机制，用来解决第一个、第二个问题。在计算注意力权重的时候，模型既考虑到了评论文

本中每个单词和方面词所传达的信息，又考虑到了整
个评论文本的意思。为了解决第三个问题，模型提出
了一种语境注意力机制。它既考虑了词语出现的顺
序，又考虑了词语和方面词之间的相互联系。

Cabasc 模型的结构如图 8-12 所示。

(1) Memory 模块。使用评论文本的词向量表示来构
建一个长期记忆模块 $M = \{m_1, m_2, \cdots, m_N\}$，$M \in \mathbf{R}^{d \times N}$，
其中 d 是词嵌入向量的维度。M 存储输入文本语句的
信息，其中内存内容为可学习变量，模型的任务是学
习如何利用内存预测情感极性。

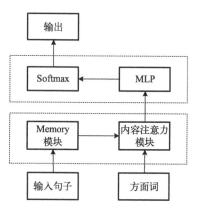

图 8-12　Cabasc 模型结构

(2) 内容注意力模块。首先将输入的文本 S 分成
两个部分：方面词加上方面词左边的文本 $S_{ls} = \{S_1, \cdots, S_{i-1}, S_i, \cdots, S_{i+L}\}$、方面词加上方面词
右边的文本 $S_{rs} = \{S_i, \cdots, S_{i+L}, S_{i+L+1}, \cdots, S_N\}$。使用词嵌入表示完之后，记为 $E_{ls} = \{e_1, \cdots, e_{i-1}, e_i, \cdots, e_{i+L}\}$、$E_{rs} = \{e_i, \cdots, e_{i+L}, e_{i+L+1}, \cdots, e_N\}$。

该模型使用了两个 GRU 神经网络，即一个左边的 GRU_L 和一个右边的 GRU_R。左边
的 GRU_L 的输入是 E_{ls}，模型从右到左地运行网络。在 t 时刻的时序步骤中，GRU_L 会注
意到单词 e_t，然后更新它的内部隐藏状态 h_t，即

$$\begin{cases} r_t = \sigma(W_r e_t + U_r h_{t-1}) \\ zt = \sigma(W_z e_t + U_z h_{t-1}) \\ \tilde{h}_t = \tanh(W_h e_t + U_h(r_t \odot h_{t-1})) \\ h_t = z_t \odot h_{t-1} + (1 - z_t) \odot \tilde{h}_t \end{cases} \tag{8-20}$$

式中，W_r、U_r、Z、U_z、W_h、U_h 是权重矩阵；σ 是非线性激活函数；更新门 r_t 控制当前单
元的新隐藏状态；重置门 z_t 控制从前面一个单元传过来的隐藏状态有多少被保留。在读
取 E_{ls} 之后，GRU_L 产生了一个隐藏状态列表 $H_{ls} = \{h_{i+Ll}, \cdots, h_{il}, h_{i-1}, \cdots, h_1\}$。$\text{GRU}_R$ 的做法也
是相同的，只不过它是从左到右地运行。GRU_R 的隐藏状态列表是 $H_{rs} = \{h_{ir}, \cdots, h_{i+L_r}, h_{i+L+1}, \cdots, h_N\}$。模型使用一个 MLP 层来计算 h_1 的注意力权重 β_1，$\beta_1 = \sigma(W_{10}h_1 + b_5) + b_l$，
其中 h_l 是 H_{ls} 中的元，W_{10} 是权重矩阵，b_5 是偏置，b_l 是一个基础注意力权重。用同样的
方法来计算 β_r，然后利用左边的 MLP 层的前 $i-1$ 个输出来构建方面词左边单词的注意
力权重 $\beta_{lc} = \{\beta_1, \cdots, \beta_{i-1}\}$，利用右边的 MLP 层的来构建方面词右边单词的注意力权重
$\beta_{rc} = \{\beta_{i+L+1}, \cdots, \beta_N\}$。将方面词的注意力权重记为 $\beta_a = \{\beta_i, \cdots, \beta_{i+L}\}$，其中 β_k 的计算为

$$\beta_k = (\beta_{k_l} + \beta_{k_r}) \times 0.5 \tag{8-21}$$

由 β 可以计算出权重 Memory 矩阵 $M_w = (m_{w1}, m_{w2}, \cdots, m_{wN})$，具体计算为

$$m_{wi} = y_i \odot m_i \tag{8-22}$$

式中，m_i 是 Memory 模块 M 的一个切片；y_i 是由 β_i 获得的。最后，将 M_w 的平均值(对
单词的维度求平均)作为整个句子的表达。

2. 基于 Attention 机制的深层记忆网络 MemNet 模型

对于方面级的情感分析，往往同一个文本中带有多个影响情感极性的单词，这些单词有些是对给定方面有重要影响的，有些却对给定方面的影响较小甚至没有影响。因此，在模型中引入 Attention 机制是非常有必要的。本节将介绍一种使用了 Attention 机制的深层记忆网络 MemNet 模型，其结构如图 8-13 所示。

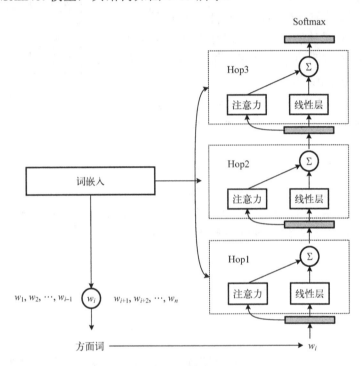

图 8-13　MemNet 模型结构

本模型使用了记忆网络，它的中心思想是利用长期记忆进行学习，这个长期记忆可以进行读、写、共同学习，模型用它来进行预测。

给定一个评论文本 $S = \{s_1, s_2, \cdots, s_i, \cdots, s_n\}$ 和方面词 w_i，首先用单词的嵌入向量来表示文本中的每个单词。整个评论文本的词向量被分成两部分：方面词表示和上下文单词表示。其中，方面词表示是取所有构成方面的单词的词向量平均值，为了更简单地进行解释，将 aspect 看作一个单词 w_i，则上下文单词向量表示为 $(e_1, e_2, \cdots, e_{i-1}, e_{i+1}, \cdots, e_n)$，将它作为外部存储器 $m \in \mathbf{R}^{d \times (n-1)}$，其中 n 为句子长度。

本模型由多个计算层组成，每个计算层包含一个注意力机制和一个线性层。在第一个计算层(Hop1)中，将方面词的嵌入向量作为输入，注意力模块会根据输入，从记忆 m 中选出重要的信息。将方面词向量的线性变换和注意力模块的输出进行求和，将结果作为下一层(Hop2)的输入。不断重复这样的操作，次数即网络的层次。把最后一次循环的输出向量作为评论文本关于方面词的表示，将这个表示作为判断方面词情感极性的方法。Attention 模块和线性变换模块的参数在不同的层次里是共享的，所以不管网络循环多少次，模型的参数量是不变的。

本模型的输入为外部存储器 $m \in \mathbf{R}^{d \times k}$ 和方面词向量 $v_a \in \mathbf{R}^{d \times 1}$，注意力模块输出连续向量 $\mathrm{vec} \in \mathbf{R}^{d \times 1}$，它是 m 里的每一个单词嵌入的加权和：$\mathrm{vec} = \sum_{i=1}^{k} \alpha_i m_i$。其中，$k$ 为内存大小，$\alpha_i \in [0,1]$ 为第 i 个单词嵌入 m_i 所占的权重，所有单词的权重之和为 1。本模型中，对于每一个记忆切片 m_i，使用前馈神经网络来计算它与方面词的语义联系。计分函数为 $g_i = \tanh(W_{\mathrm{att}}[m_i; v_{\mathrm{aspect}}] + b_{\mathrm{att}})$，其中 $W_{\mathrm{att}} \in \mathbf{R}^{1 \times 2d}, b_{\mathrm{att}} \in \mathbf{R}^{1 \times 1}$。

计算出 $\{g_1, g_2, \cdots, g_k\}$ 之后，将它送入一个 Softmax 层来计算最终的贡献得分 $\{\alpha_1, \alpha_2, \cdots, \alpha_k\}$，具体见式(8-23)：

$$\alpha_i = \frac{\exp(g_i)}{\sum_{j=1}^{k} \exp(g_j)} \tag{8-23}$$

可以发现，到目前为止，本模型还有一些不足，它忽略了上下文单词和方面词之间的位置信息。而这个位置信息是有作用的，因为按照日常经验，那些更加靠近方面词的单词对情感极性的影响要比距离远的单词更大。这里，将距离定义为某个单词和方面词的绝对距离。模型提出了四种位置信息编码策略。

策略 1：计算记忆 m 的时候按照式(8-24)方法计算：

$$m_i = e_i \odot v_i \tag{8-24}$$

式中，$v_i \in \mathbf{R}^{d \times 1}$ 是单词 w_i 的位置向量。v_i 里的每个数值的计算方法为

$$v_i^k = \left(1 - \frac{l_i}{n}\right) - (k/d)(1 - 2 \times l_i / n) \tag{8-25}$$

式中，n 为评论文本的长度；k 为循环次数；l_i 为单词 w_i 的位置。

策略 2：策略 1 的简化版本，它在每次循环里使用了相同的 v_i。位置向量 v_i 的计算方法为

$$v_i = 1 - l_i / n \tag{8-26}$$

策略 3：将位置向量 v_i 作为模型的参数，内存的计算方法是将词嵌入和 v_i 相加，即

$$m_i = e_i + v_i \tag{8-27}$$

所有的位置向量在一起组合成一个位置矩阵，模型将在训练的时候利用梯度下降的方法训练出这个矩阵。

策略 4：将位置向量视作模型的参数。和策略 3 不同的是，位置向量被用来控制每个单词的语义被写入内存的百分比。只需要将 v_i 输入 Sigmoid 函数即可，具体计算为

$$m_i = e_i \odot \sigma(v_i) \tag{8-28}$$

8.3.3　带有 Attention 机制的 LSTM 网络的方法

LSTM 网络非常适合处理序列化数据，并且能够弥补传统 RNN 存在的诸多不足。而 Attention 机制又能模拟人类的注意力机制，能够给那些对方面词的情感极性贡献更大的

单词和词语更多的权重。因此，方面级情感分析中许多优秀的模型都是基于这二者的结合构建出来的。

1. 基于方面嵌入的 AT-LSTM 模型

普通的 LSTM 无法检测出评论文本中哪些单词是方面级情感分类的重要部分。AT-LSTM 模型为了解决这个问题，设计了一种注意力机制，从而能够捕捉评论文本的关键部分并将其提供给特定的方面词。基于注意的 LSTM (AT-LSTM)模型结构如图 8-14 所示。

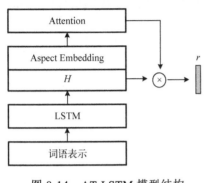

图 8-14　AT-LSTM 模型结构

记 $H \in \mathbf{R}^{d \times N}$ 为隐藏层向量组成的矩阵 $[h_1, h_2, \cdots, h_n]$，其中 d 表示隐藏层的大小，N 是评论文本的单词长度。记 v_a 表示方面词向量，并记 $e_N \in \mathbf{R}^N$ 为列向量。注意力机制将输出一个权重向量 α 和加权隐藏表示 r。该模型的计算为

$$\begin{cases} M = \tanh\left(\begin{bmatrix} W_h H \\ W_v v_a \otimes e_N \end{bmatrix} \right) \\ \alpha = \text{Softmax}(w^{\mathrm{T}} M) \\ r = H \alpha^{\mathrm{T}} \end{cases} \quad (8\text{-}29)$$

最终的评论文本表示：

$$h^* = \tanh(W_p r + W_x h_N) \quad (8\text{-}30)$$

式中，h^* 为评论文本关于某个给定方面的特征表示。然后，通过一个线性层和 Softmax 函数将评论文本向量转换成 e，e 的长度等于情感分类的种类数量 $|C|$。

2. 交互式注意力网络模型

交互式注意力网络(Interactive Attention Networks，IAN)模型是基于长短期记忆网络和注意力机制构建的。IAN 利用注意力机制面向给定的方面词从评论文本中获取重要信息，并计算出评论文本对于给定方面的表示，进一步进行情感分类。另外，模型还利用评论文本的交互信息，来监督方面词的建模，有助于判断方面词的情感极性。最后，模型将评论文本表示和方面词表示进行连接，通过连接结果预测方面词的情感极性。

IAN 模型由目标方面词和评论文本上下文交互建模两个部分组成。将它们的词嵌入作为输入，通过 LSTM 网络分别获得方面词和评论文本上下文单词的词语级隐藏状态。模型分别使用方面词的隐藏状态和评论文本上下文的隐藏状态的平均值去监督对方的注意力权重向量的生成，该注意力权重向量用来获取评论文本上下文和方面词中的重要信息。这样的设计使得目标方面词和评论文本上下文可以交互式地影响对方表示的生成。最后，模型将目标方面词表示和评论文本上下文表示串联起来，作为最终表示，并将这个表示传送给 Softmax 函数，进行方面级的情感分析。

在将数据输入到 LSTM 之后，通过对隐藏状态求平均值，模型可以得到评论文本上

下文和方面词的初始表示，分别记为 c_{avg} 和 t_{avg}。将它们作为输入，通过注意力机制来选择对正确判断情感极性有帮助的信息。通过评论文本上下文单词表示 $[h_1, h_2, \cdots, h_n]$ 和目标方面词 t_{avg}，注意力机制生成注意力权重向量 α_i 的具体方式为

$$\alpha_i = \frac{\exp(\gamma(h_c^i, t_{avg}))}{\sum_{j=1}^{n} \exp(\gamma(h_c^j, t_{avg}))} \tag{8-31}$$

式中，γ 是得分函数，计算评论文本上下文中每个单词的重要性权重。得分函数的生成为

$$\gamma(h_c^i, t_{avg}) = \tanh(h_c^i W_a t_{avg}^{\mathrm{T}} + b_a) \tag{8-32}$$

利用同样的方式，对于目标方面词，通过利用上下文表示 c_{avg}，模型能够计算它的注意力权重向量 β_i，通过交互式的结构，模型既考虑了目标方面词对评论文本语境的影响，又考虑了评论文本语境对目标方面词的影响，这能够为模型的情感特征建模提供更多的相关线索。

在计算完单词的注意力权重之后，模型利用这个权重，可以得到评论文本的上下文表示 c_r 和目标方面词表示 t_r，即

$$\begin{cases} c_r = \sum_{i=1}^{n} \alpha_i h_c^i \\ t_r = \sum_{i=1}^{m} \beta_i h_t^i \end{cases} \tag{8-33}$$

最后，把目标方面词表示 t_r 和评论文本上下文表示 c_r 连接成向量 d 作为模型的分类器。再使用非线性层将 d 变换到情感分析类别 C 的向量空间中，并使用 Softmax 函数输出预测概率。

8.3.4 带有 Attention 机制的双向 LSTM 网络的方法

单向的 LSTM 搭配 Attention 机制已经能够很好地完成方面级情感分析的任务了，但是还有一点可以改进的就是单向 LSTM 只能从上文向下文传递信息，但是评论文本中的单词往往不仅和上文的语境有关，还和下文的语境相关。因此，在此基础上，对前面的核心思想进行改进，便是带有 Attention 机制的双向 LSTM 网络的方法。

1. 基于 Attention-over-Attention 的 AOA 模型

前面介绍过 IAN 模型，它既能捕捉到评论文本中的重要部分，又能捕捉到目标方面词中的重要部分。AOA 的模型与该模型是类似的，AOA 模型发现在 IAN 中，pooling 操作会忽略掉评论文本中单词之间以及目标方面词之间的词对交互，AOA 模型能够解决这一个问题。

AOA 模型的总体架构主要由四个部分组成：词向量嵌入、双向长短期记忆(Bi-LSTM)、Attention-over-Attention 模块和最后的预测模块。

在用词向量表示出评论文本以及目标方面词之后，将这两组词向量分别输入到各自

的双向 LSTM 网络中。模型使用这两个 Bi-LSTM 网络来学习评论文本和目标方面词的隐藏语义。其中 Bi-LSTM 是通过将两个 LSTM 网络叠加在一起得到的。对于输入 $s=[v_1;v_2;\cdots;v_n]$ 和从左到右的 LSTM 网络，模型生成一个隐藏状态 $h_{s1}\in\mathbf{R}^{n\times d}$，其中 d 代表隐藏状态的维度。通过将 s 输入另一个从右到左的 LSTM 网络来生成另一个隐藏状态 $\vec{h}_{s2}\in\mathbf{R}^{n\times d}$，将二者进行连接作为总的隐藏状态，即

$$\begin{cases}\vec{h}_{s1}=\text{LSTM}\vec{M}([v_1,v_2,\cdots,v_n])\\ \vec{h}_{s2}=\text{LSTM}([v_1,v_2,\cdots,v_n])\\ h_s=[\vec{h}_{s1},\vec{h}_{s2}]\end{cases}\tag{8-34}$$

模型用同样的方法计算目标方面词 t 的隐藏状态 h_t。通过之前的步骤，模型能够得到评论文本和方面词各自的隐藏语义表示，现在需要再通过一个 AOA 模块来计算评论文本的注意力权重。对于给定的目标方面词表示 $h_t\in\mathbf{R}^{m\times 2d}$ 和评论文本表示 $h_s\in\mathbf{R}^{m\times 2d}$，模型先计算一个成对交互矩 $I=h_s h_t$，矩阵中的每个元素的值代表评论文本与目标方面词之间每个单词对的相关性。分别对矩阵的列和行进行 Softmax 操作，模型得到评论文本关于方面词的注意力矩阵 α 和方面词关于评论文本的注意力矩阵 β。对 β 按列求平均后，模型得到一个目标级别注意力矩阵，它表明这个方面词的各个组成单词的重要程度。最终的文本级别注意力 $\gamma\in\mathbf{R}^n$ 是根据 α 计算加权和而得到的。通过分析组成方面词的每个单词的重要性，模型学习评论文本中的每个单词的重要性权重。具体计算为

$$\begin{cases}\alpha_{ij}=\dfrac{\exp(I_{ij})}{\sum_i\exp(I_{ij})}\\[3mm]\beta_{ij}=\dfrac{\exp(I_{ij})}{\sum_i\exp(I_{ij})}\\[3mm]\overline{\beta}_j=\dfrac{1}{n}\sum_i\beta_{ij}\\[2mm]\gamma=\alpha\cdot\overline{\beta}^{\mathrm{T}}\end{cases}\tag{8-35}$$

最后模型使用来自 AOA 模块的评论文本注意力对评论文本的隐藏的语义状态进行加权求和，用它来表征整个评论文本，具体计算为

$$r=h_s^{\mathrm{T}}\cdot\gamma\tag{8-36}$$

模型将这个评论文本表征作为最终的分类依据，并将它送入一个线性层中，将 r 投影变换到方面词情感极性种类 C 的向量空间中。利用线性层的输出，最后模型使用 Softmax 层计算评论文本中给定方面的情感极性 $c\in C$ 概率。

2. 基于 Memory 的循环注意力网络模型

基于 Memory 的循环注意力网络(Recurrent Attention Network on Memory，RAM)模型

提出了一个新的框架来执行方面级情感分析任务。由于双向循环神经网络在与文本理解相关的任务中表现优异，因此模型首先采用双向 LSTM (Bi-LSTM)从输入数据中生成记忆(即 LSTM 产生的隐藏状态)。然后，根据每个记忆元素相对于目标方面词的距离，对每个记忆元素进行加权，这样，同一个评论文本中的不同方面词就有了各自量身定做的记忆。然后，模型依据位置加权记忆，运用多次注意力机制，将注意力机制的结果与一个递归网络 GRU 相结合进行建模。最后，模型将 GRU 网络的输出传送到 Softmax 层，以预测目标方面词的情感极性。

同之前的基于 Bi-LSTM 一样，模型将评论文本送入双向 LSTM 之后，得到一个记忆内存(隐藏状态)。但是这个隐藏状态对于不同的方面词都是同样的输出结果。因此，模型设计了一个位置加权，t_{max} 为输入文本的长度，具体计算为

$$w_t = 1 - \frac{|t - \tau|}{t_{max}} \tag{8-37}$$

对于每个隐藏状态，都乘以一个对应的位置加权，从而得到位置加权记忆。该模型使用 GRU 来更新 episode。记 e_{t-1} 表示前一时刻的 episode，i_t^{AL} 表示从记忆模块中得到的当前信息，e_t 的更新过程为

$$\begin{cases} r = \sigma(W_r i_t^{AL} + U_r e_{t-1}) \\ z = \sigma(W_z i_t^{AL} + U_z e_{t-1}) \\ \tilde{e}_t = \tanh(W_x i_t^{AL} + W_g(r \odot e_{t-1})) \\ e_t = (1 - z) \odot e_{t-1} + z \odot \tilde{e}_t \end{cases} \tag{8-38}$$

模型利用记忆模块里的每个切片 m_j 和上一个 episode 结果 e_{t-1} 来计算记忆力得分结果，具体计算为

$$g_j^t = W_t^{AL}(m_j, e_{t-1}[v_\tau]) + b_t^{AL} \tag{8-39}$$

然后模型计算出每个记忆切片的归一化注意分值，具体计算为

$$\alpha_j^t = \frac{\exp(g_j^t)}{\sum_k \exp(g_k^t)} \tag{8-40}$$

最后，t 时刻 GRU 的输入是 $t-1$ 时刻的 episode 结果 e_{t-1} 和从记忆中得到的 i_t^{AL}，它的计算为

$$i_t^{AL} = \sum_{j=1}^{T} \alpha_j^t m_j \tag{8-41}$$

经过循环之后，可以得到一个向量 e_n，将它作为面向给定方面的句子表示，经过线性层和 Softmax 层，输出预测概率。

本节主要介绍了实现情感分析所使用的方法，主要包括了传统的基于情感词典的方法和基于深度学习的方法，其中，近年来情感分析关注的要点主要是方面级的情感分析，

因此基于深度学习的方法围绕着"方面级"展开。近年来随着 BERT 的强势出现,"方面级"情感分析的准确度也正在被不断地刷新,感兴趣的读者可以自行查阅资料。

8.4　本　章　小　结

本章介绍了文本分类、文本聚类及情感分析的相关概念。首先,介绍文本分类的定义、传统文本分类的方法,以及基于深度学习的分类器设计(如 FastText 等);然后,探讨文本聚类的定义、实现情感分析的算法;最后,阐述带有 Attention 机制的 LSTM 网络方法。

习　题　8

1. 简述实现文本分类的实现过程。

2. 简述 K-means 算法的流程以及使用该算法实现文本聚类的流程。

3. 简述文本分类和情感分析之间的共同点和不同点,以及情感分析的独特之处。两个任务的技术方法之间是否可以互通?

4. 关于文本的分析是自然语言处理的一个重要的技术门类,随着现在技术的发展,越来越多的文本分类、情感分析任务引入了注意力机制,请读者思考引入注意力机制的原因。

习题 8 答案

第9章 信息抽取

本章导读

随着计算机技术的飞速发展和互联网应用的普及，人们通过互联网获取的资源呈爆炸式增长。如何从日益增长的数据中快速准确地提取出所需的信息已成为研究人员面临的重要问题。信息抽取(Information Extract，IE)就是在这样的背景下诞生的。IE的主要功能是从结构化、半结构化或非结构化文档中提取人们需要的特定事实信息。IE通常以结构化格式表示提取的事实信息，并将其存储在数据库中，以供用户以后轻松检索和使用。

本章要点

(1) 实体识别与抽取的概念及简单实现。

(2) 实体消歧的概念及简单实现。

(3) 关系抽取的概念及简单实现。

(4) 事件抽取的概念及简单实现。

9.1 实体识别与抽取

9.1.1 命名实体识别概述

实体可以简单地理解为某个概念(实体类型)的具体实例。例如，“国家”是一种概念(实体类型)，一个具体的“国家”实体可以是“中国”。因此命名实体识别的过程实际上就是从文本中挑选要获取的实体类型(概念)的具体实体的过程。

计算机无法直接理解输入的文本，因此执行命名实体识别任务前，通常需要对文本进行标注，常见的NER的数据标注方式主要是BIO和BIOES，这里简单介绍BIOES，BIO与其类似。

(1) B代表实体的开始。

(2) I代表字符序列在某实体类型中。

(3) O即Other，标记无关字符。

(4) E代表实体的结束。

(5) S即Single，表示单个字符。

对“小明在哈尔滨工程大学的体育馆中看了一场比赛”这句话进行标注，假设设定的实体类型包括了PER(人物)、ORG(组织)以及LOC(地点)，其结果就是

[B-PER, E-PER, O, B-ORG, I-ORG, I-ORG, I-ORG, I-ORG, I-ORG, E-ORG, O, B-LOC, I-LOC, E-LOC, O, O, O, O, O, O, O]

那么，换句话说，命名实体识别的过程就是根据输入的句子，预测出其标记序列的过程。

9.1.2 有监督学习方法实现命名实体识别

1. 基于隐马尔可夫模型(HMM)的命名实体识别

隐马尔可夫模型的具体介绍和训练过程可以查看 4.2 节的内容。命名实体识别问题可以被当作序列标注问题来进行处理，以 HMM 来解决 NER 问题的角度，所能观测到的是字组成的序列(观测序列)，观测不到的是每个字对应的标注(状态序列)。本书以 2004 年张华平发表的文章《基于角色标注的中国人名自动识别研究》里面涉及的 HMM 和实体识别的部分为例。通常在文本中，中国人名相关的句子可以拆分成若干的角色(组成部分)，如姓、名、人名无关上下文等。那么换一个角度说：可以对含有人名的句子进行标注，通过标签预测任务来识别人名。

假设 W 是分词后的 token 序列(即未登录词识别前的词语切分结果)，T 是 W 某个可能的角色标记序列，其中 $T^{\#}$ 是最终的标注结果，也就是概率最大的结果序列，即

$$W = (w_1, w_2, \cdots, w_m) \tag{9-1}$$

$$T = (t_1, t_2, \cdots, t_m) \tag{9-2}$$

$$T^{\#} = \mathrm{argmax}_T \, P(T \mid W) \tag{9-3}$$

根据贝叶斯公式，可得

$$P(T \mid W) = P(T)P(W \mid T) / P(W) \tag{9-4}$$

对于一个特定的 token 来说，$P(W)$ 是一个常数，因此根据 $T^{\#}$ 和 $P(W \mid T)$ 的式子可得

$$T^{\#} = \mathrm{argmax}_T \, P(T)P(W \mid T) \tag{9-5}$$

如果把词 w_i 视为观察值，把角色 t_i 视为状态值(其中 t_0 为初始状态)，则 W 是观测序列，而 T 为隐藏在 W 后的状态序列，这是一个隐马尔可夫链，那么，可以引入隐马尔可夫模型来计算 $P(T)P(W|T)$，即

$$P(T)P(W \mid T) \approx \prod_{i=1}^{m} P(w_i \mid t_i)P(t_i \mid t_{i-1}) \tag{9-6}$$

因此存在式(9-7)中的关系：

$$T^{\#} \approx \mathrm{argmax}_T \prod_{i=1}^{m} P(w_i \mid t_i)P(t_i \mid t_{i-1})n \tag{9-7}$$

为了简化计算，对式(9-7)中的概率取负对数，可得

$$T^{\#} \approx \operatorname{argmin}_T \sum_{i=1}^{m} [\ln P(w_i \,|\, t_i) + \ln P(t_i \,|\, t_{i-1})] \tag{9-8}$$

最后，角色自动标注问题可以通过维特比算法求解式(9-8)来解决。式(9-8)中的 $P(w_i \,|\, t_i)$ 表示在给定角色 t_i 的条件下，token 为 w_i 的概率，$P(t_i \,|\, t_{i-1})$ 表示角色 t_{i-1} 到角色 t_i 的转移概率。根据大数定律，在大规模语料数据的条件前提下可得

$$P(w_i \,|\, t_i) \approx C(w_i, t_i) / C(t_i) \tag{9-9}$$

式中，$C(w_i, t_i)$ 为 w_i 作为角色 t_i 出现的次数；$C(t_i)$ 为角色 t_i 出现的次数。

同时可得

$$P(t_i \,|\, t_{i-1}) \approx \frac{C(t_{i-1}, t_i)}{C(t_{i-1})}, \quad i > 1 \tag{9-10}$$

式中，$C(t_{i-1}, t_i)$ 为角色 t_{i-1} 的下一个角色是 t_i 的次数。

根据上述描述，可以发现，隐马尔可夫模型对应的三个要素最后都可以变为对训练数据的统计问题，这就是利用 HMM 实现命名实体识别的训练过程。之后在既定的参数情况下，利用维特比算法便可以进行标记序列的解码和预测。

2. 基于条件随机场的命名实体识别

关于条件随机场的详细描述在 4.4 节已经给出，这里不再赘述。CRF 算法的实现过程和 HMM 有相似的地方，最后的解码也可以通过维特比算法来实现。根据前面的介绍，假设有由 n 个字符组成的句子(定义 X 为观测序列)，已经用 BIOES 方法标注好(定义 Y 为标记序列)。在实际的自然语言处理中，一般假设变量 X 和 Y 具有相同的结构，如图 9-1 所示。一般将这种结构称为线性条件随机场，定义如下。

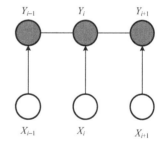

图 9-1 条件随机场变量关系示例

设 $X = (X_1, X_2, \cdots, X_n)$ 和 $Y = (Y_1, Y_2, \cdots, Y_n)$ 均为线性链表示的随机变量序列，若在给定的随机变量序列 X 的条件下，随机变量序列 Y 的条件概率分布 $P(Y \,|\, X)$ 构成条件随机场，且满足马尔可夫性，即

$$P(Y_i \,|\, X, Y_1, Y_2, \cdots, Y_n) = P(Y_i \,|\, X, Y_{i-1}, Y_{i+1}) \tag{9-11}$$

则 $P(Y \,|\, X)$ 为线性链条件随机场，可以看到，CRF 不仅考虑了上一个状态 Y_{i-1}，还考虑了后续的 Y_{i+1}。因此，在利用 CRF 执行任务的时候，当前结点的状态依赖于周围结点的状态，而不仅仅是其上一个状态。

这里以机构名称识别为例，假设有句子："我爱哈尔滨工程大学"。

该句子的标注结果肯定为[O, O, B-ORG, I-ORG, I-ORG, I-ORG, I-ORG, I-ORG, E-ORG]。

如同上述的 HMM 一样，正确的标注结果仅仅是 CRF 预测结果的一种。为了找到最靠谱的标注结果，CRF 模型通常需要依赖特征函数(特征函数可以是一个集合)对各个结果进行打分，最终结果将会是分数最高的标注结果。

给定观测序列 X 的条件下，相应的标记序列 Y 的概率，即条件随机场的模型为

$$P(Y|X) = \frac{1}{Z(X)}\exp\left(\sum_i\sum_k\lambda_k t_k(y_{i-1},y_i,x,i) + \sum_i\sum_k\mu_k s_k(y_i,x,i)\right) \qquad (9\text{-}12)$$

在 CRF 中，有两种特征函数，分别是转移函数 $t_k(y_{i-1},y_i,x,i)$ 和状态函数 $s_k(y_i,x,i)$。其中 $t_k(y_{i-1},y_i,i)$ 依赖于当前和前一位置，表示从标记序列中位置 $i-1$ 上的标记 y_{i-1} 转移到位置 i 上的标记 y_i 的概率。$s_k(y_i,x,i)$ 依赖于当前位置，表示标记序列在位置 i 上的标记为 y_i 的概率，并通过取值为 1 或者 0，表示符合或者不符合该条规则的约束。参数 λ_k 和 μ_k 通过从训练语料中训练求解得到，大的非负值表示该特征权重大，大的负值表示该特征在语料中不太可能发生。完整的特征函数的介绍和推导过程在 4.4 节中体现。举例说明在地名识别中特征函数的生成过程，假设观测序列为"北京市位于华北平原"。

地名标签采用 BIO 体系，在这里的任务是实现地名识别，这句话的人工标记序列为 BIIOOBIII。

将 B、I、O 对应的二值函数视作状态特征函数，则其对应了 9 种可能的状态转移，分别是：B->O，B->B，B->I，I->O，I->B，I->I，O->O，O->B，O->I。若观测序列和状态序列满足条件，特征函数取值为 1，否则取值为 0。最终的训练语料将以句子为单位，对句子中的每一个字都根据特征模板生成对应的特征函数，然后训练求解其权重。

为了统一表示，最终条件随机场模型为

$$P(Y|X) = \frac{1}{Z(x)}\exp\left(\sum_k\lambda_k F_k(y,x)\right) \qquad (9\text{-}13)$$

式中，$F_k(y,x)$ 是 t_k 和 s_k 的统一表示。

CRF 模型在训练过程中会生成多个作用不同的特征函数(对地名识别起到不同作用)，这些函数有不同的权重。同时，又因为根据语料统计可以得到条件概率 $P(y|x)$，模型的训练就转变为求解各个特征数的权重。权重求解过程可以通过改进的迭代尺度法、拟牛顿法等求解，条件随机场的求解过程在第 4 章中已经详细介绍过，这里不再赘述。

根据条件随机场的理论，在模型存在时(即特征函数以及对应的权重均为已知)，地名识别任务转变为对新的文本序列生成特征函数以及求式(9-14)的最优解：

$$y^* = \mathrm{argmax}_y P(Y|X) = \mathrm{argmax}_y\sum_k f_k(y_{i-1},y_i,x,i) \qquad (9\text{-}14)$$

生成特征函数与训练模型时相同。求解标记序列的最优解可视作求解最优路径问题，最常见的解法是动态规划。

识别的结果是文本的标记序列，与训练集的标记序列类似，以 BIO 体系标记，需要将 B 部分以及后续的 I 部分结合起来才能形成一个完整的地名。例如，句子"总理昨天离京，飞抵上海"，经识别后的序列为 OOOOOBOOBI，那么该句有两个地名：一个是单独的 B，对应位置的地名为"京"；另一个是 B 及其后续的 I 的组合对应位置的地名为"上海"。

9.1.3 基于深度学习的 NER

使用深度学习进行命名实体识别有如下的优点。

(1) NER 可以利用深度学习非线性的特点，从输入到输出建立非线性的映射。相比于线性模型(条件随机场(CRF)、隐马尔可夫模型(HMM)等)，在大量训练数据以及非线性激活函数的条件下，深度学习可以学习得到更加复杂精致的 NER 特征。

(2) 深度学习不需要过于复杂的特征工程。传统的基于特征的方法需要大量的工程技巧与领域知识；而深度学习方法可以从输入中自动发掘信息以及学习信息的表示，而且通常这种自动学习并不意味着更差的结果。

(3) 深度 NER 模型是端到端的。端到端模型的一个好处在于可以避免流水线(Pipeline)类模型中模块之间的误差传播；另一个好处是端到端的模型可以承载更加复杂的内部设计，最终产生更好的结果。

计算机无法理解输入的文本，因此需要对输入文本进行编码以便于计算机进行学习。最直接粗暴的文本编码方法是 one-hot，但是利用该方法在执行 NER 任务时会出现几个问题：编码维度大、编码极度稀疏、编码向量两两正交(无法用于计算单词相似度)。因此，在真正执行任务时，常见的文本表示方法主要有两种。

① 单词级别的表示：Word2Vec、Glove、Embedding 等。

② 字符级别的表示：ElMO。字符级别的表示能更有效地利用单词级别信息，如前缀、后缀等。另外，它还可以很好地处理 out-of-vocabulary 问题(即未登录词，语料中不存在的词语)。字符级别的表示可以对没有见过的(训练语料中未曾出现的)单词进行合理推断并给出相应的表示，在语素层面上共享、处理信息。

在深度学习领域，RNN 及其一系列改版非常适合序列处理任务，因此命名实体识别常见的深度学习网络结构很多都是基于 RNN 的，但是随着研究的发展，近年来有学者用改版的 CNN 完成了 NER 任务并且效果不凡。举例说明 Bi-LSTM 实现 NER 的具体过程。

循环神经网络在处理序列输入时效果优秀，它有两个最常见的变种：GRU、LSTM。

特别地，双向循环神经网络(Bidirectional RNN)能很好地实现信息的传递，可以有效利用全局信息。因此，双向循环神经网络(Bi-LSTM)逐渐成为 NER 这类序列标注问题的标准解法。

以"我爱中国"进行演示，在 Bi-LSTM 结构中，编码的情况如图 9-2 所示。

前向的 LSTM_L 依次输入"我"、"爱"和"中国"得到三个向量 $\{h_{L0}, h_{L1}, h_{L2}\}$。后向的 LSTM_R 依次输入"中国"、"爱"和"我"得到三个向量 $\{h_{R0}, h_{R1}, h_{R2}\}$，最终将前向和后向 LSTM 提取的向量进行拼接，得到最终的特征向量 $\{\{h_{L0}, h_{R2}\}, \{h_{L1}, h_{R1}\}, \{h_{L2}, h_{R1}\}\}$，即 $\{h_0, h_1, h_2\}$。

假设在命名实体识别任务中，用 BIOES 的方法标注。那么到这里，网络实际上要进行的工作是：接收每个字符的 Embedding，并预测每个字符对应的五个标签的概率，也就是对应为 B、I、O、E、S 的概率。因此 Bi-LSTM 实现 NER 时最后通过全连接层将向量映射为一个五维的分布概率。

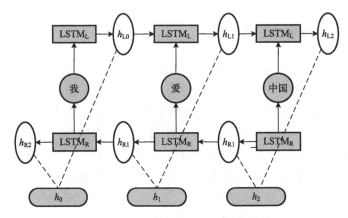

图 9-2　Bi-LSTM 编码情况

但是实际上,直接输出字符对应的概率最大的标签存在一定的局限性,虽然 Bi-LSTM 模型可以很好地利用全局信息来进行标签预测,但是模型标签的输出过程是相互独立的。实际上标签之间存在一定关系,例如,应该是 B 到 I 而不是 O。为了解决上述问题,通常的做法是引入一个 CRF 层。模型后续的问题又回到了条件随机场上,根据条件随机场模型式(9-12)。在式中, $Z(X)$ 为规范化因子/配分函数。对应到 Bi-LSTM-CRF 模型中, $Z(X)$ 为所有可能的状态的转移路径。

$t_k(y_{i-1}, y_i, x, i)$ 是转移函数且 $s_k(y_i, x, i)$ 是状态函数。根据它们的定义,可以很自然地将它们与 Bi-LSTM-CRF 中的 Emission Score(发射分数)和 Transition Score(转移分数)匹配:Emission Score 是由 Bi-LSTM 生成的、对当前字符标注的概率分布;Transition Score 是加入 CRF 约束条件的、字符标注之间的概率转移矩阵。从这个意义上讲,Bi-LSTM-CRF 其实就是一个 CRF 模型,只不过用 Bi-LSTM 得到状态特征值 $s_k(y_i, x, i)$,用反向传播算法更新转移特征值 $t_k(y_{i-1}, y_i, x, i)$。

在模型训练过程中,损失函数的定义为

$$P(\overline{y} \mid x) = \exp(\text{score}(x, \overline{y})) \Big/ \sum_y \exp(\text{score}(x, y)) \tag{9-15}$$

式中, $\text{score}(x, y) = \sum_{i=0}^{n} P_{i, y_i} + \sum_{i=0}^{n} A_{y_{i-1}, y_i}$,而 P_{i, y_i} 和 A_{y_{i-1}, y_i} 分别表示标记序列 y 中 y_i 的 Emission Score 和 Transition Score。通过查找 Bi-LSTM 的 Emission Score 和序列标记转移矩阵可以得到每个字符位置的得分,整个序列相加得到 $\text{score}(x, y)$ 。

9.2　实体消歧

9.2.1　实体消歧概述

一个实体存在歧义的例子如下。

(1) 迈克尔·乔丹是机器学习领域的一位专家。

(2) 迈克尔·乔丹获得过 NBA 冠军。

这里的"迈克尔·乔丹"实际上对应了两个不同领域的出名人物,但是对于词而言,它具有两个具体的指代,这就是实体歧义。而实体消歧任务就是要让计算机知道该词指代的具体实体。实体出现歧义通常是由于多样性(多名)和歧义性(重名)。多名指实体存在多种命名,如电脑也称作计算机。重名指的是一词多义,如上面提到的"迈克尔·乔丹"。

9.2.2 基于上下文相似度的实体消歧

基于上下文相似度的实体消歧方法旨在通过比较实体之间的上下文相似度来消歧,最相似的候选实体是消歧的结果。基于上下文相似度的实体消歧的实现通常有分类、聚类、基于主题和概率语言模型方法。本书以使用外部知识库(维基百科)和贝叶斯分类器方法作为具体例子。

设训练集可以分为 m 个类别,在这里记为 $C=\{C_1,C_2,\cdots,C_m\}$,则可以规定每个类别 C_j 的先验概率为 $P(C_j)(j=1,2,\cdots,m)$,其值为 C_j 类别的样本数除以训练集总样本数。规定文档 D_i 由文档包含的特征词表示,即 $D_i=(W_1,W_2,\cdots,W_{2n})$。$D_i$ 肯定有一个确定的类别 C_j,因此分类实际上就是计算 C_j 在给定 D_i 情况下的概率,即 C_j 类的后验概率,即

$$\begin{cases} P(C_j\,|\,D_i)=\dfrac{P(D_i\,|\,C_j)\cdot P(C_j)}{P(D_i)} \\ P(D_i)=\displaystyle\sum_{j=1}^{m}P(D_i\,|\,C_j)\cdot P(C_j) \end{cases} \tag{9-16}$$

式中,$P(D_i\,|\,C_j)$ 是类条件概率,同一篇文本的 $P(D_i)$ 是不变的,D_i 将以特征集合 $D_i=\{W_1,W_2,\cdots,W_{2n}\}$ 的形式表示,其中 $2n$ 为特征数量。假设特征之间相互独立,则得

$$P(D_i\,|\,C_j)=P(W_1,W_2,\cdots,W_{2n}\,|\,C_j)=\prod_{i=1}^{2n}P(W_i\,|\,C_j) \tag{9-17}$$

式中,$P(W_i\,|\,C_j)$ 表示单词 W_i 在类别 C_j 的文档中发生的概率。可以直接利用训练集来估计 $P(W_i\,|\,C_j)$ 和 $P(C_j)$ 的值。最终,$P(C_j\,|\,D_i)$ 值最大的类就是 D_i 的类结果。

可以通过上述的贝叶斯分类器方法对歧义实体的多个词义项构建分类器,规定歧义词 W 的上下文窗口的大小为 $2n$(定义歧义词到实例句首的词数为 n_1,歧义词到句尾的词数为 n_2,取 n_1、n_2 中的最小值为 n),其算法如下。

(1) 将每一个实体(词 W)映射到维基百科中。

(2) 基于维基百科,根据词语的释义来判断 W 是否存在歧义,即是否为歧义词。

(3) 如果否,则直接获取该实体词,转到(7)。

(4) 如果是,则提取该歧义词 W 的上下文特征词,这里取该词语的前 n 与后 $n-1$ 个词。

(5) 根据贝叶斯学习的结果计算歧义词 W 的每一个词义 $S_k(k=1,2,\cdots,m)$ 的贝叶斯概率 $P=P(S_k\,|\,W_1,W_2,\cdots,W_{2n})$。

(6) 用概率 P 最大的 S_k 作为 W 的最终词义。

(7) 判断是否还有实体词,如果有,则转(2),如果没有,则算法结束。

上述方法在词义消歧过程中的具体实现主要采取以下 4 个步骤。

(1) 从维基百科获取 W 的多个词义项。

(2) 找出实例集合中待消歧词的实例，并根据其多个义项进行分类。例如，"茅台"有 S_1(酒的名字)和 S_2(地名)两个词义项。

(3) 将待消歧实例进行向量化，得到一个词组合集 $\{W_1, W_2, \cdots, W_{2n}\}$。

(4) 对词义项进行计算：规定 W 的第 j 个词义项为 S_j，S_j 所在的实例定义为 $D_i(W)$，S_i 所在实例的分类集定义为 C_i。结合贝叶斯公式有以下关系：$\sum_j P(S_j | D_j(W)) = 1$，$P(D_i(W)|S_j) = P(S_j | W_1, W_2, \cdots, W_{2n})$。对每个词的词义项来说，$P(D_i(W))$ 是个标准化常量，$P(D_i(W)|S_j)P(S_j)$ 取最大值的义项即为该实例中的词义项。$P(S_j)$ 的计算过程为 $P(S_j) = C_j \big/ \sum_j C_j$，即该词义项所在的实例的数量除以所有实例的总和。根据贝叶斯独立性假设，每个词 W_i 跟其他词出现与否是相互独立的，因此可以得到 $P(D_i(W)|S_j) = \prod_{i=1}^{2n} P(W_j | S_j)$，$P(W_j | S_j) = (|W_i| / |C_i|)n$。其中 $|W_i|$ 表示在实例分类集 C_i 中所有出现词 W_i 的实例的总和。其算法的流程图见图 9-3。

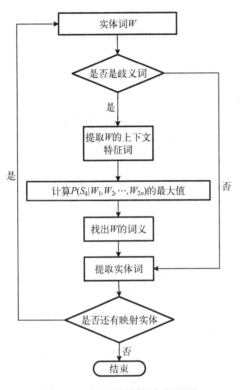

图 9-3　实体消歧算法流程图

流程图文字：实体词W；是否是歧义词；提取W的上下文特征词；计算$P(S_k|W_1,W_2,\cdots,W_{2n})$的最大值；找出$W$的词义；提取实体词；是否还有映射实体；结束；是；否

9.2.3　基于实体显著性的实体消歧

基于实体显著性的实体消歧方法依赖显著性指标，通常选取显著性最高的候选实体作为消歧的结果。字符串相似度是最简单的显著性特征，字符串相似度直接比较实体之间的字符层相似度，例如，歧义实体"哈工程大学"与已消歧实体"哈尔滨工程大学"的字符串相似度，高于类似"哈工大学"这样的已消歧实体，这可以将歧义的"哈工程大学"消歧为"哈尔滨工程大学"。仅仅做字符串的相似度比较，其应用的范围有限，无法应对重名和别名情况。

另一个常用的显著性特征是流行度。已消歧实体可以根据其流行度赋予不同的权重，流行度可以通过维基百科(Wikipedia)、百度百科相关的搜索量或者点击量来决定。当歧义实体相关的文本信息较少时，流行度就可以发挥作用了。一个现实世界的例子是，当用户进行网络搜索时，如果输入的字符串存在歧义，页面返回的结果通常是按照热度排序的结果。流行度在应用的时候有着一定的限制，有时候甚至会带来负效果。例如，如果用户想了解美国"德州"的信息，系统通常会返回在国内点击率更高的中国山东省"德州"的信息。

事实上，通常情况下研究人员在执行实体消歧任务时，不会使用基于实体显著性的实体消歧方法来获取结果，此类方法被广泛用在候选实体列表的生成过程中。

9.2.4 基于实体关联度的实体消歧

在上述基于上下文相似度和实体显著性的实体消歧方法中，每个消歧过程通常只针对特定实体，而忽略了相同文本实体之间的语义联系。用于计算实体关联度的语义特征有很多，如文本描述和文本分类信息、实体标注、实体共现、实体分布、实体关联图等。实现这种消歧的一个好方法是聚类。本书以线岩团等的论文工作来说明协同消歧的聚类算法。

在论文中，实体链接与消歧问题被当作实体知识库 E 和待消歧实体集合 N 的聚类问题。论文采用了近邻传播聚类算法，这里的聚类实际上就只发生在 E 和 N 之间，其中，聚类结点集合 $V = \{v_i \mid v_j \in T \cup N\}$，结点间关联度矩阵 S 为

$$\begin{cases} s_{ij} = \text{sim}(v_i, v_j), & i \neq j; v_i \in N; v_j \in V \\ s_{ij} = 0, & i \neq j; v_i \in E; v_j \in E \\ s_{ii} = Q_{1/2}(S), & v_i \in N \\ s_{jj} = \alpha Q_{1/2}(S), & v_j \in E \end{cases} \tag{9-18}$$

式中，$\text{sim}(v_i, v_j)$ 表示由特征加权重叠相似度表征的结点相似度(加权重叠相似度具体请参照相关文献)；$Q_{1/2}(S)$ 表示关联度矩阵 S 去除对角线元素后的中位数。以上关联度矩阵计算方法很好地满足了协同实体链接消歧的约束条件，其中第一条约束和第三条约束由近邻传播聚类算法本身的特性来满足；第二条约束由 $s_{ij} = 0$ 满足。$s_{ii} = Q_{1/2}(S)$ 表示待消歧实体成为聚类代表点的概率。第四条约束 $s_{jj} = \alpha Q_{1/2}(S)$ 中的系数 α 用于提高知识库实体成为聚类代表点的概率。

深度学习近年来的高度发展引起了相关人员对于使用深度学习方法实现实体消歧的广泛关注，并取得了相当的研究成果，有兴趣的读者可以自行补充学习。

9.3 关 系 抽 取

通常将实体间的关系用三元组 $< E_1, R, E_2 >$ 描述，这里的 E 就是实体类型，R 描述关系。通常在实现实体关系抽取的时候，需要命名实体识别和关系触发词识别两个过程。以句子"中国位于亚洲"为例，首先识别出命名实体"中国"和"亚洲"，然后"位于"就是这句话中的关系触发词，它表明了"中国"和"亚洲"之间可能存在某种关系，最后通过关系抽取模型的判定，两个词语之间有"相对位置"这一关系。

9.3.1 基于模式匹配的关系抽取

早期，研究人员使用模式匹配的方法来完成提取实体关系的任务。在使用模式匹配方法进行关系抽取之前，需要手动创建实体-关系特征字典或规则并保存以供查询。

利用模式匹配方法来进行实体关系抽取不需要对复杂的句子结构进行详尽分析，因此该方法设计相对简单，但具有相当的实用性。在进行关系抽取时，将抽取的实体和预

先构造的关系集合进行模式匹配,匹配成功则说明实体直接满足该关系。具体的模式匹配过程如下。

(1) 过滤掉测试集句子中的修饰性词语。

(2) 对待抽取实体进行上下文相关信息(主要是重要的词语)的抽取,组成待比较向量 t_s,即

$$t_s = (a_1', a_2', \cdots, a_u', \text{ET}_1', b_1', b_2', \cdots, b_v', \text{ET}_2', c_1', c_2', \cdots, c_w') \qquad (9\text{-}19)$$

式中,ET_1' 和 ET_2' 是待抽取关系的两个实体;其余的 a、b、c 是实体上下文中重要的词语。

(3) 对预先定义的实体-关系特征字典进行搜索,如果相同实体与待比较向量的实体类型相同,则可以进行下一步。

(4) 比较模式中的所有词语和待比较向量,得到词汇语义相似度表。

(5) 根据模式规则以及待比较向量的词汇语义相似度表来计算两者的相似度。

(6) 将待比较向量与所有模式匹配的相似度按大小排序,选择相似度最高的模式的实体关系类型作为测试句的实体关系类型。

9.3.2　基于深度学习的关系抽取方法

下面将重点介绍一些主流的基于深度学习的关系抽取方法。

1. 基于卷积神经网络的关系抽取方法

在使用深度学习网络实现实体关系抽取时,卷积神经网络(CNN)被广泛地使用。使用 CNN 实现关系抽取主要有如下的过程。

首先对文本进行分词处理,可以得到词的集合 $\{w_1, w_2, \cdots, w_n\}$。然后将集合中的每个词映射为向量 $s(w_i) \in R^{d_1}$。此时如果一个句子的分词数量是 n,则该句子对应于一个 $n \times d_1$ 的词向量矩阵。与此同时,将每个词到实体 e_1 和 e_2 的距离分别表示为 p_1 维与 p_2 维的向量。最后,前面得到的词向量矩阵和位置向量矩阵可以连接起来,得到句子特征向量的表示 $V \in R^{n \times d}$,其中 $d = d_1 + p_1 + p_2$。CNN 模型最终使用 Softmax 输出对应的关系概率,即

$$p(y) = \frac{e^y}{\sum_{y'} e^{y'}}, \quad y = h^{\text{T}} w_y \qquad (9\text{-}20)$$

式中,h 表示最后一个隐藏层的输出;w_y 表示类别 y 对应的权重向量。在基于 CNN 的算法中,输出表示为一个 K 维向量 $y \in (0,1)^k$,其中 y 的第 $k(1 \leqslant k \leqslant K)$ 维的值 y_k 表示实体关系 k 的概率,且满足式(9-21):

$$\sum_k y_k = 1 \qquad (9\text{-}21)$$

2. 基于 LSTM 的关系抽取方法

在 LSTM 网络架构中,信息在长距离的传播中容易损失,通常还会引入 Attention 机制。本部分介绍一种 LSTM + Attention 实现关系抽取的模型,在具体实现上采用的是 Bi-LSTM 模型。模型一共包括 5 层结构,如图 9-4 所示。其结构具体如下。

(1) 输入层：将句子输入到模型中。

(2) Embedding 层：将每个词映射到低维空间。

(3) LSTM 层：使用双向 LSTM 从 Embedding 层获取高级特征。

(4) Attention 层：生成一个权重向量，通过与这个权重向量相乘，使每一次迭代中的词语级的特征合并为句子级的特征。

(5) 输出层：将句子级的特征向量用于关系分类。

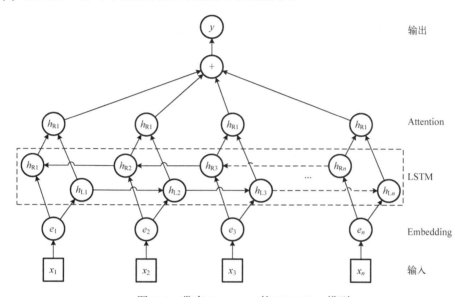

图 9-4　带有 Attention 的 Bi-LSTM 模型

模型的具体细节如下(按照从下至上的顺序)。

1) Embedding 层

对于包含 T 个词的句子，可以表示为 $S = x_1, x_2, \cdots, x_T$。每个词 x_i 都转为向量 e_i，则 S 存在一个词向量矩阵：$W^{\text{wrd}} \in \mathbf{R}^{d^w|V|}$，其中 V 是一个固定大小的词汇表，d^w 是词向量的维度，是一个由用户自定义的超参数，W^{wrd} 则是通过训练学习到的一个参数矩阵。使用这个词向量矩阵，可以将每个词转化为其词向量的表示：

$$e_i = W^{\text{wrd}} v^i$$

式中，v^i 是一个大小为 $|V|$ 的 one-hot 向量，在 e_i 处的值为 1，在其他位置为 0。于是，句子 S 将被转化为一个实数矩阵：$\text{emb}_S = \{e_1, e_2, \cdots, e_T\}$，并传递给模型下一层。

2) LSTM 层

(1) 输入门：包含了当前输入、上一个隐藏状态、上一个细胞状态，组成权重矩阵，以决定加入多少新信息，即

$$i_t = \sigma(W_{xi} x_t + W_{hi} h_{t-1} + W_{ci} c_{t-1} + b_i) \tag{9-22}$$

(2) 遗忘门：决定丢弃多少信息，见式(9-23)：

$$f_t = \sigma(W_{xf} x_t + W_{hf} h_{t-1} + W_{cf} c_{t-1} + b_f) \tag{9-23}$$

(3) 单元的状态：包含了上一个单元状态以及基于当前输入和上一个隐藏状态信息生成的新信息为

$$c_t = i_t g_t + f_t c_{t-1} \tag{9-24}$$

(4) 输出门：包含了当前输入、上一个隐藏状态、当前细胞状态，组成权重矩阵，以决定哪些信息被输出，见式(9-25)：

$$o_t = \sigma(W_{xo} x_t + W_{ho} h_{t-1} + W_{co} c_t + b_o) \tag{9-25}$$

最终，输出的当前隐藏状态由当前单元状态乘以输出门的权重矩阵得到

$$h_t = o_t \tanh(c_t) \tag{9-26}$$

3) Attention 层

将 LSTM 层输入的向量集合表示为 $H = [h_1, h_2, \cdots, h_T]$。其 Attention 层得到的权重为

$$\begin{cases} M = \tanh(H) \\ \alpha = \text{Softmax}(w_T M) \\ \tau = H\alpha^{\text{T}} \end{cases} \tag{9-27}$$

式中，$H \in \mathbf{R}^{d^w \times T}$，$d^w$ 为词向量的维度；w_T 为一个训练学习得到的参数向量的转置。最终用以分类的句子将表示为 $h^* = \tanh(r)$。

4) 分类

使用一个 Softmax 分类器来预测标签 $\hat{y}$，该分类器将上一层得到的隐藏状态作为输入，即

$$\begin{cases} \hat{y}(y \mid S) = \text{Softmax}(W^{(S)} h^* + b^S) \\ \hat{y} = \text{argmax}_y \, \hat{p}(y \mid S) \end{cases} \tag{9-28}$$

9.3.3　关系抽取展望

(1) 从二元关系抽取逐渐向多元关系抽取拓展。目前相关领域的研究重点是两个实体之间的关系，但是并非所有的关系都只有两个实体，例如，化学表达式中，部分反应的进行是有条件限制的。

(2) 对开放域/通用域的关系抽取的研究。目前的相关研究大多针对特定的关系类型或学科，使用特定的语料库很难实现其他学科的自动迁移。虽然一些研究人员对开放领域的关系抽取进行了研究，但其与领域关系抽取还存在一定的差距。

关系抽取是自然语言处理的一个很重要的研究方向，希望各位读者可以多思考研究，对这个领域做出自己的贡献。

9.4　事件抽取

下面来举一个例子来说明时间抽取，假设有一份非结构化数据，如图 9-5 所示，该数据来自百度百科(词条：腾讯)。

> 1998年11月11日，马化腾和同学张志东在广东省深圳市正式注册成立"深圳市腾讯计算机系统有限公司"，之后许晨晔、陈一丹、曾李青相继加入。当时公司的业务是拓展无线网络寻呼系统，为寻呼台建立网上寻呼系统，这种针对企业或单位的软件开发工程是所有中小型网络服务公司的最佳选择。

图 9-5　百度百科“腾讯”

同时，假设任务的目标是把其中关于新企业成立的事件识别出来，以便了解市场的最新动向以及汇总市场最近一段时间的发展情况。要描述“企业成立”这样一种事件，需要成立时间、创立者、企业名称、业务范围等信息，如表 9-1 所示。有了这样的结构化数据，人或者机器可以做很多事情，比如，将深圳市腾讯计算机系统有限公司的有关信息统计起来，查看其涉及的业务范围。

表 9-1　企业成立事件的描述

序号	字段	例子
1	成立时间	1998 年 11 月 11 日
2	创立者	马化腾、张志东等
3	企业名称	深圳市腾讯计算机系统有限公司
4	业务范围	拓展无线网络寻呼系统
⋮	⋮	⋮

9.4.1　事件抽取任务定义

事件抽取在相关公开测评和语料的推动下展开。

事件抽取任务被界定为在非结构化的文本中发现和提取有关事件信息的结构化描述，相关的术语解释如下。

实体(Entity)：如前面所述，包括组织机构、人物、地理位置等。

事件提及(Event Mention)：描述事件的短语或句子，包括事件触发词和事件论元。

事件触发词(Event Trigger)：通常是动词或名词，可以清晰准确地表达事件发生。

事件论元(Event Arguments)：参与一个具体事件的元素提及，包括概念、实体、数值、时间等。

论元角色(Argument Roles)：事件论元与其参与事件的关系。

下面举例说明，假设有一个句子：“金庸 1924 年出生于浙江嘉兴”。

事件抽取任务需要检测到一个生活(Life)类型和出生(Be-Born)子类型的事件，事件触发词为“出生”，事件论元为“金庸”、“1924 年”和“浙江嘉兴”及其对应的论元角色“人物”、“时间”和“地点”，如图 9-6 所示。

9.4.2　基于模式匹配的事件抽取实现

总的来说，基于模式匹配的事件抽取方法的基本流程如图 9-7 所示。

1. 有监督的事件模式匹配

有监督方法实现事件模式匹配的效果高度依赖人工标注效果。其步骤如下。

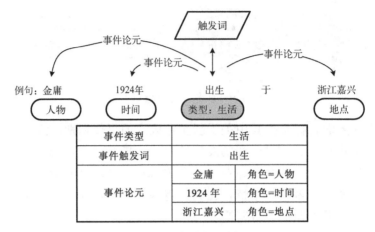

图 9-6　事件抽取样例

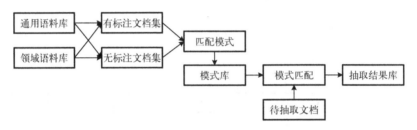

图 9-7　基于模式匹配的事件抽取方法的基本流程

(1) 语料的人工标注：需人工预先标注大量的语料。

(2) 模式的学习：通过模型的学习方法得到相应的抽取模式。

(3) 模式的匹配：利用学好的抽取模式去匹配待抽取文档，以完成事件抽取。

典型系统：AutoSlog、PALKA 模式抽取系统。

2. 弱监督的事件模式匹配

弱监督条件下的步骤如下。

(1) 语料的人工预分类或种子模式的制定。

(2) 模式的学习：利用机器根据预分类语料或者种子模式自动学习事件模式。

9.4.3　基于深度学习的事件抽取实现

本书仅介绍现有的深度学习事件抽取方法。

1. DMCNN

在自然语言处理中，传统 CNN 架构中出现的最大池化操作等不适用于事件抽取任务。在事件抽取任务中，允许一个语句包含多个事件，所以同一个实体可以在不同事件中发挥不同的作用。

因此在实现事件抽取的过程中，也应该在对不同的候选触发词、不同的候选论元进行预测时，提供有针对性的句子语义(有偏向性、有侧重点)。DMCNN 作者把事件抽取看作两个阶段的多分类任务，第一步是触发词分类(Trigger Classification)，利用 DMCNN

对句子中的每个词进行分类，判断其是否是触发词，如果句子中存在触发词，则执行第二步论元分类(Argument Classification)，同样使用 DMCNN，给触发词分配论元，同时匹配论元到对应的关系。本书按照 DMCNN 原文顺序，以对论元的模式设计为例对模型进行介绍。触发词的模式设计和针对论元的模式基本一致，只是先验信息更少。

(1) 输入层(特征)。DMCNN 输入层包括了三种类型的特征：CWF、PF、EF，这三种特征分别代表了词嵌入、位置嵌入以及事件类型嵌入。三种嵌入拼接的结果作为一个词的词语级特征。

这里的位置嵌入实际表达的是每个词相对于触发词以及候选论元的位置，事件类型即触发词的类型。

(2) 卷积+分段(动态)池化。卷积部分利用多个卷积核提取了多个特征图，之后 DMCNN 作者利用自己提出的分段池化来对卷积的结果进行处理。

传统的池化(最大池化或平均池化)最终的特征图都只有一个处理结果。分段池化就是对卷积的结果进行分块，每块单独池化，最终分了 3 段就有 3 个值。分段的切分点分别是触发词和候选论元。这样无论触发词相同而候选论元不同还是触发词不同而候选论元相同，最终获得的句子级语义特征都不同。

(3) 分类层。分类层的输入是词语级语义特征+分段卷积后的句子级语义特征，然后经过一个线性层就获得了相应角色的分值。需要注意的是，这里词语级的语义特征仅由触发词和候选论元以及它们左右的词嵌入特征拼接。

针对触发词的模式设计和针对论元的基本一致，两个任务都当作分类任务进行处理，不同的地方是触发词提取时额外的信息就只有候选触发词，所以有以下几点。

(1) 词语级的语义特征：触发词及其左右的词的嵌入拼接。

(2) 句子级的语义特征：首先是位置特征只相对于候选触发词而言，然后是分段也只有两段。

关于该模型的更多具体细节，各位读者可以详见 DMCNN 论文 *Event Extraction via Dynamic Multi-Pooling Convolutional Neural Networks*。

2. JRNN

JRNN 模型用到的具体定义如下。

(1) 句子的表示：$W = w_1 w_2 \cdots w_n$。

(2) 实体类型编码：$E = e_1, e_2, \cdots, e_k$。

(3) 整个模型分为两个阶段：编码阶段和预测阶段。

编码阶段用到的词向量表示由三个部分组成：①词向量编码；②w_i 的实体类型编码；③依存树的二维向量表示，向量维度取决于句子中所包含的依存关系。在之后该模型用双向 GRU 网络进一步提取了向量特征。

在预测阶段中，为了同时抽取事件触发词和其对应的事件论元，创建了二进制记忆向量，分别如下。

(1) Gtrgi：trigger(触发词)。

(2) Gargi：argument(论元)。

(3) Garh/trgi：argument/trigger。

输入 $h_1, h_2, \cdots, h_n$ 和初始化的记忆向量，联合预测阶段循环 n 次，对于每一次的循环都执行以下几步。

(1) 对于 w_i 的触发词预测。第一步：计算 w_i 的特征向量表示，由三部分组成，为 $R_i^{\text{trg}} = [h_i, L_i^{\text{trg}}, G_{i-1}^{\text{trg}}]$，其中 h_i 为 w_i 的隐藏层向量，L_i^{trg} 为 w_i 的局部上下文向量(将单词的向量连接到 w_i 的上下文窗口 d 中生成)，$L_i^{\text{trg}} = [D[w_{i-d}], \cdots, D[w_i], \cdots, D[w_{i+d}]]$，$G_{i-1}^{\text{trg}}$ 为上一步的记忆向量。第二步：将得到的向量输入到一个一层的前馈神经网络中，并连接一个 Softmax 分类器，最后得到触发器的类型 t_i。

(2) 对于 w_i 的事件论元预测。首先判断触发器预测阶段的类别是不是 other。如果是，则将所有的候选事件论元的角色信息 $(a_{ij}, j=1,2,\cdots,k)$ 置为 other。如果不是，循环所有的实体类型编码 $e_1, e_2, \cdots, e_k$，循环的步骤如下。第一步：计算候选事件论元 e_j 和 w_i 的特征表示向量，$R_{ij}^{\text{arg}} = [h_i, h_{i_j}, L_{ij}^{\text{arg}}, G_{i-1}^{\text{arg}}, G_{i-1}^{\text{trg/trg}}]$，其中 h_i 和 h_{i_j} 为 e_j 和 w_i 的 RNN 隐藏层向量。L_{ij}^{arg} 为 e_j 和 w_i 的局部上下文向量(将单词的向量连接到 w_i 和 w_{ij} 的上下文窗口 d 中生成)，$L_{ij}^{\text{arg}} = [D[w_{i-d}], \cdots, D[w_i], \cdots, D[w_{i+d}], D[w_{ij-d}], \cdots, D[w_{ij}], \cdots, D[w_{ij+d}]]$。$G_{i-1}^{\text{arg}}$ 和 $G_{i-1}^{\text{trg/trg}}$ 为 e_j 上一步的记忆向量。第二步：同触发器预测的步骤，得到论元角色信息 $a_{i1}, a_{i2}, \cdots, a_{ik}$。

(3) 计算记忆向量。关于该模型更多的细节，各位读者详见 JRNN 论文 *Joint Event Extraction via Recurrent Neural Networks*。

事件抽取是 NLP 领域的典型任务，有很多相关的研究和应用。目前，事件抽取的相关研究大多针对英文文本，而中文文本的工作才刚刚起步。一方面，中文文本需要分词，缺乏时态和形态转换；另一方面，数据集语料缺乏统一和相关的评测。尽管如此，近年来中文事件抽取在公开评测、领域扩展及上述的跨语料迁移方面也都取得了一些进展。

9.5　本章小结

本章介绍了信息抽取的相关概念。首先，介绍各种命名实体识别方法，如条件随机场、HMM 等。然后，深入探讨实体消歧的方法，包括上下文相似度、实体显著性和实体关联度等技术。最后，总结关系抽取和事件抽取的方法，这些方法可以利用模式匹配或深度学习等技术来处理信息抽取任务。

习　题　9

1. 在命名实体任务之前，通常需要进行数据的标注，常见的有 BIOES、BIO 等，请从隐马尔可夫模型的角度说明标注的原因。

2. 实体消歧是什么，常见的实体消歧方法有哪些？

3. 本章介绍了用 Bi-LSTM-CRF 来实现命名实体识别的过程。天池竞赛平台开展了"万创杯"中医药天池大数据竞赛——中药说明书实体识别挑战，现在已经开放其数据集，请利用该模型来实现其过程。

习题 9
答案

4. 简述事件抽取是否可以借助关系抽取来实现，解释事件抽取里面的论元。思考事件抽取和关系抽取的相同点和不同点。

第 10 章 知 识 图 谱

本章导读

知识图谱是通过将应用数学、图形学、信息可视化技术、信息科学等学科的理论与方法和计量学引文分析、共现分析等方法结合，并利用可视化的图谱形象地展示学科的核心结构、发展历史、前沿领域以及整体知识架构，达到多学科融合目的的现代理论。本章主要介绍知识图谱的发展历史、基本概念、生命周期以及其现有的应用等内容。读者阅读本章之后应对知识图谱在现实生活中的应用有较为深刻的认识。

本章要点

(1) 知识图谱的发展历史。

(2) 知识图谱的生命周期。

(3) 知识图谱的现有应用。

10.1 知识图谱发展历史

知识图谱属于人工智能三大派系之一的符号主义学派，虽然该技术在 2012 年才得名，但是其历史可追溯至 60 多年前。这期间多次出现发展瓶颈，也多次通过工程的方式突破这些瓶颈，下面通过图 10-1 来回顾这段历史。

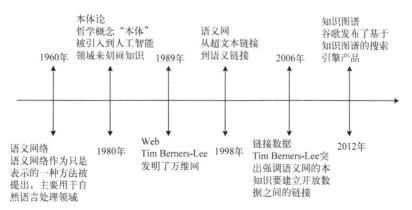

图 10-1　知识图谱发展历程

1. 语义网络

本章中的重点内容——知识图谱，它最初就来自语义网络。语义网络是由 Quillian 于 20 世纪 60 年代提出的知识表达方法，采用相互连接的结点和边来表示知识，结点表示对象、概念，边表示结点之间的关系。图 10-2 所示是一个简单语义网络的示例，它的中间是动物，动物都可以睡觉和吃；猴子是一种动物，猴子有尾巴，猴子还能爬树；鸟也是一种动物，鸟有翅膀，鸟还会飞。语义网络的优点是简单直白，缺点是缺乏标准，完全靠用户自定义。

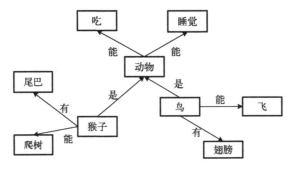

图 10-2　语义网络示例

2. 本体论

本体论(Ontology)一词源于哲学领域，且一直以来存在着许多不同的用法。在计算机科学领域，其核心意思是指一种模型，用于描述由一套对象类型(概念或者说类)、属性以及关系类型所构成的世界。AI 研究人员认为，他们可以把本体创建成为计算模型，从而成就特定类型的自动推理。20 世纪 80 年代出现了一批基于此的专家系统，如 WordNet 项目。WordNet 不同于通常意义的词典，它包含了语义信息，WordNet 根据词条的意义将它们分组，每一个具有相同意义的词条组称为一个 synset(同义词集合)。WordNet 为每一个 synset 提供了简短、概要的定义，并记录不同 synset 之间的语义关系。

3. 万维网

1989 年 Tim Berners-Lee 发明了万维网(Web)，实现了文本间的链接。万维网通过超文本标记语言(HTML)把信息组织成图文并茂的超文本，利用链接从一个站点跳到另一个站点。这样一来彻底突破了以前查询工具只能按特定路径一步步地查找信息的限制。

4. 语义网

语义网(Semantic Web)是由万维网之父 Tim Berners-Lee 于 1998 年提出的概念，相对于前面提到的语义网络，语义网倾向于描述万维网中资源、数据之间的关系。万维网诞生之初，网络上的内容只有人类可读，但是计算机无法理解和处理。语义网是为了使得网络上的数据变得计算机可读而提出的一个通用框架。Semantic 就是用更丰富的方式来表达数据背后的含义，让计算机能够理解数据。Web 则是希望这些数据相互链接，组成

一个庞大的信息网络，正如互联网中相互链接的网页，只不过基本单位变为粒度更小的
数据，如图 10-3 所示。

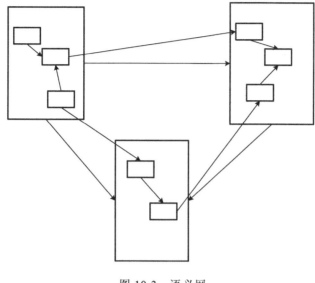

图 10-3　语义网

5．关联数据

随着语义网技术的不断发展，它的技术栈越来越庞大，以至于过于复杂没人看得懂，
导致绝大多数的企业、开发者很难理解，无从下手。因此，万维网之父 Tim Berners-Lee
于 2006 年又提出了关联数据(Linked Data)，他觉得与其要求大家把数据"搞得很漂亮"，
不如大家把数据公开出来，数据连在一起，就会建立一个生态，称这个想法为关联数据，
并提出了关联数据的五星标准。关联数据又称为链接数据，如图 10-4 所示，其起初用于
定义如何利用语义网技术在网上发布数据，强调在不同的数据集间创建链接。从某种角
度来说，知识图谱是对链接数据这个概念的进一步包装。

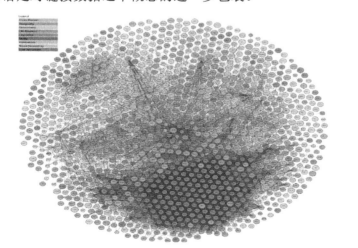

彩图 10-4

图 10-4　链接数据云图

6. 知识图谱

2012 年，谷歌发布了知识图谱，用于改善搜索的质量，如图 10-5 所示，知识图谱除了显示其他网站的链接列表，还提供结构化及详细的关于主题的信息。其目标是用户能够使用此功能提供的信息来解决他们查询的问题，而不必导航到其他网站并自己汇总信息。

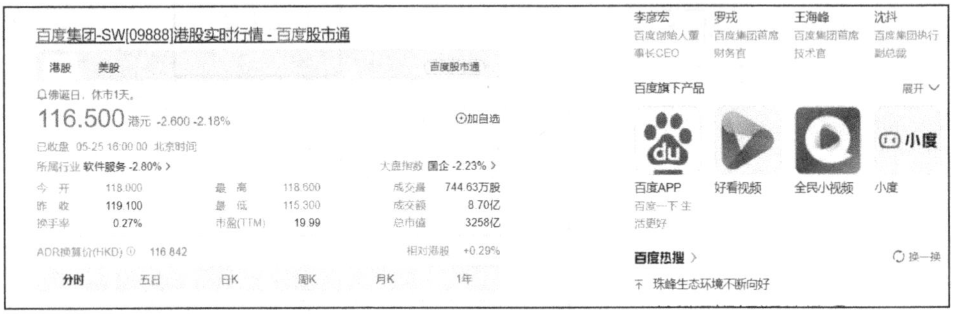

图 10-5　知识图谱示例

10.2　知识图谱基本概念

10.2.1　知识库的概念及分类

知识图谱是一种规模非常大的语义网络系统，它的主要目的就是描述真实世界里实体或概念之间的关联关系。知识图谱由结点和边组成。其中结点可以指具体的实体，如比尔盖茨、乔布斯等，也可以指抽象的概念，如人工智能、操作系统等。边既可以是实体的各种属性，如姓名、出生日期等，也可以是实体之间的关系，如朋友、夫妻等。为了实现其功能，知识图谱通过搜集大量的数据，并整理成机器能处理的知识库，实现可视化的展示。通俗地讲，知识库(Knowledge Base)就是一条条的知识汇聚在一起。可以从百度百科、维基百科等网站获取到大量的知识，将这些非结构化的知识转化为适合计算机处理的结构化知识，然后存储到一起，就构成了知识库。图 10-6 描述了知识转化的过程。

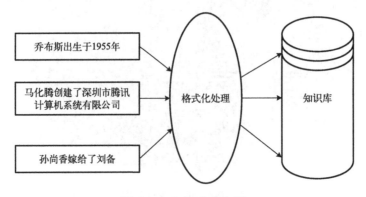

图 10-6　知识库概念图

目前知识库的构建主要分为两个种类：一类是 Curated KBs，以 Yago2 和 Freebase 为代表，它们从维基百科和 WordNet 等知识库抽取了大量的实体及实体关系，可以理解为一种结构化的维基百科；另一类是 Extracted KBs，这是一种三元组的结构，以 Open Information Extraction、Never-Ending Language Learning 为代表，它们直接从大量的网页中抽取知识，由于是直接从网页中抽取的知识，所以存在着一定的噪声，但是其得到的知识也更具有多样性。当前企业中使用的大多还是 Curated KBs，主要是因为 Curated KBs 比较简单，容易构建，而且噪声少，精确度更高。

10.2.2 知识库的表示形式

为了让计算机能够理解并处理各种知识，需要将非结构化的知识转变为结构化的知识，目前主要通过三元组的方式实现。比如，前面的例子中"乔布斯出生于 1955 年"，就可以构成三元组(乔布斯，出生日期，1955 年)，其中"乔布斯"和"1955 年"为实体，"出生日期"为关系。大量的三元组就组成了一个庞大的知识库。

域(Domain)：类型的集合，是对某一领域所有类型的抽象。

类型(Type)：具有相同特点或属性的实体集合的抽象。

关系(Relation)：实体与实体之间的抽象。

实体：对客观个体的抽象。

属性(Property)：对实体与实体之间关系的抽象。

值(Value)：用来描述实体，可分为文本型和数值型。

如图 10-7 所示，三元组的表现形式主要有两种：①实体->关系->实体 ②实体->属性->属性值，通过三元组将信息构成路径(graph_path)。

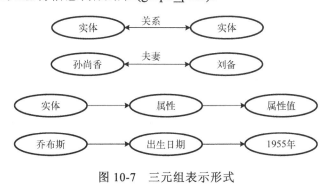

图 10-7 三元组表示形式

10.3 知识图谱的生命周期

知识图谱根据知识的广度可以分为通用知识图谱和专用领域知识图谱，现实世界的知识丰富多样且极其庞杂，通用知识图谱主要强调知识的广度，通常使用百科数据来自底向上构建。而专用领域知识图谱面向不同的领域，数据模式不同，应用需求也各不相同，因此没有一套通用的标准和规范来指导构建，而需要基于特定行业通过工程师与业务专家的不断交互与定制来构建。虽然如此，专用领域知识图谱与通用知识图谱的构建与应用也并非没有相同之处,如图 10-8 所示,其从无到有的构建过程可以分为知识建模、知识抽取、知识融合、知识存储、知识计算和知识图谱应用 6 个阶段,本节将逐一介绍每个阶段的技术流程。

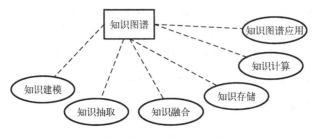

图 10-8　知识图谱生命周期

10.3.1　知识建模

早在 20 世纪 90 年代,MIT AI 实验室的 R.Davis 就定义了知识表示的五大特点。

(1) 知识表示首先需要定义客观实体的机器指代或指称。

(2) 知识表示需要定义用于描述客观事物的概念和类别体系。

(3) 知识表示需要提供机器推理的模型与方法。

(4) 知识表示也是一种用于高效计算的数据结构。

(5) 知识表示还必须接近于人的认知,是人可理解的机器语言。

目前的知识表示方法可以分为基于描述逻辑的知识表示方法和基于向量的知识表示方法。

1. 基于描述逻辑的知识表示方法

在很早之前,科学家 M.Ross Quillian 就提出了语义网络的知识表示方法,通过网络的方式描述概念之间的语义关系。语义网络在形式上是一个带标识的有向图。图中的结点标识各种事物。每个结点带有若干属性。结点与结点之间连接的边用来标识各种语义联系。语义网络的单元是三元组:(结点 1,连接边,结点 2),如(比尔盖茨,创始人,微软)。语义网络中所有的结点通过边相互连接,可以通过图上的操作进行知识推理。但是语义网络由于无形式化语法和形式化语义,所以没有公认的形式表示体系,并且通过语义网络实现的推理不能保证其正确性。

为了解决语义网络缺少严格的语义理论模型和形式化的语义定义的问题,出现了一些较好的理论模型基础的知识表示框架,其中最有代表性的是描述逻辑语言。描述逻辑一般支持一元谓词和二元谓词。一元谓词称为类,二元谓词称为关系,描述逻辑同时具有很强的表达能力和可判定性,近年来受到广泛的关注。虽然其有很多优点,不过它的表达能力有限,并且无法表示不确定性知识的缺陷,这限制了它的应用。

随着语义网的提出,早期的 Web 标准语言 HTML 和 XML 不能适应语义网对知识表示的要求,所以 W3C 提出了新的标准语言,即 RDF、RDFS 以及 OWL,下面主要对 RDF 进行详细介绍。

RDF 中知识是以三元组的形式出现的，如图 10-9 所示，"发布会由雷军主持，发布会主题是小米 11"这条知识会被变为以下的 RDF 形式：(发布会，主持人，雷军)、(发布会，主题，小米 11)。RDF 中的主语是个体(即类的实例)，RDF 中的谓语是一个属性(用来连接两个个体，也可以连接一个个体和一个数据类型的实例)，那么可想而知，RDF 中的宾语可以是一个个体，也可以是一个数据类型的实例。

此外，考虑到知识库中的知识可能是不完备的，RDF 采用的是开放世界假设，即(发布会，主持人，雷军)并不意味着发布会仅仅有"雷军"这一个主持人，同样地，(发布会，主题，小米 11)也并不意味着发布会只有"小米 11"这一个主题。

2. 基于向量的知识表示方法

基于符号逻辑的知识表示方法的特点是易于刻画显式，因而具有内在的可解释性，但由于人类知识中还包含大量不易于符号化的隐性知识，完全基于符号逻辑的知识表示方法通常由于知识的不完备而失去鲁棒性，由此催生了采用连续向量的方法来表示知识的研究。在前面的章节中，已经详细论述了词向量以及词嵌入。在词嵌入的启发之下，研究者逐渐想到将知识图谱中的实体和关系映射到连续的向量空间。这种将知识图谱中的实体和关系映射到连续向量空间方法称为知识图谱嵌入(Knowledge Graph Embedding)。下面具体介绍一种知识图谱嵌入的方法——转移距离模型。

转移距离模型：将衡量向量化后的知识图谱中三元组的合理性问题转化为衡量头实体和尾实体的距离问题。重点是设计基于距离的评分函数。核心思想为 head+realation = tail。

如图 10-10 所示，转移距离模型将每种关系建模为一个超平面，对于其中的每一个三元组(h, r, t)，将 h 和 t 都投影到该平面，然后基于投影后的实体进行学习。其评分函数如下：

$$f_r(h,t) = -\|h\perp + r - t\perp\|_{1/2}$$

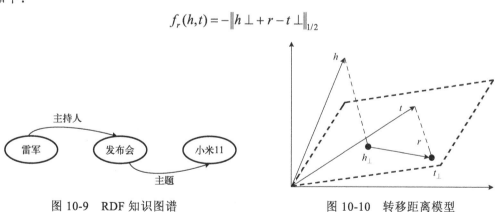

图 10-9　RDF 知识图谱　　　　　　　　　图 10-10　转移距离模型

根据评分函数计算出来的结果来判断三元组的合理性。在训练之后，就可以将知识图谱中的实体以及关系全都表示为向量的形式了，其在后续的三元组分类、实体对齐以及问答系统中都可以直接使用。

现代知识图谱不断地发展，通常采用以三元组为基础的使用比较简单的知识表示方法；基于向量的知识表示使得这些数据更易于用于深度学习模型，以及用于下游应用，所以两种表示形式都很重要。

知识建模即建立知识图谱的模式层(也称为本体层、动态本体层)，相当于关系数据库的表结构定义，总的来说就是使用一定的知识表示语言或数据结构将实体的相关信息和知识组织起来，由此所表达的知识可由计算机系统解释和处理。为了对知识进行合理的组织，更好地描述知识之间的关联，需要对知识图谱的模式进行良好的定义。

一般来说，同样的数据有多种定义的方法，一个好的设计模式可以减少数据的冗余，提高应用效率，所以在建模之前选择好的设计模式显得尤为重要。知识建模通常采用两种方法：一种是自顶向下(Top-Down)的方法，即首先为知识图谱定义数据模式，数据模式从最顶层概念构建，逐步向下细化，形成结构良好的分类学层次，然后将实体添加到概念中；另一种是自底向上(Bottom-Up)的方法，即首先对实体进行归纳组织，形成底层概念，然后逐步往上抽象，形成上层概念。该方法可基于行业现有标准转换生成数据模式，也可基于高质量行业数据源映射生成数据模式。

在介绍知识建模的工具之前先介绍"本体"这个概念。"本体"这个术语来自哲学领域，本体论研究的是客观事物存在的本质。但在计算机领域，其含义与之大为不同。在计算机领域中，本体指的是共享知识的描述方式，是语义 Web、语义搜索、知识工程和很多人工智能应用的基础。由于"本体"这个概念过于抽象，不太好表述清楚，这里也不占用过多篇幅去强调其定义。图 10-11 为本体实例图。

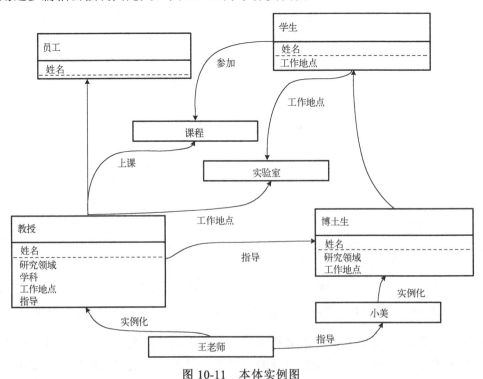

图 10-11　本体实例图

知识图谱中需要一个本体来形式化描述并界定它所描述的知识和事实范围。本体工程是用工程化规范保证本体质量的方法学。下面介绍构建本体的流程。

(1) 确定本体的领域和范围：必须先明确本体的领域、用途、要描述的信息、要回答的问题和将使用和维护这个本体的对象。注意，随着开发的进行，上述内容可能发生变化，这时候需要考虑迭代开发。

(2) 考虑重用现有本体：如果可以从现有的本体中精练、修改，那么就可以避免很多不必要的开发工作。目前网络上有很多现成的本体库，从中可以获得很多本体，而不用每次都从零开始构建。

(3) 确定本体中重要的术语：这些术语大致表明建模过程中所感兴趣的事物以及其具有的属性。这些术语能保证最终创建的本体不会偏离之前所确定的领域。

(4) 定义列和类的继承关系：通常采用自顶向下的方法，从最大的概念开始，不断添加子类，细化概念。当然也可以自底向上，从最细的类，不断地向上找父类。在创建过程中一定要保证类的继承关系是正确的，避免发生继承循环的现象。

(5) 定义属性和关系：单纯依靠类并不能完成所有的回答，需要在类的基础上定义概念以及概念间的内部联系。这里的联系有两种，一种是指概念自身的属性，称为内在属性。内在属性具有通用性，也就是说这个类对应的所有实例都具有这个属性，并且这个属性能向下传递，如果一个类具有一个内在属性，则它的所有子类都继承了这个属性。另一种是指外在属性，即关系，用于连接概念间的实例。比如，实例"小明"的一个外在属性"工作地点"连接了概念实例"深圳市腾讯计算机系统有限公司"。

(6) 定义属性的限制：需要进一步定义属性的一些限制，包括属性的基数、属性类型，以及属性的定义域和值域。

(7) 创建实例：为每一个类增添一些实例，即为每个类添加一些个体，并为实例属性赋值。

实现知识建模的相关工具有很多，这里介绍一款当前主流的本体知识建模软件——Protégé(图 10-12)。这是一款基于 Java 语言开发的本体编辑和本体开发工具，提供了本体概念类、关系、属性和实例的构建，并且屏蔽了具体的本体描述语言，用户只需要在概念层次上进行领域本体模型的构建。在其中可以创建类，并定义关系，创建属性实例，甚至还可以实现推理。有兴趣的读者可以自行体验。

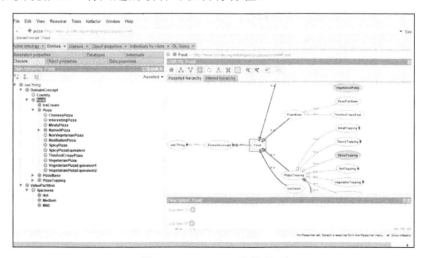

图 10-12　Protégé 软件界面

10.3.2　知识抽取

从不同来源、不同结构的数据中进行知识提取，并将提取的知识存入到知识图谱，这一过程称为知识抽取。由于现实世界中的数据类型以及存储介质多种多样，所以如何高效、稳定地从不同的数据源进行数据接入至关重要，其会直接影响到知识图谱中数据的规模、实时性及有效性。

图 10-13 中的三类数据基本涵盖了主流数据类型(当然，近期视频、图片等更多格式的数据也逐渐作为知识抽取的源数据，潘云鹤院士也提出了视觉词典的概念)，针对不同类型的数据，利用不同的技术进行提取。

图 10-13　常见数据类型

其中，结构化数据抽取是研究的重点，主要方法包括直接映射和映射规则定义等；半结构化数据抽取通常采用包装器的形式；而非结构化数据抽取难度最大。本书中仅仅对结构化数据抽取进行详细的论述，对于半结构化以及非结构化数据抽取，感兴趣的读者可以自行了解。

知识抽取可以分为三个子任务：实体抽取、关系抽取以及事件抽取。其中实体抽取也称为命名实体识别，要做的就是在一个非结构化的句子中将实体标注出来。比如，"特朗普曾是美国总统"，在进行命名实体识别以后，可以自动将"特朗普"以及"美国总统"标注出来。而关系抽取就是在句子中找出"特朗普"和"美国总统"的联系。将在下面对于实体抽取和关系抽取给予详细论述。

对于实体抽取，这里介绍两种常用的方法，分别是传统的统计学习方法和深度学习方法。

实体抽取本身可以看作一个序列标注任务，对于给定的句子，只要给每一个字打上标签，就可以标出其中的实体。当前常用的标注法为[B, M, E, S]，这样，将这个句子标注之后，就可以得到其中的实体。

例如，"世界由时间与空间构成"这句话在标注完之后为下面的样子：

世/B，界/E，由/S，时/B，间/E，与/S，空/B，间/E，构/S，成/S

通过这个形式，很容易能找出"世界"、"时间"和"空间"三个实体。那么如何实现这个标注呢？这里先介绍一种最为简单的方式——基于概率图的模型。

前面已经对隐马尔可夫模型进行过详细的论述，并且讲述过其可以用于序列标注任务，HMM 模型由三个参数构成，分别为初始状态概率向量 π、状态转移概率矩阵 A，以及观测概率矩阵 B。在实体标注任务中，句子就是可观测序列，而对于句子的标注就是隐含序列，要做的就是得到三个这参数的值。可以对一个已经做好标注的数据集进行统计，用最大似然估计法分别计算出 π、A、B。如果数据集不存在标注，也可以使用最大似然估计法估算出参数 π、A、B。具体的公式推导在第 4 章有详细描述，这里不再赘述。在 Python 中有实现了 HMM 的一个工具库 hmmlearn。有兴趣的读者可以试着完成简单的序列标注任务。

下面介绍一种使用深度学习来实现实体标注的方式——Bi-LSTM-CRF。前面对于 LSTM 模型已经进行了详细的介绍，LSTM 模型是 RNN 模型的一种升级版，它可以有选择地保留历史信息。而 Bi-LSTM 在 LSTM 的基础上，不仅考虑过去的信息对当前的影响，也考虑未来的信息对当前的影响，因此要从两个方向来训练该模型。图 10-14 为 Bi-LSTM 模型。

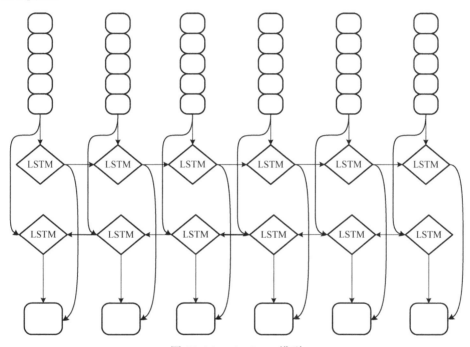

图 10-14　Bi-LSTM 模型

举一个简单的例子，单向的 LSTM 中一次性输入"姚明"、"出生于"和"中国"得到三个向量 h_1、h_2、h_3。训练 h_2 的时候考虑到 h_1，训练 h_3 的时候考虑到 h_1 和 h_2。而 Bi-LSTM 在训练时，其正向训练与 LSTM 相同，而反向训练 h_2 的时候要考虑 h_1，训练 h_1 的时候要考虑 h_2、h_3。这样可以保证充分利用上下文信息，进一步提升训练的效果。

在第 4 章中，对 CRF 模型进行了详细的介绍，这里不再赘述其原理。如果使用 LSTM 进行训练，使用 Softmax 来进行选择，这样做虽然也考虑了上下文之间的关系，但只关注了输入的非独立性而忽视了输出的非独立性，有可能出现 Per-B 后面为 Loc-I 的情况，与常识不符，所以此处使用 CRF 来代替简单的 Softmax 分类。在这种框架下，可以将 LSTM 的输出理解为观测概率，也就是 token 到 label 的概率，而 CRF 学习的是状态转移概率，即 label 间的转移概率，CRF 相当于对 LSTM 输出信息的再利用，过程中由于 CRF 的特点，也就考虑到了输出之间的非独立性。图 10-15 为 Bi-LSTM-CRF 模型。

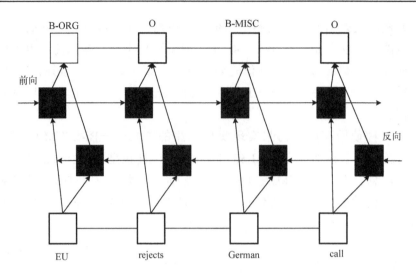

图 10-15　Bi-LSTM-CRF 模型

在讲述完实体抽取以后，下面来讲述关系抽取。现实世界中万事万物之间都存在着一定的联系，让机器从非结构化的文本之中抽取出各个实体间的关系进而构建知识结构，演化出推理能力，是实现知识抽取的重要一步。下面将主要介绍关系抽取的一些常用方法以及难点。

关系抽取的方法主要可以分为三种类别。

(1) 全监督学习方法：需要大量带有关系标签的实体对，使用传统机器学习方式或者深度学习方式进行建模。在整个建模过程中，表示实体对的相关特征是最关键的一步。可以从大量的特征中选取合适的特征，如实体间的文本信息、实体两边的文本信息、句法树特征、依存树特征等。这种方法最大的缺陷就是需要大量的带有标签的语料，而带有标签的语料又需要人工标注，标注人员对于文本所属的领域还要有一定了解，所以这就造成了这种方法实现起来的不便性，现在很少用全监督学习方法来抽取关系。

(2) 半监督学习方法：首先也需要一定的已标注关系的实体对，称这些实体对为种子实体对，在文章中找到出现这些实体对的句子，抽取出这些句子的表达模式，然后根据这些表达模式去寻找更多的实体对。不断地迭代这个过程，就能够获得更多的数据。因为这种方法需要标注的数据比较少，所以当前很多场景下都使用这种方法来进行关系抽取，比较有名的 Snowball 系统也是基于这种方法来实现关系抽取的。但是这种方法对于初始实体对的正确性十分敏感，因为此后所有的数据都会受到种子实体对的影响，所以实现过程中，要不断排除出错的实体对，避免错误积累。

(3) 深度学习方法：在众多的特征中，如何进行选择，以及如何体现所选择的特征一直是一个比较复杂的问题，使用深度学习框架，可以自动选择特征来进行学习。下面就来介绍一个基于深度学习方法实现关系抽取的例子。

在 2015 年 Xu 等提出了基于最短依赖路径(Shortest Dependency Path，SDP)的 LSTM 模型，在 SemEval2010 分类数据集上取得了 83.7%的 F1 成绩。模型的核心思想为实体对间的最短依赖路径去除了无用的单词而保留了最有用的单词信息。以句子"A trillion gallons of water have been poured into an empty region of outer space"为例，构造其依存解析树。

在图 10-16 中，虚线箭头表示两个实体之间的最短依赖路径，路径之外的单词如"A"和"have"等都是无关的单词。此外，实体之间的关系具有方向性，所以图中的箭头方向也是十分有用的信息。从图中可知，箭头将整个路径分为两个部分作为整个模型的输入，接着需要选取单词的一些特征作为输入。Xu 等选取了词嵌入、词性标注、上下文关系、语法关系作为每个单词的特征。

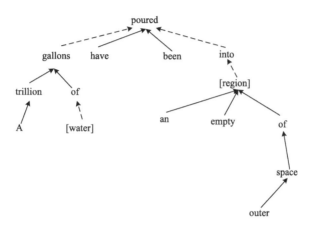

图 10-16　单词间的依存解析树

如图 10-17 所示，图 10-17(a)中的最下方框为 SDP，根据四种特征(词嵌入、词性标注、上下文关系、语法关系)对其进行表征；图 10-17(b)表示对于每一种特征的处理方式，分别针对 SDP 的左右两边进行多层的 LSTM 处理，然后经过池化层压缩信息，最后通过隐藏层进行整合。整个模型的特点为使用 SDP 提取关键信息，并且对关键信息进行多通道的特征表示，最后综合所有的特征对实体关系进行分类。

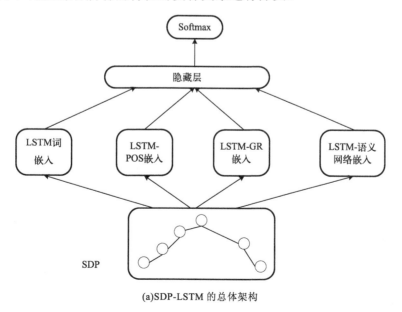

(a)SDP-LSTM 的总体架构

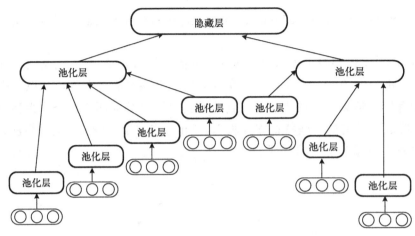

(b)建立在最短依赖路径上的循环神经网络的一个通道

图 10-17　SDP-LSTM 关系抽取

　　关系抽取还有很多种实现方式，这里就不一一列举了，感兴趣的读者可以在网上搜索并试着复现。

10.3.3　知识融合

　　知识图谱可以分为本体层以及实例层。其中本体层用来描述特定领域中的概念、属性以及公理；而实例层用来描述具体的实体对象以及实体间的关系。知识图谱虽然能够通过本体来解决特定领域中的问题，却无法构建出一个覆盖所有事物的本体。这不仅仅是因为世界知识的无限性，还因为本体构建本身具有主观性，并且即使尽可能构建一个很大的本体，这个本体也往往很难使用和维护。在现实生活中，往往开发团队都是根据具体的应用需求和领域来开发本体的，这样在同一个领域内，往往也会存在着大量的本体。这些本体所描述的内容，在语义上大都重叠，但是在表示语言和表示模型上往往存在着差异，这便会导致本体异构。在知识图谱的下游应用中，为了实现比较强大的功能，往往需要获得其他应用所拥有的信息，不同的应用之间的信息交互非常频繁。如果每个应用之间的本体都是异构的，那会给它们之间的信息交互带来极大的不便。此外，实例之间也存在着异构现象，比如，"苹果"既可以指一种水果，又可以指一个公司。又如，"齐天大圣"、"孙悟空"和"斗战胜佛"，虽然名称不同，但是它们指代的是同一个实体。如果这些异构问题不能很好地被解决，那将极大地影响知识图谱未来的扩展应用。

　　本节中所要讲述的知识融合就是用来解决异构问题的一种有效方法。知识融合通过建立异构本体或异构实例之间的联系，实现了异构的知识图谱的互通。下面将对异构问题产生的原因，以及本体异构和实例异构的解决方法进行一一介绍。

　　1．异构问题产生的原因

　　其实早在面向对象建模和数据库建模领域中，由于模型间不匹配而导致的异构问题就已经出现了。与其相似，知识图谱之间的不匹配也正是造成知识图谱异构的直接原因。首先就知识图谱的来源来讲，即使是在同一领域中，不同组织建立的知识图谱往往也会有异构现象；交叉领域之间的知识通常都是异构的；构建知识体系的人对世界的不同看法，也会导致知识图谱出现异构现象。具体地讲，造成异构的因素很多，但大多可以分为语言层不匹配或者模型层不匹配。

语言层不匹配：在知识图谱发展的过程中出现了很多种流行语言，如早些年的Loom 和 Ontolingua 等本体语言，近些年的 RDF(S)、OWL 等本体语言，这些语言之间并非完全兼容，当不同时期构建的知识或同一时期采用不同语言的知识进行交互时，就会面临着语言层不匹配的问题。语言层不匹配具体又可以分为语法不匹配、逻辑标识不匹配、原语的语义不匹配以及语言表达能力不匹配。因为比较好理解，所以这里就不一一介绍了。

模型层不匹配：模型层上的不匹配和使用的语言无关。它既可能发生在同一种语言表示的本体之间，也可以发生在使用不同语言的本体之间。模型层不匹配又可以细分为概念化不匹配以及解释不匹配，概念化不匹配是由对同样的建模领域进行抽样的方式不同造成的；而解释不匹配是由对概念进行说明的方式不同造成的。

2. 本体层的融合技术

上面简单地讲述了出现异构现象的原因，接下来将大致介绍在两种层面上进行知识融合的技术。首先介绍本体层上的知识融合技术，解决本体异构的常见方法为本体映射和本体集成。本体映射是寻找本体之间的映射规则，在各个本体之间建立映射规则，然后借助这些规则在不同的本体之间传递信息；本体集成是指将多个本体合并为一个大本体，各个异构系统都使用这一个本体来实现统一，这样各个系统之间就可以直接进行交互，从而解决了本体异构问题。图 10-18 和图 10-19 是本体映射以及本体集成的示例图。

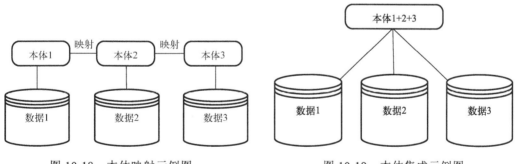

图 10-18　本体映射示例图　　　　　图 10-19　本体集成示例图

本体映射和本体集成看起来很简单，但实际上实行起来需要考虑到的地方很多，比如，本体映射在寻找映射规则的时候，要从映射的对象角度、映射的功能角度以及映射的复杂程度角度分别来考虑问题，最终确定映射规则。这里对于其中内容不进行详细介绍，感兴趣的读者可以在网上自行了解。至于本体集成，现在网上也有了一些现成的工具可以使用，如 AnchorPROMPT，可以帮助用户进行本体集成操作，也能够提供合并成分的建议，使用这些工具可以帮助完成本体集成工作，这里对于其使用方法也不再详细介绍，请读者自行了解。

3. 实例层的融合技术

在实际应用上，知识图谱中的实例规模通常较大，因此针对实例层的匹配成为知识融合面临的主要任务。实例匹配的过程虽然与本体匹配有相似之处，但实例匹配通常是一个大规模数据处理问题，需要在匹配过程中寻找合适的时间复杂度和空间复杂度解法，所以其挑战更为艰巨。从 20 世纪 80 年代开始，工程师就致力于创建和维护很多大规模的本体，这些本体中的概念数据和关系数据规模通常很大，其在总体上可以划分为三类：通用本体，即用于描述人类通用知识、语言知识和尝试知识的本体；领域本体，即各个领域中的专业人员建立的本体，如医学领域中的金银本体和统一医学系统本体；企业应用本体，为了有效地管理和维护拥有的大量数据，很多企业都利用本体对自身的海量数据进行重组，以便为用户提供更高效的服务，不过出于商业保密的目的，这些企业应用本体通常不公开。在实例层上的异构难点就在于需要满足基于不同大规模知识图谱的系统间的信息交互需求，所以要建立大规模知识图谱间的匹配。在近年来科研人员的不断探索下，已经出现了一些可用的实例匹配方法：基于快速相似度计算的实例匹配方法，通过应用简单快速的匹配器，设计简单的映射线索来尽量降低每次相似度计算的时间复杂度；基于分治的实例匹配方法，将大规模知识图谱匹配划分为 k 个小规模的知识图谱匹配，来降低相似度计算总的时间复杂度。

通过映射和匹配可以建立知识图谱之间的联系，从而使异构的知识图谱可以互相沟通，实现它们之间的互操作和集成。知识融合对于管理多个知识图谱、进行知识图谱合并、重用知识以及设计知识图谱的下游应用都具有重大的作用。

10.3.4　知识存储

随着知识图谱规模的日益扩大，单纯的数据存储已经不能满足需求。一方面，以文件形式保存的知识图谱无法满足用户查询、检索、分析、推理以及其他各种后续需求；另一方面，传统的关系数据库无法有效地管理大规模知识图谱数据。为了更好地进行知识图谱的存储，不同领域中针对各种需求开发出了不同的存储方式。虽然目前没有哪一种数据库系统被公认为最优秀的知识图谱数据库，但是可以明显看到，知识图谱的存储和数据管理手段都变得越来越强大。下面主要介绍三种常见的知识图谱数据库类型。

在介绍知识图谱的存储形式之前，先简单地介绍知识图谱的表示形式。知识图谱主要有 RDF 图和属性图两种图数据模型。

(1) RDF 图：在前面中已经提到过，RDF 是表示知识的一种方式，在 RDF 三元组中，每一个 Web 资源都有唯一的标识符 ID，许多 RDF 三元组连接在一起就组成了 RDF 图。一个 RDF 图可以看作三元组(s, p, o)的有限集合，每一个三元组都代表着一条知识，其中 s 是主语，p 是谓语，o 是宾语。(s, p, o)既可能代表 s 与 o 之间有 p 关系，也可能代表 s 具有属性 p，其属性值为 o。图 10-20 为一个简单的 RDF 图示例。

如图 10-20 所示，其中有四位运动员以及两个比赛项目；小刚认识小红和小明；小刚、晓璐和小明参加长跑，奖品为笔记本；晓璐和小明参加跳远，奖品为水杯。

(2) 属性图：如图 10-21 所示，属性图是当前被图数据库采纳最广的一种图数据模型，每个属性图由结点集与边集组成，其结点集和边集分别需要满足几条性质：每个结点要有唯一的 ID 标识，并且每个结点有一些属性，其中每个属性都是一个键值对；每条边也要有唯一的 ID，并且每条边具有一个标签标识关系，还有一组属性，每个属性也是一个键值对。

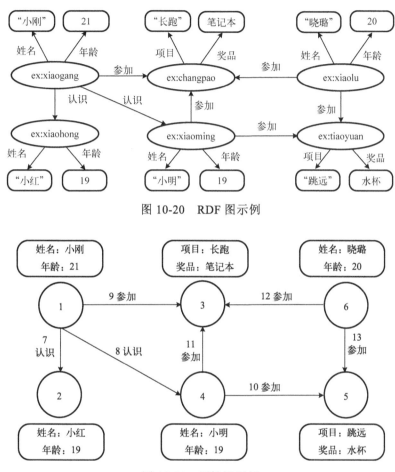

图 10-20　RDF 图示例

图 10-21　属性图示例

想要在知识图谱中进行查询等操作，需要借助知识图谱查询语言，想必大家或多或少都听说过 SQL，SQL 是一种结构化查询语言，用于操作关系数据库。知识图谱数据库中也有一个类似的语言，目前 RDF 图上的查询语言是 DPARQL；属性图上的查询语言主要是 Cypher，其中语法在这里不再细述，感兴趣的读者可以自行了解学习。

在介绍完知识图谱的存储形式之后，来介绍三类常见的知识图谱数据库：关系数据库、原生图数据库和面向 RDF 的三元组数据库。

1. 关系数据库

关系数据库想必大家都不会陌生，常常说到的 Oracle、MySQL、DB2 和 SQL Server 都是关系数据库的管理系统。下面主要介绍三种基于关系表的知识图谱存储结构，包括三元组表、水平表和垂直划分。

如图 10-22 所示，三元组表是将知识图谱存储到关系数据库中最简单、最直接的方法，就是在关系数据库中建立一张具有三列的表(主语，谓语，宾语)，将知识图谱中的每个三元组存储为三元组表中的一行记录。三元组表的存储方案简单明了，但是当三元组表规模较大时，多个自连接操作会使得查询效率低下。

主语	谓语	宾语
Charles_Flint	born	1850
Charles_Flint	died	1934
Charles_Flint	founder	IBM
Larry_Page	born	1973
Larry_Page	founder	Google
⋮	⋮	⋮

图 10-22　三元组表

如图 10-23 所示，水平表相当于知识图谱的邻接表，表的列数是知识图谱中不同谓语的数量，行数是知识图谱中不同主语的数量，与三元组表相比，水平表的查询大为简化，仅需单表查询即可完成任务，无须进行连接操作。

主语	born	died	founder	board	...	employees	Headquarters
Charles_Flint	1850	1934	IBM		...		
Larry_Page	1973		Google	Google	...		
Android					...		
Google					...	54604	
IBM					...	433362	Mountain_View

图 10-23　水平表

如图 10-24 所示，垂直划分以三元组的谓语作为划分维度，将 RDF 知识图谱划分为若干张只包含(主语，宾语)两列的表，表的总数量即知识图谱中不同谓语的数量，即为每种谓语建立一张表，表中存放知识图谱中由该谓语连接的主语和宾语，垂直划分解决了空值问题和多值问题，但是需要建立大量的谓语表，数据更新维护代价大。

born

主语	宾语
Charles_Flint	1850
Larry_Page	1973

died

主语	宾语
Charles_Flint	1934

founder

主语	宾语
Charles_Flint	IBM
Larry_Page	Google

board

主语	宾语
Larry_Page	Google

home

主语	宾语
Larry_Page	Pale_Alto

developer

主语	宾语
Android	8

version

主语	宾语
Android	8.1

employees

主语	宾语
Google	57100
IBM	377757

headquarters

主语	宾语
Google	Mountain_View
Larry_Page	Armonk

图 10-24　垂直划分

2. 原生图数据库

学习知识图谱时最常听到应该就是 Neo4j 数据库了，Neo4j 就是一种原生图数据库。其基于属性图模型，为属性图结构中的结点、结点属性、边以及边属性都设计了专门的存储方案。虽然其不能实现真正意义上的分布式存储，导致数据规模过大时，系统性能会因受到内存等限制而降低，但是对于初级知识图谱的学习是非常好用的。

3. 面向 RDF 的三元组数据库

前面介绍了知识的 RDF 表示形式，以及如何搭建知识图谱的 RDF 图模型。面向 RDF 的三元组数据库就是专门为了存储大规模 RDF 数据而开发的知识图谱数据库，在其中可以使用 RDF 的查询语言 SPARQL 来进行一系列操作，这里不进行详细介绍，有兴趣的读者可以自行学习。

10.3.5　知识计算

知识计算主要是在知识图谱中知识和数据的基础上，通过各种算法，发现其中显式的或隐含的知识、模式或规则等，知识计算的范畴非常大，其中知识推理和图挖掘计算是最具代表性的两种能力，本书主要介绍知识推理部分。

首先，想必大家都知道推理的含义，就是通过已有的知识推断出未知知识的过程。推理可以按照推断过程的约束严格程度分为逻辑推理和非逻辑推理。逻辑推理要求严格，定义清晰，本节主要介绍的也是逻辑推理。逻辑推理根据推理方式的不同可以分为两大类：演绎推理和归纳推理。下面对这两种推理方式进行介绍。

(1) 演绎推理：通过给定的几个前提来推断出一个必然成立的结论的过程。其包含三部分：前件假言命题、后件假言命题以及性质命题。典型的演绎推理包括肯定前件假言推理、否定后件假言推理及三段论。为了方便大家理解，下面给出几个例子。

① 肯定前件假言推理：通过性质命题肯定了假言命题的前件，从而推断出肯定的假言后件。比如，通过"如果今天天气很热"(前件)、"小璐就不出门了"(后件)以及性质命题"今天天气很热"，可以推理出"小璐今天不出门了"。

② 否定后件假言推理：通过性质命题否定了假言命题的后件，从而推理出否定的假言前件。比如，前面的例子中，通过性质命题"小璐今天出门了"，可以推断出"今天天气不是很热"。

③ 三段论：给定两个假言命题，且第二个假言命题的前件和第一个假言命题的后件的申明内容相同，可以推理出一个新的假言命题，这个新的假言命题的前件与第一个假言命题的前件相同，其后件与第二个假言命题的后件相同。比如，通过"如果小璐赢得了比赛，小璐就能获得一笔奖金"以及"如果小璐获得奖金，小璐就能买到喜欢的裙子"，可以推理出"如果小璐赢得了比赛，小璐就能买到喜欢的裙子"。

(2) 归纳推理：对已有的部分进行观察，从而得出一般的结论的过程。典型的归纳推理包括归纳泛化及统计推理。

① 归纳泛化：通过对个体的观察得出适用于整体的结论。比如，班级一共有 50 个

同学，要估计男女生的个数，随机抽出五个人，有四个男生和一个女生，就可以通过泛化归纳推理出班级一共有 40 个男生和 10 个女生。

② 统计推理：与归纳泛化正好相反，是将整体的统计结论用于个体。比如，房价在过去十年内都在上涨，那么今年房价应该也会上涨。无论归纳泛化还是统计推理，即使推理前提都为真，也不一定能保证结论一定成立。但是在演绎推理中，如果前提均为真，那么推理结果也必然为真。

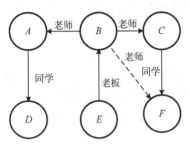

图 10-25　人物关系推理图

前面讲了一些与推理相关的知识，在知识图谱中推理主要是围绕关系进行展开的，即通过图谱中已有的关系推断出未知的关系。图 10-25 为一个简单的人物关系推理图，利用推理可以得到新的关系。

那么为什么需要知识推理呢？前面讲述过知识融合，通过知识融合可以不断地扩大知识图谱，在知识融合的过程中有两个重要的任务：实体对齐和关系对齐，即识别出分别存在的两个实体是同一个实体，或者两个关系是同一种关系，从而在知识图谱中将其对齐。但是由于现实生活中的知识无穷无尽，想要通过知识融合的方式做出一个涵盖所有知识的知识图谱是不可能的。而知识图谱的最大的作用就是提供知识服务，为相关查询返回正确的相关知识，通过知识推理，即便不能搭建出"包含所有知识的知识图谱"，也可以提高查询质量。

前面介绍过推理分为演绎推理以及归纳推理，知识图谱的推理也分为这两种，本节主要介绍几种归纳推理的方法，其余部分大家选择性了解。

基于归纳的知识图谱推理主要是通过对知识图谱已有信息的分析和挖掘进行的。常用的信息为三元组，根据推理要素的不同，基于归纳的知识图谱推理可以分为基于规则学习的推理和基于表示学习的推理，下面对这两种推理方法进行简单介绍。

1. 基于规则学习的推理

规则(Rule)一般包含两个部分，分别为规则头(Head)和规则主体(Body)，其一般形式为

$$Rule:Head \leftarrow Body$$

可以理解为通过规则的主体信息可以推导出规则头的信息。其中规则头由一个二元的原子构成，而规则主体由一个或多个一元原子或二元原子组成。原子是指包含了变量的元组，例如，isLocation(X) 是一个一元原子，表示实体变量 X 是一个位置实体；isTeacher(X,Y) 是一个二元原子，表示实体变量 X 的是实体变量 Y 的老师。在规则主体中不同的原子是通过逻辑合取组合在一起的，且规则主题中的原子可以以肯定或否定的形式出现，如果规则主体中只包含以肯定形式出现的原子，那么这样的规则又称为霍恩规则。

在规则学习过程中有两种常见的评估方法：支持度和规则头覆盖度。下面对其进行介绍。

支持度(Support)：满足规则主体和规则头的实例个数，是一个大于等于 0 的整数。规则的实例化是指将规则中的变量替换成知识图谱中真实的实体后的结果。一般来说，一条规则的支持度越大，表示这条规则的实例在知识图谱中存在得越多，也就越可能是一条好的规则。

规则头覆盖度(Head Coverage，HC)：

$$HC = \frac{Support(Rule)}{Head(Rule)}$$

即规则支持度和满足规则头的实例个数的比值，一条规则的头覆盖度越高，一般说明规则的质量越高。

2. 基于表示学习的推理

知识图谱的表示学习受自然语言处理关于词向量的研究的启发，词向量具有空间平移性质，例如：

$$vec(King) - vec(queen) \approx vec(man) - ver(woman) \tag{10-1}$$

即"King"词向量与"queen"词向量做减法运算后的结果与"man"词向量与"woman"词向量做减法之后的结果相似。这就说明"King"与"queen"之间的关系与"man"与"woman"之间的关系比较相似。同理可以联想到知识图谱，可以将其理解为拥有同一种关系的头实体和尾实体对在向量空间中的表示可能具有平移不变性。具体如何推理本节不做详细描述。

演绎和归纳两种不同的推理方法出现了逐渐融合的形式，它们充分发挥各自的优势并相互补充，两者同时作用能完成更复杂、多样的知识图谱推理任务。

10.3.6　知识图谱应用

基于知识图谱融合的海量知识和数据，结合前面知识计算的相关技术，产生大量的智能应用，其中最典型的应用包括语义搜索、智能问答以及可视化决策。如何针对业务需求设计实现知识图谱应用，并基于数据特点进行优化调整，是知识图谱应用的关键研究内容。

语义搜索：基于知识图谱中的知识，解决传统搜索中遇到的关键字语义多样性及语义消歧的难题；通过实体链接实现知识与文档的混合检索。

智能问答：针对用户输入的自然语言进行理解，知识图谱或目标数据中直接给出用户问题的答案。

关键技术及主要难点如下。

(1) 语义解析：如何正确理解用户的真实意图？

(2) 对于返回的答案：如何确定优先级顺序？

可视化决策：通过提供统一的图形接口，结合可视化、推理、检索等，为用户提供信息获取的入口。

关键技术及主要难点如下。

(1) 如何通过可视化方式辅助用户快速发现业务模式？

(2) 如何提升可视化组件的交互友好程度？

当然，知识图谱的应用不止这些，本书将在第 11 章详细地讲述四个常见的应用技术。

10.4　知识图谱的现有应用

构建知识图谱的目的在于利用知识图谱来完成一些日常生活中的工作。要想有效利用知识图谱，就要考虑知识图谱具备的能力。知识图谱具有哪些能力呢？第一，知识图谱包含了海量的数据，是一个超级知识库，可以依赖它搜索一些内容，而且知识图谱能够赋予信息明确的结构和语义，不仅可以使其直观地显示，更能够使人们易于理解、处理和整合它们，这种搜索被定义为语义搜索。第二，对搜索进行延伸，搜索的结果可能会有很多，按照一定的规则排序，如果只取最可能的答案，就变成了问答系统，这也是知识图谱的典型应用。第三，将知识图谱的数据进行深度分析，按照一定的规则进行推断，还可以得到辅助决策。第四，将知识图谱与其他技术进行结合，可以充分利用知识图谱的知识，比如，将用户的个性化特征与知识图谱结合，能够得到个性化推荐系统。

10.4.1　语义搜索

搜索也称为信息检索，是从信息资源集合获得与信息需求相关的信息资源的活动。近年来，在互联网和企业应用上，搜索技术受到了广泛的关注和应用。知识图谱中的语义搜索不同于常规的搜索，常规搜索是根据关键字来寻找相应的网页集合，再通过 PageRank 算法将集合中的网页进行排名，最后展示给用户；而基于知识图谱的搜索是在已有的知识库中遍历知识，然后将匹配的知识返回给用户，如果匹配得当，那么查询出来的结果只有几个，相当准确。

举例来说，如图 10-26 所示，使用百度搜索引擎来搜索"唐僧的徒弟"，大多数结果都是孙悟空的图片，这说明搜索引擎理解了搜索内容，根据语义找到了想要的答案。

图 10-26　语义搜索示意图

语义搜索是知识图谱最为常见的应用，它首先将用户输入的问句进行解析，找出其中的实体和关系，理解用户问句的含义，然后在知识图谱中匹配查询语句，找出答案，最后通过一定的形式将结果呈现到用户面前。

10.4.2　智能问答系统

智能问答系统是一个拟人化的智能系统，它接收以自然语言表达的问题，理解用户的意图，获取相关的知识，最终通过推理计算形成以自然语言表达的答案并将其反馈给用户。例如，用户想要了解"乔布斯的出生日期是哪天？"，按照传统的搜索方法在网上搜索关键词"乔布斯"，可以得到大量的相关网页，经过阅读，可以得到"1955 年 2 月24 日"是他的出生日期。而当问身边的人这个问题的时候，往往期待的是直接得到"1955年 2 月 24 日"这个答案。智能问答系统就实现了这个功能。

基于知识图谱的问答(Knowledge-Based Question Answering，KBQA)是智能问答系统的核心功能，是一种人机交互的方式。知识问答依托一个大型知识库(知识图谱、结构化数据库等)，将用户的自然语言问题转化成结构化的查询语句，直接从知识库中导出用户所需的答案。

近些年来阿里小蜜等智能客服取代了部分人工客服，如图 10-27 所示，之前的智能客服通过不同业务选择不同数字，一步一步细分业务，而现在实现了智能问答以后，可以简化这些步骤，直接根据用户的提问给出答案，而且智能客服可以实现 7×24h 随时响应，大大提高了商家的回复率。虽然现在的智能客服还是不够完善，但是智能问答系统已经逐步出现在生活中，并代替了一部分简单的职能。将在第11 章对问答系统进行详细的介绍。

图 10-27　智能客服示意图

10.4.3　辅助决策

辅助决策就是利用知识图谱的知识，对知识进行分析处理，通过一定规则的逻辑推理，得出某种结论，为用户决断提供支持。比如，我国现在的养老问题成为人们关注的焦点。对于一个地区而言，应该采用什么样的养老模式？配套设施应该如何建设才能解决老人的养老问题？这就需要对这个地区的老人、基础设施、配套情况、周围环境等建立知识库，分析老人的日常生活，对数据进行汇总，根据已有事实得出结论，为政府制定政策提供决策支持。再如，利用知识图谱对临床医治进行辅助，首先建立标准数据模型，对多源数据进行汇聚，建立医学语料库；然后通过专家路径以及医疗教科书，建立知识图谱的主干；再通过自然语言处理及人工标注，对数据进行标准化处理，并通过数据挖掘建立概率模型，为知识图谱补充枝叶。通过以上路径建立起的临床辅助决策系统，可以帮助医生进行病理的诊断，也可以让患者根据自己的情况做出预先病情估计。而这些功能中最基础的是建立所有数据的知识图谱以及有效的推理规则，最后才能得出有意义的结论。

10.4.4 个性化推荐

随着互联网技术的飞速发展，各种信息在互联网上汇集，信息呈指数级增长，人们面临着信息过载的问题，推荐系统的提出是解决这一问题的有力途径。但是，推荐系统在启动阶段往往效果不佳，存在冷启动问题，而且用户历史记录数据往往较为稀疏，使得推荐系统的性能很难让用户满意。知识图谱作为先验知识，可以为推荐系统提供语义特征，引入它可以有效地缓解数据稀疏情况，提高系统的性能。

基于知识图谱的推荐系统大部分是以现有的推荐系统为基础的，如基于协同过滤和基于内容的推荐系统，将知识图谱中关于商品、用户等实体的结构化知识加入推荐系统中，通过引入额外的知识缓解早期推荐系统中数据稀疏的情况。首先寻找用户偏好实体，再通过用户偏好实体寻找物品，通过这两个过程实现对不同用户的个性化推荐。下面介绍一类利用知识图谱的推荐系统。

基于元路径的知识图谱推荐系统如图 10-28 所示，元路径就是图中链接任意两个实体的路径。推荐系统中一个重要的问题便是如何借助外部知识来提高基于内容的推荐。图 10-28 中的一种可能路径就是用户->电影->演员->电影。其原理就是利用图中路径的连通信息计算实体之间的相似度，预测用户感兴趣的实体来进行推荐。

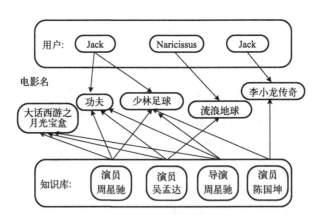

图 10-28 基于元路径的知识图谱推荐系统

10.4.5 学科知识图谱

知识图谱以揭示知识间的逻辑关系为表征，广泛渗透到教育技术领域，衍生了教育知识图谱和学科知识图谱等概念，其本质就是围绕学科主题具体的知识网络展示所有知识的整体结构，包括知识点的先后顺序、包含与被包含等关系，这种知识间存在的各种内在逻辑联系是确定以何种方式建构知识的重要参照，是帮助学生学会知识的前提，是清晰课程目标和价值观体系的基础。

学科知识图谱是以学科问题的逻辑关系为核心，与相应的知识体系和能力体系建立映射关系的可视化表征工具。学科知识图谱将学科知识中的核心问题分层次(疑难问题、组合问题、基本问题)理清，并梳理解决每类问题应选择和使用的方法、策略和知识，以问题为线索把所有相关知识点贯通，重新进行整合，构建向上抽象能力的思维体系。它体现了知识结构的构成情况、知识点间的结合方式、问题和解决问题的方法，以及对应的能力。

图 10-29 为《编译原理》的学科知识图谱示例，以问题、知识(基础性知识、策略及方法知识)、能力与思维等的关联关系为线索，建立知识点索引标签，将多种不同领域的知识点通过标签和知识抽取的方式"挂"在每一个图谱结点上，基于每一个从疑难复杂问题到知识点的序列有效组织学习资源，方便了教师设计学习活动和学生基于学科知识图谱开展自主性学习活动时优质资源的获取。

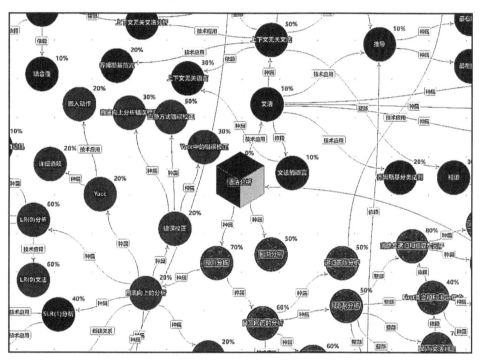

图 10-29　《编译原理》的学科知识图谱

基于《编译原理》的学科知识图谱，数据分析技术快速地检测定位学生的学习状况和薄弱点，基于对学生学习状况更加准确的判断，利用知识点之间关联关系、前后序关系，合理且有针对性地推荐相关内容以及学习策略，规划学习路径，完成精准检测、内容推送、路径规划等整个流程的动态闭环，稳步提升学生的知识掌握程度。

10.5　本 章 小 结

本章介绍了知识图谱的概念、理论及应用。首先，介绍知识图谱的发展历史及知识图谱的概念；然后，介绍知识图谱的几种表示方法、知识图谱的声明周期，便于读者理解知识图谱，如何搭建知识图谱。最后，介绍知识图谱在当今社会中主要的几种应用场景。

习　题　10

1. 知识抽取中常用的技术有哪些？

2. 知识图谱的具体应用形式有哪些，都是如何应用的？

3. 尝试手动搭建一个知识图谱。

4. 知识图谱通常使用图数据库来存储，而 Neo4j 是新手最常使用的一种图数据库，尝试着自己使用相关代码和软件创建一个 Neo4j 图数据库，并熟悉其中的操作，创建以下结点及关系：在 Movie 标签下创建 TheMatrix，发布日期为 1999 年；在 Person 标签下创建 Keanu，其出生于 1964 年，Carrie 出生于 1967 年，Hugo 出生于 1960 年，Keanu 与 Carrie 都是影片 TheMatrix 中的演员，而 Hugo 为影片的导演。

习题 10 答案

第11章　问答系统与人机对话系统

问答(Question-Answering，QA)系统和人机对话系统(Human-Computer Dialogue System)是近几年发展迅速的两个研究方向，由于这两项技术不仅对于广大网络用户有重要的实用价值，而且对于军事、网络安全都具有重要意义，因此其研究备受关注。

本章简要介绍问答系统和人机对话系统的基本研究内容，包括问题描述、系统实现方法、基本模型和系统评测方面。

11.1　问　答　系　统

虽然很多优秀的搜索引擎供应商(包括谷歌、雅虎、百度等)都投入了大量的人力和财力来提升搜索引擎的效果和便捷性，并尽力满足各种用户群体的需求，但传统的搜索引擎还是有限制的。比如，无法搜索到用户真正需要的信息，返回过多无关信息，或者用户需要的信息没有在 Top 结果中列出，等等。这使得网络用户对现有的搜索技术仍然不满意。根据 MORI 的民意调查，只有 18%的用户表示总能在网上搜索到需要的信息，而 68%的用户对搜索引擎很失望。事实上，在很多情况下，用户并不想搜索文献的全文，而只想知道某个特定问题的确切答案。能够接收用户用自然语言描述的问题，并能从大量异构数据中找到或推断出用户问题答案的信息检索系统就是问答系统。

从某种意义上说，问答系统是集集体知识表示、信息检索、自然语言处理和智能推理等技术于一体的新一代搜索引擎。问答系统在很多方面都不同于传统的信息检索系统。二者的主要区别可参见表 11-1。

表 11-1　问答系统与传统信息检索系统的区别

比较方面	问答系统	传统信息检索系统
系统的输入	自然语言提问	关键词组合
系统的输出	准确的答案	相关文档的列表
所属的领域	NLP 和 IR 两个领域	IR 领域
信息准确性	用户信息需求相对明确	用户信息需求相对模糊

11.1.1　系统构成

问答系统通常由三部分组成：问题处理模块、检索模块和答案提取模块。其构成可用图 11-1 表示。图中，问题处理模块主要负责处理用户问题，包括生成查询关键词(问题关键词、扩展关键词等)、确定问题答案的类型(人、地点、时间、数字等)、句法和问题的语义分析等。

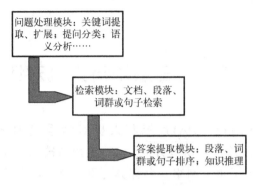

图 11-1　问答系统基本结构示意图

检索模块主要采用一定的检索方法，根据问题处理模块生成的查询关键词，检索出与查询相关的信息。该模块返回的信息可以是文档、段落、词组或句子。

答案提取模块利用相关分析推理机制，从检索到的相关段落、词组或句子中，提取与问题答案类型一致的实体，按照一定的原则对候选答案进行排序，选出符合条件的候选答案，最后返回给用户。

结合上面介绍的信息检索技术，可以看出问答系统的关键技术包括以下几个方面。

(1) 基于海量文本的知识表示：充分利用海量文本资源和机器学习方法，建立面向大规模语义计算和推理的知识表示体系，自动构建知识库。

(2) 问题解析：主要任务包括(中文)自动分词、词性标注、实体标注、概念类别标注、句法分析、句子语义分析、句子逻辑结构标注、隐喻解析、关联关系等。在上述处理的基础上，还需要对问题进行分类，确定答案类别。

(3) 答案过滤与生成：根据问题解析结果从大规模知识源和网页库中抽取候选答案，进行关系推演，判别搜索结果与问题的吻合程度，过滤噪声，生成候选答案，并通过推理生成最终的答案。

在问题解析中可根据其结构特点将问题划分为简单问题和复杂问题两类。简单问题中往往只包含一个句子，问句中对答案的约束相对较少；而复杂问题通常包含多个句子，每个句子包含一个问题的一个答案，问题的答案往往需要从问题的多个侧面推导得出。也可以从答案的粒度出发将问题划分为实体型问题、段落级问题以及篇章级问题。

实体型问题是指要求答案为一个或者多个确定性的实体级别答案的问题，如"姚明的身高是多少？"和"李白都写过哪些诗词？"等。根据实体型问题答案的特点，这一类问题可以包括列表类型问题、数学问题、关系问题。

段落级问题往往不能由一个或者多个句子来回答，如"在全球化时代的背景下，如何看待中美关系？"和"袁隆平院士做过哪些贡献并取得了哪些傲人的成绩？"这一类问题包括定义类问题、观点型问题、逻辑型问题、程序型问题等。

篇章级问题往往需要对问题进行全方位的描述，问题的答案往往包含问题目标的多个方面，如"特朗普是谁？"和"什么是诺贝尔奖？"这一类问题包括综合性问题、百科问题等。

除了上述提取各个问题相对应的答案，还需要对问句本身进行分析，具体包括：问句分析，即把一个自然问句表示为一个或若干个搜索查询的形式；问句分类，即识别问题的类别，从而采用相对应的答案提取方法；问题分解，即主要针对复杂问句，从复杂问句中分割出多个简单问题并识别简单问题间的逻辑关系，从而根据这种关系从简单问句的答案中抽取、推理出最终答案。这里逻辑关系通常包含并列关系、递进关系、因果关系等。

11.1.2　基于信息检索和答案选择的混合式问答系统

信息检索的问答系统是对信息检索技术和答案选择算法的融合，通过信息检索技术提供一个粗筛选，从答案库中提取出前 N 个与问题具有一定关联性的答案，然后使用基于深度神经网络的答案选择算法对问题和这 N 个答案进行相似度计算，通过对匹配度的阈值判断，来确定最终返回答案。

混合式回答系统的整体流程图如图 11-2 所示。

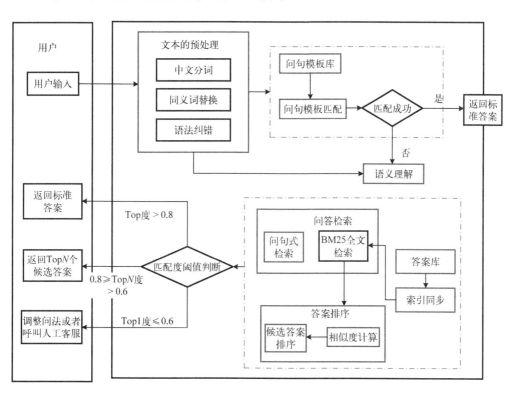

图 11-2　混合式问答系统流程图

用户输入问题文本后，系统会对用户输入的文本进行预处理，其中包括中文分词、同义词替换、语法纠错。

预处理结束后，该模块将处理好的内容与问句模板库的问句模板进行匹配。若匹配成功，则直接将标准答案作为输出返回给用户；若匹配失败，则需要进一步做语义理解，并对语义理解后的内容进行问答检索。

在问答检索时，需要先根据答案库的内容进行索引同步，然后使用 BM25 算法对同步出来的索引文本计算关联性得分。通过该得分可以筛选出前 N 个与问题相关的答案。

通过基于深度神经网络的答案选择算法计算这 N 个问题的相似度，并按相似度从高到低的顺序进行候选答案排序。

之后，进行相似度阈值判断：若 Top1 相似度>0.8，则返回 Top1 的标准答案给用户；若 Top1 相似度>0.6 且 Top1 相似度≤0.8，则返回 Top$N$ 个候选答案；若 Top1 相似度≤ 0.6，则提示用户调整问法或者呼叫人工客服。

1. 文本预处理模块

本节使用"JieBa 分词"作为中文分词组件，其作用是将汉字序列分割成独立的词，方便后期处理。中文分词的作用是通过特定的规范将连续的字符序列重新排列成单词序列。它是目前的 Python 中文分词组件之一，支持四种模式：精准模式，精准分句进行文本分析；全模式，扫描句子中所有可以转换成单个词语的短句，速度很快，但在处理歧义方面还不够完善；搜索引擎分词；Paddle 模式，采用 Paddle 深度学习框架对序列注释模型进行训练从而实现分词和词性标注。

经过分词处理之后，再进行同义词替换。同义词来自本地的同义词以及同义词库提供的同义词。语法纠错部分调用了 StanfordNLP(一个 Python 自然语言分析包)来完成纠错。SnowNLP 是一个用 Python 编写的类库，它很容易处理中文文本内容，并且受到了 TextBlob 的影响，主要由以下功能构成：中文分词(Character-Based Generative Model)；词性标注(3-gram HMM)；情感分析(简单分析，如评价信息)；文本分类(Naïve Bayes)；转换成拼音(Trie 树实现的最大匹配)；繁简转换(Trie 树实现的最大匹配)；提取文本关键词和文本摘要(TextRank 算法)；计算文档词频(Term Frequency，TF)和逆文档频率(Inverse Document Frequency，IDF)；标记化(句子分割)；文本相似度计算(BM25)。

2. BM25 全文检索模块

在 BM25 全文检索模块中，需要将输入数据与答案库的全部数据做一个全文检索，在这部分用到了 BM25 算法来提高运行效率。

BM25 算法会为用户的输入信息与每个知识库答案的信息计算匹配度，排序后取靠前的数据来计算相似度，并在算法上增加更多的参数与构想来提升准确率。

举例来讲：输入"A 股开户是否收费"时，使用 BM25 算法可以从答案库中挑选出 200 个存在"A 股"和"开户"等关键信息的答案。由于使用了 BM25 算法，后续的基于神经网络的答案选择模块不需要在与问题毫无联系的答案上浪费很多的计算量。真正的候选答案的就是输入信息与这 200 个的初筛的答案，这极大地减少了计算时间，其基本公式为

$$\text{Score}(Q,d) = \sum_{i}^{n} W_i R(q_i, d) \tag{11-1}$$

式中，Q 表示一个问题；q_i 表示问题中的单词；d 表示某个搜索文档。具体推导过程请看相关书籍。

3. 答案选择模块(基于 BERT 的答案选择模型)

问答系统在进行答案选择时，不仅仅要考虑文本中字的特征，还需要考虑词语级以及句子级的特征，为了更好地捕捉更高层次的特征，采用 BERT 作为预训练语言模型。BERT 利用 Transformer 的 Attention(注意力机制)来学习文本中单词之间的上下文关系。原始形式的 Transformer 由两种机制组成，即读取文本输入的编码器和为任务生成预测的解码器。由于 BERT 的目标是生成语言模型，因此只需要编码器机制。

BERT 模型架构如图 11-3 所示。

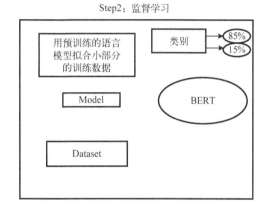

图 11-3　BERT 模型架构

本节使用 TREC QA 和 Wiki QA 数据集，每个数据集分为训练集、验证集和测试集。下面以训练集为例来介绍数据预处理的流程。

本节使用到 Python 的第三个开源库 Transformers 来实现对 BERT 预训练语言模型的调用，预处理阶段将 TREC QA 或者 Wiki QA 数据集按问题和答案分别读入到 2 个数组中，并将问题和对应的答案通过"[SEP]"分隔符拼接在一起，同时在问题的开头添加上"[CLS]"符号作为分类的识别标记。举个例子：问题"Where is the capital of China？"和其对应的答案"Beijing."在预处理的过程中就会转化为"[CLS] Where is the capital of China?[SEP]Beijing."然后将转化后的数据通过 Transformers 库提供的 BertTokenizer.encode 函数转化为数字序列。数字序列中包含单词对应的索引信息、所处位置信息、问题与答案的区分标记。

将前面得到的数字序列放入 Transformers 库提供的 BertModel 函数中，该函数执行过程中会将文本信息的数字序列经过单词编码与位置编码过程转化为词嵌入矩阵，然后将该矩阵通过 13 层的多头注意力模块进行特征提取。对于文本序列的每个字符，多头注意力模块都会计算其他字符的注意力系数，并以此更新自己的单词表示。本节使用到的是预训练好的 BERT 模型，所以网络模型中的参数都是通过已有的参数来更新的，而不像其他网络会预先初始化整个网络。

BERT 模型函数的输出是最大文本长度乘以 768 的编码矩阵。其中 768 是每个字符编码向量的维度。本节实现的是答案选择的任务，该任务不需要用整个矩阵来对是否匹配进行预测，只用取 BERT 输出矩阵的第一行，也就是"[CLS]"整个字符所在的位置的向量。

在取出这个向量后，因为向量是 768 维的，所以添加了一个简单的前馈神经网络，将 768 维的分类信息映射到 2 个维度上，分别表示匹配和不匹配。通过与真实的标签进行对比，得到模型预测的误差。

在训练过程中通过该误差来指导网络反向传播以更新前馈神经网络模型的参数。

结果评估如下。

本节使用的 BERT 预训练语言模型由谷歌提供。在训练过程中对最大文本长度、学习率、迭代次数、Dropout 率等参数进行了调整。在不同参数下，BERT 网络训练的指标使用精确度、召回率、F1 值、准确率来评估。

首先对 TREC QA 数据集进行验证，得到的实验结果如表 11-2 所示。

表 11-2 TREC QA 数据集实验结果

最大文本长度	学习率	迭代次数	Dropout率	精确度		召回率		F1 值		准确率
				匹配	不匹配	匹配	不匹配	匹配	不匹配	
32	1×10^{-4}	10	0.1	0.89	0.85	0.87	0.89	0.88	0.87	0.87
32	5×10^{-5}	10	0.2	0.90	0.89	0.89	0.88	0.89	0.88	0.89
32	5×10^{-5}	20	0.3	0.91	0.91	0.90	0.91	0.90	0.90	0.90
64	1×10^{-4}	10	0.1	0.88	0.87	0.88	0.87	0.88	0.87	0.88
64	5×10^{-5}	10	0.2	0.90	0.90	0.90	0.91	0.90	0.90	0.90
64	5×10^{-5}	20	0.3	0.94	0.93	0.93	0.94	0.93	0.93	0.93
138	1×10^{-4}	10	0.1	0.92	0.91	0.91	0.94	0.92	0.92	0.92
138	5×10^{-5}	10	0.2	0.93	0.92	0.92	0.91	0.92	0.91	0.92
138	5×10^{-5}	20	0.3	0.93	0.92	0.92	0.92	0.92	0.92	0.92

训练过程中，通过对最大文本长度的分析，可以初步确认在长度为 64 时，BERT 模型表现最佳。在调整学习率的过程中发现，加大学习率虽然可以提升一定的收敛速度，但是最终效果不好。最终实验的参数为：64 的最大文本长度，5×10^{-5} 的学习率，20 的迭代次数以及 0.3 的 Dropout 率。

在信息检索的基础上，可以得到 200 个与输入问题相关的知识库答案，通过答案选择模块计算问题和这 200 个知识库答案的匹配度。答案选择模块基于深度学习神经网络，使得匹配度的计算包含了单词间和句子间的语义相关性，较检索出来的结果更具有准确性。

在答案选择任务中，根据提供的问题和候选答案列表需要用户选择最合适的答案文本。现有的成果很多是在神经网络的基础上得到的，即引入词嵌入向量来表示问答句子，然后通过不同匹配方法得出一个分数，利用数据内答案(正确或错误)的标签，通过监督学习更新神经网络，使其具有广义答案选择的能力。在答题选择任务中，问答语义的匹配也有不同的方法，主流的方法居多，可以分为两种形式。

首先，通过句子建模生成问答句子的句子向量，然后通过对偶网络对两个句子的相似度进行评分。成对网络是两个句子通过相同结构、权重共享的网络。通过成对网络生成两个向量，然后通过余弦相似度度量向量之间的距离，目的是构造更好的句子向量。

这样的思考工作，是从怎样设计双网络的角度进行的，也就是怎样组织更合适的句子向量。比如，通过 Word2Vec 初始化词向量并通过多层感知机来搭建向量，或者利用更加强大的 LSTM 和 CNN 等建模，生成句子向量，还可以将两者进行结合从而更好地表达句子的语义信息。该方法简单，重点关注怎样更好地构造句子向量，利用 CNN 和 LSTM等的不同特征从句子中提取信息，但是先建立句子向量模型的方法会丢失一些句子之间的信息，单词和局部语义信息的丢失会让两个句子的信息不足，并且两个句子的语义匹配程度受到句子向量模型构建质量的限制。

其次，在没有句子向量建模的条件下，两个句子比较语义信息并进行匹配，最后根据内部对齐函数来判断匹配的句子数。该方法一般称为 Compare-Aggregate 或者Marching-Aggregation 框架，这个框架最初由 Parikh 等提出，框架整体可以分为四部分，分别是表示层、比较层、融合层，以及输出层，重点部分在于比较层和融合层。比较层主要对问题和答案两个句子间的语义单元(向量)进行逐项比较，借助注意力机制来得到每一个语义向量在对应句子中的语义分布，利用权重分布在对应句子上的加权来得到每个语义向量的注意力权重向量，然后将两个向量通过一个融合算法进行融合，得到一个向量；融合层中对比较层生成的语义对齐信息的特征向量进行融合，一般会通过卷积神经网络或者循环神经网络来进行序列建模，通过语义对齐特征的序列信息来判断两个句子的语义匹配程度，最终通过输出层输出一个分数。

问答系统总结如下。

本系统的整体目标是使用基于深度神经网络的选择算法对问题和 N 个答案进行匹配度计算，通过对匹配度的阈值判断来确定最终返回的答案。

本节主要对答案选择做详细介绍，并进行了结果的展示和多维度分析，首先介绍了使用的数据集的情况。本次使用了 TREC QA 数据集，该数据集一般用来评估 QA 的答案选择。然后详细介绍了选择方法，因为本节提出的模型是模块化的，这些模块的设计也是不相同的，所以根据每个模块进行比较，其中包含：将模块矢量化的单词是基于单词的模块；是使用语义计算模块还是句子矢量化模块。句子矢量化模块基于混淆神经网络还是基于循环神经网络，还是在点模块中使用余弦相似或全层神经网络连接。

11.2　基于大规模知识库的问答系统

目前，现有的知识库问答研究可以分为两部分：一是识别用户对话的意图；二是基于知识库的自动问答。对于意图识别的研究，由于深度学习的快速发展，目前大部分方法都是基于神经网络模型对句子进行语义编码，然后进行意图识别。然而，这些方法仅使用句子语义的浅层信息，即通过循环神经网络或卷积神经网络直接编码句子单词序列来获得表示。在真实数据中，由于口语的特点、用户口语的随机性以及数据长度分布的巨大差异，浅层语义表示有着自身的局限，使得难以提取用户真实意图的语义表示。中英文知识库的自动问答有着很大的研究价值。知识库问答最大的难点是如何让系统更好地理解用户的问题。现有的研究大多基于英文数据，这对中文领域的知识库问答研究十分不利。而在英文数据集上，还没有通过在查询图生成阶段引入语义解析的方法来增强对问题的理解。

11.2.1　知识库问答系统任务

意图识别和知识库问答是知识库问答系统中的重要模块。由于知识库的结构化知识，问答任务可以直接转化成知识库的搜索和推理任务。然而，用户问题表达具有模糊性，导致其语义难以获取。为了减少噪声的干扰，通常可增添意图识别模块对问题进行分解，将问题分解成不同种类的子问题再进行处理。知识库问答系统模块如图 11-4 所示。

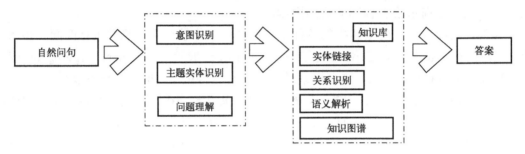

图 11-4　知识库问答系统模块

1. 意图识别

意图识别是自然语言理解的一项基本任务。在人机对话领域，通常的做法是先通过语音识别技术将用户的语音转化为文本，然后利用意图识别算法识别出相应类型的具体意图。这样就可以识别出用户输入与对话系统执行动作的时间之间的映射关系，从而识别和理解用户输入与对话系统执行动作的映射关系，并且用户可以识别和理解对话系统所反馈的动作。例如，表示客服和客户的语音对话记录，其中 1 为客服语音文本，2 为客户语音文本。

意图识别分类的实例

1　您好请说
2　哎，转来电提醒
1　转来电提醒是吧
2　是的
1　把所有的电话都转来电提醒吗
2　是的
1　好的，请稍等。帮您设置好了所有的电话都转来电提醒，还需要其他帮助吗
2　不用
业务类型：办理
用户意图：下载、设置
类别合并：办理-下载/设置

2. 知识库问答

知识库问答的核心问题是如何深入理解结构化知识库中的非结构化自然语言问答、推理和匹配。它需要结合自然语言处理的基本技术，如分词、词性标注、实体识别和解析技术。

在图 11-5 中，对于自然问句"姚明的妻子是什么星座？"通过知识库问答系统得到

结构化查询链：姚明->妻子->叶莉->星座->天蝎座，根据该语句在知识库中进行查询，
最终系统返回正确答案实体。

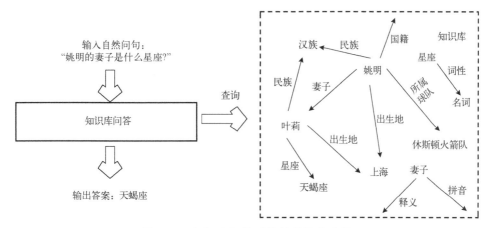

图 11-5 知识库问答系统的结构化查询

11.2.2 基于中文知识图谱的问答系统

从国内外研究现状可以看出，目前更多的研究主要集中在英文知识库(如 Free base)，
以及英文数据集(如 WebQuestion 和 SimpleQuestion)上。然而，由于中文语法结构的复杂
性和呈现方式的多元化，中文知识库的问答仍然是一个非常具有挑战性的任务。因此，
对中文知识库问答系统的研究具有重要的意义。

在中文知识库问答领域，2016 NLPCC-ICCPOL KBQA 任务提供基于百度百科的大
规模知识库，并基于此知识库标注相关问答期望。这个 KBQA 数据集是国内第一个大规
模标注数据集，也是目前知识库最大、标注数据量最大的语料库。许多研究人员在此基
础上开展了相关的研究工作。

中文知识库问答系统的核心是对问题的语义理解。输入的问题是自然语言，而知识
库中的信息是结构化的知识，同时问题的表达与存储在知识库中的知识也有较大差异，
如用户输入的问题"哈工程全称是什么？"和知识库中的相关三元组"(哈尔滨工程大学
(中国 211 大学)，位置，黑龙江哈尔滨)"。如何找到"哈工程"和"哈尔滨工程大学"以
及"重点大学"和"211、985"之间已经存在的联系是解决这些问题的关键。

将中文知识库问答系统的算法分为两个步骤：主题实体链接和属性映射。主题实体
链接分成主题实体识别和实体链接两部分。对于主题实体识别，在基准的 Bi-LSTM-CRF
模型中引入了预训练语言模型 BERT，验证了语言模型在 KBQA 中主题实体识别的有益
作用。在实体链接部分，采用探针策略加大实体链接召回率，缓解语料标注错误的情况。
在属性映射步骤中，使用了预训练语言模型来计算问题属性的语义相关度。

1. 整体框架

本节描述的知识库问答系统的整体框架如图 11-6 所示，用户输入的问题在该系统中
按照主题实体识别、属性链接的顺序进行处理，得到的答案实体最终被返回给用户。

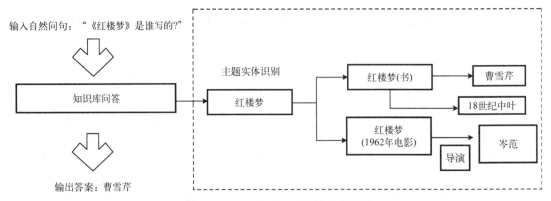

图 11-6　知识库问答系统的整体框构

如图 11-6 所示，基于百度百科构建的知识库非常庞大，如果将所有的实体作为候选答案，不仅难以选出正确答案，而且会面临计算代价太大而无法计算的问题。因此需要采用主题实体链接技术将主题实体识别出来，再将与主题实体有关联的结点作为候选答案，最后通过属性链接从候选答案中选取正确的答案，将组合实体和知识库的查询答案返回给用户。这样可以达到将候选答案的搜索范围从整个图缩减到某小块子图的目的，提高准确率的同时减少了计算代价。

2. 基于语言模型的主题实体识别方法

主题实体识别类似于命名实体识别，其早在 1995 年就被正式提出，也称为专有名称识别，其目的是识别具有特定含义的实体，如句子中的人名、地名、组织名。它是信息抽取、机器翻译和自动问答领域不可或缺的技术。其目前的主要方法有基于规则的方法、基于统计机器学习的方法和基于深度学习的方法。上述所有方法都属于监督学习的范畴，旨在从大规模标注语料库中学习给定实体类别的特征和设计规则，基本策略是将实体识别任务抽象成序列标注问题来执行。

而随着深度神经网络的发展，由于深度学习模型能够自动地从数据中学习和提取特征，并且能够很好地表征句子的语义，因此，近年来它已被广泛应用于主题实体识别任务。近几年在主题实体识别任务中，有一些在输入上基于词和基于字符的研究，其中能获得最好性能的基线模型是双向 LSTM 结合条件随机场(Bi-LSTM-CRF)模型。长短期记忆(LSTM)是循环神经网络(RNN)的流行变体之一，它被广泛用于处理可变长度的序列输入，LSTM 能够学习长期依赖关系并长时间记住信息。然而，单向 LSTM 仍然有一个问题，即无法利用来自未来时间节点的上下文信息。为了解决这个问题，大部分研究者都会使用双向 LSTM，从而可以通过在两个方向上处理序列来利用以前和将来时间节点的上下文信息。2018 年，使用预训练语言模型是自然语言处理领域最重要的趋势。它可以利用从有监督文本中学到的"语言知识"，并将其转移到各种自然语言处理任务中。有很多这样的预训练语言模型，包括 ELMo、ULMFiT、OPENAI Transformer 和 BERT。其中，BERT 最具代表性，在 11 个自然语言处理任务中取得了当时最好的成绩。随着语言模型 BERT 的出现，通过探索在 Bi-LSTM-CRF 中引入 BERT 预训练语言模型，进一步提升了 Bi-LSTM-CRF 主题实体识别模型的语义抽取能力。

如图 11-7 所示，该模型首先使用 BERT 预训练语言模型提取每个字符的语义向量信息。然后通过使用双向 LSTM 对该向量信息进行编码，自动提取语义特征。BERT 中间的隐藏层在某个序列的输出代表当前时刻输入单词的特征向量，特征向量经过 Softmax 运算后，得到的概率可以作为每个标签的概率。单独使用双向 LSTM 模型只能对每个单词的标签做出独立的决定，而不能考虑标签之间的关联。这将在很大程度上限制模型的性能。因此引入条件随机场矩阵来表示相邻标签之间的转移分数，在训练过程中，转移分数也被添加到目标函数中。优化目标针对的是整个句子，而不是每个单词，当使用维特比算法解码时，选取整个句子最高得分的实体作为主题实体关联词。

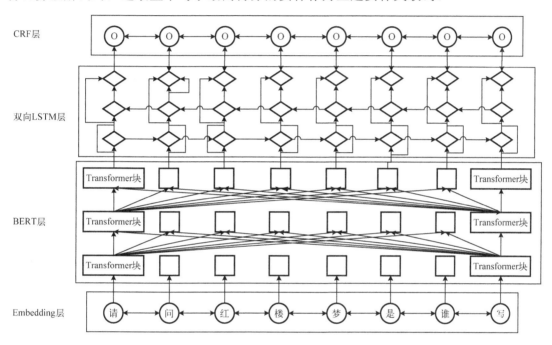

图 11-7　基于 BERT 的 Bi-LSTM-CRF 主题实体识别模型

3. 基于语言模型与相似度计算的属性链接方法

通过实体链接，可以得到知识库中与自然问句相关的实体以及与实体相关的属性。比如，对于用户输入的自然问句："姚明在哪里出生？"通过主题实体识别和实体链接查询得到实体"上海"。根据知识库查询得到实体"姚明"的所有属性值，有出生日期、出生地、职业等共计 26 条属性。属性链接的目的是通过意图识别，识别问句中主题实体的属性，找出其中与自然问句语义最相符的属性。

知识库中的每一个实体都对应着一个结点，实体之间的属性对应两个结点相连的边，由于属性是有方向的，因此知识库中的边也是有向边。如果一个自然问句有正确答案，则一定可以在知识库中找到对应的两个结点和对应它们相连的边。由于知识库本身就拥有很庞大的属性类别，以及属性种类随着知识库更新而变化，因此在属性链接中采用相似度计算的方式。

1) 文本相似度

文本相似度计算已在不同领域得到广泛讨论。由于应用场景不同，其内涵也不同，因此没有统一公认的定义。从信息论的角度，相似度与文本之间的异同有关。共性越小，差异越大，相似度越低；共性越大，差异越小，相似度越高；最极端的情况是文本完全相同。同时，相似度定义是从假设中推导出来的：

$$\text{Sim}(A,B) = \frac{\log P(\text{common}(A,B))}{\log P(\text{description}(A,B))} \tag{11-2}$$

式中，$\text{common}(A,B)$ 表示 A 和 B 之间的共性程度；$\text{description}(A,B)$ 表示 A 和 B 的文本描述信息。由于没有领域限制，该定义被广泛采用。接下来介绍已有的文本相似度计算方法。

(1) 基于字符串匹配的相似度计算方法。

给定字符串 A 和 B，基于字符串匹配的方法匹配字符串 A 和 B，并使用字符串 A 和 B 的共现与重复来作为相似度的度量。根据字符串 A 和 B 的分词粒度不同，计算粒度也不同。目前的方法可以分为基于字符(Character-Based)和基于项(Term-Based)。目前有很多经典算法，如编辑距离、汉明距离、Dice 系数、欧几里得距离、余弦相似度、最长公共子串、Jaccard、n-gram、重叠系数等。

针对已有知识库的结构性三元组信息，已有的工作发现问句和问句中关联的属性词在字符和单词级别上存在着相关性。比如，对于自然问句"姚明是在什么地方生的？"知识库中正确的三元组是"(姚明，出生地，上海)"。通过字符串匹配计算，候选属性"出生地"会比其他候选属性(如"体重"、"身高"、"爱好"和"职业")的相似度高。针对基于经典的字符串匹配的算法，已有工作提出了一些改进方法。计算公式如下：

$$\begin{cases} \text{overlap}_n = \displaystyle\sum_{w_n \in c} \min(\text{Cout}_c(w_n), \text{Cout}_r(w_n)) \\[2mm] P_n = \dfrac{\text{overlap}_n}{\displaystyle\sum_{w_n \in c} \text{Cout}_c(w_n)} \\[2mm] R_n = \dfrac{\text{overlap}_n}{\displaystyle\sum_{w_n \in r} \text{Cout}_r(w_n)} \\[2mm] F_n = \dfrac{P_n R_n}{2(P_n + R_n)} \end{cases} \tag{11-3}$$

(2) 基于语义匹配的相似度计算方法。

基于字符串匹配的相似度计算方法是属性链接的一个低成本方案，但是由于此方法只能进行字面匹配，仅考虑了浅层的字符词语特征，无法考虑到自然问句与候选属性的深层语义信息，从而有一定的局限。

比如，对于自然问句"姚明妻子是谁"知识库中正确的三元组为"(姚明，妻子，叶莉)"。显然，此时基于字符串匹配的相似度计算方法无法从候选属性集合"(妻子，职业，…，身高)"中选出正确的属性"妻子"。由于浅层字符信息无法匹配到正确的属性，因此考虑引入深层次的语义信息。深度学习技术是自然语言特征提取、语义学习和向量表示的有效方法。已有的工作在文本分布式表征上都选取了 Word2Vec 方法来训练词向量，Word2Vec 词向量的缺点是它只包含模型第一层的先验知识，模型的其余部分仍然需要从头开始训练。语言模型改为层次表示，可以有效解决语义依赖等问题，从而更好地表示文本的语义信息。比如，"我/今天/吃了/个/苹果"和"苹果/股价/又跌了"用 Word2Vec 表示，结果相同，但是语言模型词向量就能考虑到上下文语义，输出两种更符合语义的不同表示。由于 BERT 在所有的语言模型中最具有代表性，因此这里采用基于 BERT 的语义相似度模型。这与图像领域的迁移学习非常相似：首先根据大规模语料库训练网络的一部分，然后使用网络的这一部分连接分类器来微调小规模语料库以提高性能。该模型如图 11-8 所示。

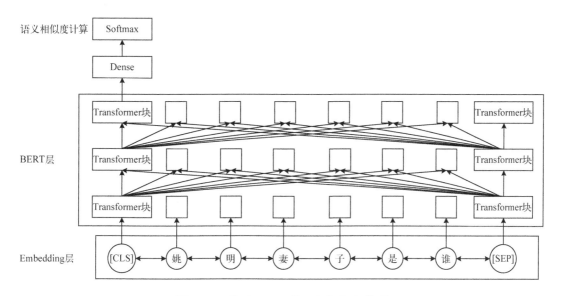

图 11-8　基于 BERT 的语义相似度模型

将相互独立的自然问句和候选属性通过符号"[SEP]"拼接一起，开头使用"[CLS]"占位符，在 BERT 最后一层通过"[CLS]"的语义向量信息 $X_b \in \mathbf{R}^{1\times768}$ 表示整个句子。因为最终只需要计算自然问句与候选属性的语义是否相似，所以最后变成一个二分类问题。因此使用一个全连接层，通过得到的类别得分计算它们是否相似：

$$S = X_b W_b + b_b \tag{11-4}$$

$$p_i = \frac{e^{S_i}}{\sum_{k\in[0,1]} e^{S_k}} \tag{11-5}$$

式中，$k = 0$ 表示自然问句与候选属性语义不相似，$k = 1$ 表示自然问句与候选属性语义相似。这里使用交叉熵损失函数，训练目标是最小化损失函数：

$$loss = -(y\log p_1 + (1-y)\log(1-p_1)) \tag{11-6}$$

式中，y 是样本标签，如果样本为正例，y 取值为 1，否则 y 取值为 0。

2) 答案选择

对于每一对(自然问句 q，候选属性 a)，通过计算得到其相似度得分 $S(q,a)$。然后，计算出列表中所有候选属性的所有得分，并选出得分最高的候选属性，即

$$G^a = \arg\max S(q,a) \tag{11-7}$$

相应的实体和候选属性对应的三元组 G^a 为最终答案。

主题实体识别和属性链接是构建大规模中文知识库问答系统的两大问题。本节旨在探索解决这两个问题的相应方法，构建一个高性能高可用的中文知识库问答系统。在进行命名实体识别研究时，使用先进的 Bi-LSTM-CRF 模型作为基准，同时引入预训练语言模型 BERT 以进一步加强模型的深度语义特征提取能力。在讨论属性链接时，将原始问题转换为相似度计算的二分类问题，在预训练语言模型 BERT 的优异语义特征提取能力基础上，取得了最优的效果。

11.3　阅读理解式问答系统

机器阅读理解(Machine Reading Comprehension)是指使机器能够自动提取和理解自然语言文本的语义和文本所承载的信息，从而可以运用知识回答提出的问题。机器阅读理解背后的认知技术是朝着构建通用代理目标迈出的最关键的一步。在过去的十几年里，自然语言处理技术(NLP)已经为词性标注、句法分析等底层文本处理技术开发了大量成熟的自动处理方法。同时，机器学习和基于概率的推理算法的研究也取得了长足的进步。

机器阅读理解技术的发展离不开近年来越来越多的完整的公共数据集的建设。正如中国古语所说："巧妇难为无米之炊"，没有足够优质的数据支持，再好的模式也无用。从任务形式来看，这些数据集一般可以分为以下四种类型：完形填空、选择、片段提取和自由回答。选择分为多选和单选。片段提取也根据是否没有答案(无法从原文中推断出问题的答案)分为两种。给完形填空风格的机器阅读理解数据集提供一段原始文本和一个缺失关键词的句子作为问题，要求机器模型通过阅读源文本来推断句子中缺失的词。

基于神经网络的机器阅读理解算法的介绍如下。

在 2015 年 2 月，Facebook AI Research 发布了旨在实现自动文本理解和推理的 bAbI 项目。在 2015 年 4 月，Facebook AI Research 的研究员 Arthur Szlam、JasonWeston、Rob Fergus 与纽约大学联合发布了针对该任务的基准算法——End-to-End Memory Networks。该算法首次提出利用记忆网络，即在人类阅读时用文章内容的记忆，来模拟阅读问题的过程。在 End-to-End Memory Networks 模型中，两个输入 X 和 Q 分别代表阅读理解问答中的文章和问题，输出答案用 a 表示。End-to-End Memory Networks 模型结构如图 11-9 所示。文章 X 分别通过两个不同的嵌入层 Embedding B 得到问题的表示矩阵 U。然后对问题的表示矩阵 U 和原始的表示矩阵 M 进行内积运算，得到问题和文章的匹配权重，通过 Softmax 归一化为权重矩阵。I 和 J 分别用来表示文章的词序列长度和 Embedding 维度，权重矩阵中第 i 行第 j 列的权重表示原文中第 i 个词与问题中第 j 个词在高维嵌入空间中的关联程度。

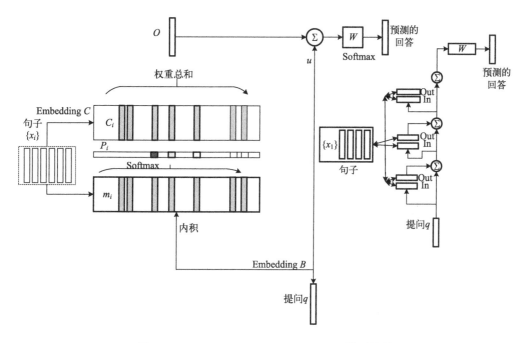

图 11-9　End-to-End Memory Networks 模型结构

其中，矩阵 M 正是记忆网络的记忆表示所在。使用得到的记忆匹配权重去对文章表示进行加强，从而得到文章关于问题的表示向量，最后根据问题表示向量进行答案预测。特别地，记忆网络可以通过多层级联的方式，来增加问题对文章原文的查询深度，增强模型表达能力。End-to-End Memory Networks 模型为机器阅读理解算法开创了一种新的模式，是机器阅读理解问答任务中最具代表性的模型之一。

2017 年华盛顿大学与 Allen AI 研究院的 Minjoon Seo、Aniruddha Kembhavi 等在 ICLR 2017 上发表了论文 *Bi-Directional Attention Flow For Machine Comprehension*，其中提出了著名的 Bi-DAF 模型。如图 11-10 所示，Bi-DAF 主要由六个部分构成，它们分别是字符嵌入层、词嵌入层、上下文嵌入层、注意力机制层、模型层、输出层。其中注意力机制层是整个模型的核心部分，用于执行双向注意力运算。

在 Bi-DAF 的输入部分，文本以两种形式输入：字符串和单词序列。字符和单词在各自的嵌入层中由字符串和单词序列的高维嵌入表示：字符向量序列和词向量序列 X 和 Q，其中 $X = \{X_1, X_2, \cdots, X_t\}$ 和 $Q = \{q_1, q_2, \cdots, q_j\}$ 分别表示文章和问题的原始文本。一对一地嵌入映射很难表示上下文语义，因此 Bi-DAF 在嵌入层之后增加了一层 LSTM，用于对字符向量和词向量进行上下文重新编码。通过提取 LSTM 在每个时间片中的隐藏状态，得到原文和问题的上下文嵌入表示 TH 和 JU。注意力机制层是 Bi-DAF 的核心结构之一，负责连接和融合查询的信息与文章的上下文。与之前的其他注意力机制不同，这里的注意力机制是双向的，不仅问题关注文章，文章还为问题生成查询注意力权重。注意力机制层的输出是文章的上下文感知查询表示矩阵 G。最后，有一个由 Bi-LSTM 组成的模型层和一个由全连接层组成的输出层。Bi-DAF 曾被认为是最经典的阅读理解模型，后来被推荐为 SQuAD 数据集的基准模型。

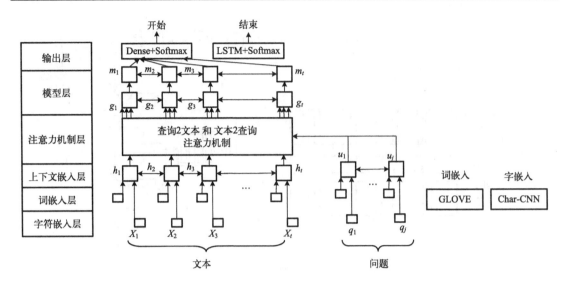

图 11-10　Bi-DAF 模型结构

11.4　对话系统

　　近年来，随着互联网上社交数据的快速增长，得益于深度学习技术的发展，人机对话技术取得了长足的进步。目前，人机对话的研究大多集中在人机交互的场景上。然而，现实生活中存在很多多方对话的情况，如社交聊天群、在线聊天室以及各种在线论坛。在多方对话场景中，有多个参与者，人机对话系统将不足以应对这种情况。得益于深度学习技术的广泛应用，人们在自然语言处理领域开展了大量的多方对话研究。然而，由于研究时间短，新的研究成果不断涌现，现有的多方对话评论大多陈旧，侧重于多方对话系统，对多方对话的社会角色进行分析。

11.4.1　基于深度学习的多方对话系统

　　基于深度学习的多方对话系统以大规模多方对话数据为训练语料，利用深度学习算法学习多方对话模式。在多方对话场景中，整个对话历史可以抽象地表示为一个三元组：

$$C = [(a_{\text{sender}}^{(t)}), a_{\text{address}}^{(t)}, u^{(t)}]_{t=1}^{\text{T}} \tag{11-8}$$

式中，$(a_{\text{sender}}^{(t)})$、$a_{\text{address}}^{(t)}$ 和 $u^{(t)}$ 表示第 t 轮对话时，$(a_{\text{sender}}^{(t)})$ 回复 $a_{\text{address}}^{(t)}$ 语句 $u^{(t)}$。根据场景需求，说话对象 $(a_{\text{sender}}^{(t)})$ 可以为空，即说话对象不显示存在。

　　由此，多方对话系统可以形式化描述为：给定对话历史 C 作为输入，计算机(即 $a_{\text{address}}^{(t+1)}$)需要返回对应的回复语句 $u^{(t+1)}$(也称为消息或响应)，并按实际场景来判断是否选择说话对象 $a_{\text{sender}}^{(t+1)}$。

1. 基于深度学习的多方对话模型

　　人机对话根据输入是否考虑历史对话信息可分为单轮对话和多轮对话，多方对话必须是多方互动的多轮对话。在人机多轮对话中，可以分为两种基本模型：Sequence-to-Sequence 模型和 Hierarchical Sequence-to-Sequence 模型。虽然多方对话的情况比较复杂，但人机多轮对话中的经典模型还是可以借鉴的。事实上，以往研究中的一些人机对话数据集本质上是多方对话数据集。众所周知的 OpenSubtitles 数据集是由 XML 格式的电影对话组成的，主要是电影中多个角色之间的对话。然而，由于该数据集中缺乏说话者标签，连续话语在相关文献中被视为两个人轮流对话，并使用 Sequence-to- Sequence 模型进行多轮回复生成。经典的 Ubuntu 数据集来源于多人在线聊天室，通过显式说话对象标签和一定的规则提取两人对话数据。该数据集广泛用于多轮回复选择研究。在多方对话场景中，回复参与者时，可以通过规则提取两人的对话历史，然后利用现有的人机对话模型进行建模。这种方法的可行性在于合理地提取对话历史，这将在下面多方对话的背景下进行阐述。另外，多方对话具有多方多轮交互的特点，人机多轮对话的 Sequence-to-Sequence 模型没有充分发挥其特点。

2. 说话对象

在现实世界中，一个人的说话风格不仅与自己有关，而且随着说话对象的变化而变化。在人机对话中，二元说话者模型将说话者和说话对象的信息表示结合起来，作为通信模型的向量表示。将这种表示添加到模型中将有助于改善生成效果。与双方对话场景相比，说话对象在多方对话场景中更为重要。明确指出说话对象可以方便用户理解对话，减少交流的难度和歧义。对于多方对话系统来说，合理选择说话对象，对说话对象进行个性化回复是非常重要的。

多方对话中说话对象和回复选择(Addressee and Response Selection，ARS)任务即给定对话历史 C 和当前说话者 a_{res}，系统需要从对话历史说话者集合中选择合适的说话对象，并从候选回复集合中选择正确的回复。

首先，将说话者向量按照说话者最后一次讲话的倒序排列，表示对话时机对说话对象选择的影响；然后，更新说话者向量，DYNAMIC-RNN 通过统一的 GRU 编码器使用对话历史更新说话者向量表示；最后，通过最大池化说话者向量得到对话上下文表示，从而选择说话对象并回复，如表 11-3 所示。

表 11-3　说话对象和回复选择任务的模型性能对比

模型	ADR-RES	ADR	RES
Satice-RNN	48.67	60.97	77.75
Static-Hier-RNN	51.76	64.61	78.28
DYNAMIC-RNN	53.85	66.94	78.16
SI-RNN	67.30	80.47	80.91
WGAN	54.14	70.07	75.63

前四个模型在 Ubuntu ARS 数据集上进行测试。这里展示了对比的结果，其中对话的最大回合数设置为 10，候选人数设置为 2(跳过其他设置下的结果，它们大致相同)。特别地，WGAN 使用额外的基于 Ubuntu ARS 数据集的多语言日志语料库。

　　IRC 上存在多语言沟通渠道，使用自动语言识别工具从 Ubuntu IRC Logs 中获取多语言的 ARS 数据集，然后使用 Wasserstain-GAN(WGAN)同时处理多种语言，核心编码器仍然使用 DYNAMIC-RNN，创新之处在于通过 WGAN 平衡高资源和低资源语言。虽然在之前的 ARS 数据集中增加了更复杂的多语言数据集，但它在单个指标上仍然超过了 DYNAMIC-RNN 模型。在 DYNAMIC-RNN 中，只使用每一轮对话来更新这一轮的说话者向量是不合理的。根据实际情况，对话的所有参与者都应该具备获取对话信息的能力。同时，DYNAMIC-RNN 无法学习语音对象的信息。说话者交互 RNN(SI-RNN)通过角色敏感机制更新说话者向量表示。在每一轮对话中，参与说话的对象(或旁观者)使用不同类型的 GRU(即参数不共享)来更新他们的说话者向量。此外，说话对象和响应是相互依赖的，因此 ARS 任务被视为联合预测问题。具体来说，在训练推理时，SI-RNN 通过条件概率进行预测，即通过给定正确的说话对象标签来选择回复，反之亦然；在推理时，使用最大联合概率来选择说话对象和回复。如表 11-3 所示，SI-RNN 模型在所有指标上都取得了远优于 DYNAMIC-RNN 的效果，但由于它在每一轮对话中建模多个角色，因此数据集需要有清晰的说话对象标签。理论上，数据集中说话对象标签的比例越高，效果越好。当数据集缺少说话对象标签时，SI-RNN 将退化为 DYNAMIC-RNN 模型。这时，它就无法学习到说话对象的信息，性能会大打折扣。

　　将对话的上下文传递到循环编码器-解码器框架(ICRED)中，并在 ARS 数据集上进行预测验证。ICRED 说话者交互层借鉴了 SI-RNN 中的角色敏感更新机制；收件人记忆层是对话中说话对象的最后回复的向量表示 Mtgt；解码器层与当前说话者和说话对象相结合。通过 Speaker Interaction Layer 编码的向量表示和说话对象的记忆表示(分别称为 Ares、Atgt 和 Mtgt)，使用注意力机制生成回复。与 GSN 模型相比，它只对历史对话和回复进行建模。ICRED 模型对历史对话进行建模时，在知道当前回合的说话对象的前提下，对说话对象生成回复。因此，其在应用中需要额外的说话对象识别操作，通用性较差。

　　以前的研究表明说话对象标签很重要，但在真正的多方对话中，说话者通常不会明确指定说话对象。通过对 Ubuntu IRC 数据集的统计分析，发现大约 66%的对话缺少明确的说话对象信息，因此人们提出了 W2W 模型来补充多方对话中缺少的说话对象标签。W2W 模型基于角色敏感机制，提出了伪说话对象的概念，即对所有说话者向量进行最大池化操作，得到的向量作为缺失的说话对象表示，使用说话者向量对话语进行更新，从而实现说话者向量与话语信息的更深层次的交互融合。另外，考虑到下一个说话者的对话内容很有可能是当前说话对象的后验知识，所以对说话者向量编码时采用双向机制，即 SI-RNN 中的更新是逆向的，并将两个方向的向量拼接起来作为最终的说话者向量表示。

　　除以上显式选择说话对象以外，通过研究分析话语的回复关系结构的任务，也可以看作隐式的说话对象识别。这类问题可以描述为：给定对话历史消息和当前回复消息，预测当前消息的回复对象，即对历史消息进行是否回复的标签分类，也称为 Reply-To 关系识别。之前的研究将 Reply-To 关系识别当作句对分类问题解决，并没有考虑语句在上下文中的关系。研究人员提出了基于单词级别(WL-LSTM-RT)和语句级别(SL-LSTM-RT)

的两种编码器，其中 WL-LSTM-RT 将所有对话历史按单词顺序拼接，然后通过长短期记忆单元编码，最后使用隐藏层输出各个类别的概率向量；SL-LSTM-RT 则使用层次 LSTM 结构，即先使用单词级别 LSTM 对消息语句编码，然后将语句编码向量使用语句级别 LSTM 编码获得隐藏层向量输出。

基于回复结构的分层掩蔽 Transformer 模型。具体来说，首先根据对话历史中的回复关系构建一个语篇图，通过一定的规则从语篇图中得到句子的掩码矩阵；在两阶段训练中，第一阶段使用 BERT 预训练语言模型进行词语级话语编码，然后使用多层 Transformer 结合 Mask 矩阵进行语句级编码，最后将每个历史消息句进行分类。

3. 多方对话上下文

能否合理利用对话的历史语境是构建对话体系的关键，对话体系能够保持对话的活力和吸引力。在多方对话场景中，可能会同时发生多个对话，即同一个群组或聊天室中存在多个对话话题/线程，导致对话日志中的对话线程混乱，在线聊天就是这种情况的对话(在 Ubuntu IRC 和 Slack 等中特别常见)。为了便于对话理解和自动总结的顺利进行，人们提出了会话分离，它是多方对话中一项非常重要的任务，在相关研究中也称为会话解缠结或线程检测。

这类问题可以描述为：给定对话历史的上下文和每条语句对应的线程(或主题)标签，找到当前回复消息的线程标签。以往的相关研究大多基于句对分类的方法，利用了语法规则等特征。随着深度学习技术的发展，基于神经网络的句对分类模型被应用到这个问题上，并出现了一些基于神经网络学习对话上下文信息的解决方案。

如表 11-4 所示，TreeSplit 和 GSN 模型都在 Ubuntu 上的对话期间回复关系对话语料库。

表 11-4　多方对话回复生成任务的模型性能对比

模型	bleu*/bleu1	bleu2	bleu3	bleu4	meteor	rouge*/rougel
TreeSplit	10.45	4.13	2.08	1.02	3.43	—
Context-Seq2Seq	11.73	6.06	4.28	3.29	4.86	—
HRED	11.23	4.06	2.54	1.42	4.38	10.23
GSN	11.5	5.63	3.24	1.99	4.85	11.36

11.4.2　对话系统相关任务

随着互联网的发展，在线聊天平台产生了大量的会话数据，在线论坛也积累了大量的近似会话数据。其除了可以应用于对话系统的研究之外，在用户友好性和社交媒体分析等领域也有许多的研究和应用。在深度学习兴起之前的研究中，有很多基于规则或机器学习的方法用来研究多方对话聊天界面的用户友好性，如主题分类、消息历史高亮等。得益于深度学习技术，前人的研究有了突飞猛进的发展，近年来，基于多方对话的研究也有了很多更高级的研究，如对话阅读理解、对话情感识别等。这些研究任务基于多方对话，但尚未直接应用于多方对话系统的建模，因此本书将此类研究统称为多方对话相关任务。

1. 对话阅读理解

机器阅读理解(MRC)是让机器学习阅读和理解文章,即从相关文章中找到给定问题的答案。近年来,对话式机器理解(CMC)逐渐受到关注,其中机器被赋予一个开放的文本域,然后机器需要进行多轮对话来回答与文本相关的问题。与多方对话阅读理解不同,它是指从多方对话历史中寻找问题的答案。由于多方对话历史大多以口语表达,由不同的说话者组成,句子的风格和主题可能有很大差异,因此多方对话的阅读理解难度较大。多方对话阅读理解的研究可应用于信息搜索、自动问答等领域,对海量多方对话数据的分析利用具有一定的促进作用。

2. 对话情感分析

情感分析是自然语言处理领域的基础任务,属于文本分析范畴。而人机对话中的情感分析则是对话系统较高层次的能力,情感分析使得对话系统具有情绪感知能力,进而能够增强系统的共情能力,提高用户参与度与信任度。

3. 多方对话说话者建模

人的个性化偏好、说话风格等人格化特征往往对其表达的话语有一定的影响。相关研究已经表明,对说话者进行建模有利于改善对话系统的回复效果。多方对话中,对于不同说话者进行建模的意义尤为重大。

4. 多方对话语篇解析

多方对话语篇解析(Discourse Parsing)旨在分析多方对话历史中话语的语篇结构和语义关系,包括评论、致谢及问答等多种关系类型。

11.5 医学视觉问答

11.5.1 相关概念介绍

对话系统还可以和计算机视觉任务进行结合,本节作为扩展内容,通过讲解一个具体的医疗视觉问答模型的实现来提高读者探索的兴趣。

计算机视觉(Computer Vision, CV)研究的核心目的是通过分析图像中的模式与细节提取出潜在的语义信息。计算机视觉研究根据应用场景的区分主要可以分为两类,即识别视觉和环境视觉。识别视觉主要关注图像内容的信息特征,提取图像内容的关键信息进行应用,如图像分类、语义分割等任务;环境视觉则更关注图像的结构,多用于复杂的空间环境中,如目标检测与追踪、三维重建等。类似地,自然语言处理作为人工智能技术的另一大重点研究领域,其核心研究目的是从非结构化的自然文本数据中提取语义信息。算法通过对非结构的文本数据进行模式化分析,实现如阅读理解、机器翻译等智能化的信息处理功能。其处理的速度与自动化程度高于传统方法,进而实现数据内部潜在的信息模式的挖掘与利用。

由于现实环境的复杂性,与视觉语言并行的多模态问题是十分常见的挑战。在应对复杂的多模态环境时,深度学习模型对不同类型的数据需要有更为有效的处理、交互与分析。视觉问答(Visual Question Answering,VQA)是多模态学习中研究热度最高、应用前景最广与扩展性最强的研究方向。其依托于图像标注相关研究中所探索的基础技术进行研究,实现高效的多模态数据融合与分析,进而构建完整的视觉问答模型与算法。

同时,人工智能的相关研究具有学科交叉性强的天然优势,能与许多学术领域进行联合研究以解决现实问题。医学视觉问答作为视觉问答的细分领域,其定义与一般的视觉问答基本一致。给定与人体相关的医学图像和与病情相关的自然语言问题,根据多模态的语义信息可以给出与问题相关的答案。视觉问答系统不仅能为临床医生提供决策支持,还能帮助患者更好地自主理解病情。综上所述,医学视觉问答的目标是让计算机构建一种基于医学知识的多模态智能系统,模拟诊断的认知过程,学习医学图像与文本内部的知识信息,解答与图像相关的医学问题。为此,需要实现一个具有处理医学文本与图像数据特征并分析多模态内部特征关联的深度学习模型,完成医学视觉问答任务。

11.5.2　面向医学数据特征优化的视觉问答系统

一个完整的、较为先进的医学视觉问答模型 SPAN 的整体架构如图 11-11 所示。

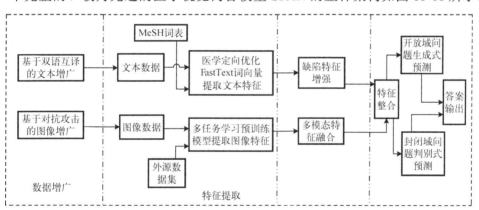

图 11-11　医学视觉问答模型 SPAN 的整体架构

1.　文本特征提取

针对医学数据专业性强、样本量少的特点,通过引入 MeSH 词表的改进 FastText 词向量模型来处理医学问题。

词向量数据处理与训练的流程如图 11-12 所示。首先获取医学主题词表 MeSH 的 RDF 数据,然后利用结构化查询语言查询与数据集主题相关的初始结点以及其下属的内容,对查询到的内容进行采样,筛选与医学视觉问答数据有关的主题词序列作为训练词向量时的词典。另外,先对视觉对话语料进行去停用词等预处理操作,然后按照词向量模型的输入格式对文本短句进行分词,最后将主题词作为词典、文本短句作为语料输入 FastTest 模型,得到适用于医学数据的字词向量。

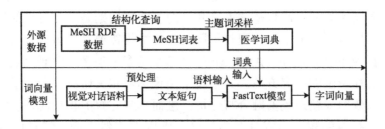

图 11-12　引入 MeSH 词表的改进 FastText 词向量模型训练流程

SPAN 参考了 BioWordVec 的训练过程，考虑到了 MeSH 医学主题词表内部词数巨大且其存储过程基于图结构，而实际训练只需要脑部、胸部、腹部这三个部位的主题词。研究人员借助 Grover 等提出的 Node2Vec 算法实现了一种策略可控的随机游走策略来高效地获取词表。

首先，该算法从 MeSH 的主题词表中筛选脑部、胸部、腹部这三个部位的词汇的 ID 前缀，作为查询图结构的根结点。假设 D、G、E 分别代表以这三个结点为初始结点的图的主题词结点、图结点以及图的边。算法通过随机游走(Random Walk)从初始的三个结点开始遍历进行序列采样。设随机游走的遍历过程为 c，初始结点表示为 u，遍历过程中某结点 $c_i = x$ 时，随机游走过程已经先后访问了 t、v、x 三个结点，则结点 c_i 的游走策略生成概率参考式(11-9)，其中 π_{vx} 是从图结点 v 游走到图结点 x 的转移概率。

$$P(c_i = x \mid c_{i-1} = v) = \begin{cases} \pi_{vx}, & (v,x) \in E \\ 0, & \text{其他} \end{cases} \tag{11-9}$$

该算法通过两个超参数 p 与 q 来实现对随机游走策略的调节。d_{tx} 代表游走过程中两个结点之间的最短路径，取值为 0、1、2，根据定义，$d_{tx} = 0$ 代表游走过程中上一个访问的结点，$d_{tx} = 1$ 代表当前结点，$d_{tx} = 2$ 代表下一个结点。p 是返回参数，控制结点 v 在游走的过程中重复访问上一步访问过的结点的概率，p 越大，则访问之前访问过的结点的概率越小。q 是输出参数，控制下一步访问的策略。q 越小，则越倾向于访问离上一步距离近的结点，更倾向于广度优先搜索，注重词覆盖的范围；反之则倾向于深度优先搜索，注重对主题词覆盖的完整度。

$$\pi_{vx} = \alpha(t,x) = \begin{cases} \dfrac{1}{p}, & d_{tx} = 0 \\ 1, & d_{tx} = 1 \\ \dfrac{1}{q}, & d_{tx} = 2 \end{cases} \tag{11-10}$$

训练完成后，得到词向量模型 FastText。经过对词向量进行提取特征后，模型将词向量输入至 LSTM 中继续提取特征。输入的问句用 Q 进行表示，则文本特征 feature_Q 的提取方法为

$$\text{feature}_Q = \text{LSTM}(\text{FastText}(Q)) \tag{11-11}$$

2. 图像特征提取

针对现有的视觉领域模型在医学领域效果差以及医学领域数据集少的特点，SPAN 设计了一种针对不同类型图像进行多任务训练与并行推断的特征提取方法。

如图 11-13 所示，首先利用 ResNet-50 作为网络的主干网络，并将其作为编码器提取图像特征，然后实现了两个解码器，其中语义重建解码器用于实现医学影像的理解，图像分类器用于强化 VQA-RAD 数据集中相关数据的理解，定义了一个二分类任务，在实际训练的过程中，图像使用对应成像部位的外源数据，文本则随机从医学视觉问答数据集中进行采样，构建一个问题图像对。

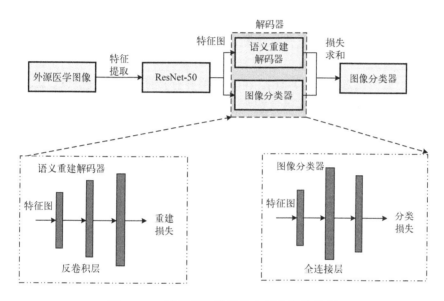

图 11-13　特征提取模型的多任务训练流程

语义重建解码器利用类似语义分割的预测方式预测每一个像素的值以进行像素级别的语义重建。在网络的具体实现上，采用类似自动编码器的结构，利用反卷积层对抽取后的特征进行上采样，使最后的特征大小和原始的图像相同，特征提取模型利用均方根损失对训练过程进行优化，语义重建的损失计算过程为

$$L_{\text{res}} = \text{MSE}(\text{Deconv}(\text{ResNet50}(I)), I) \tag{11-12}$$

图像分类器则使用三层全连接层的输入图像进行二分类，判断输入的文本和图像是否匹配，在不进行图像细粒度语义分析的情况下实现文本与图像匹配的语义匹配度判定，模型利用二元交叉熵进行优化，匹配分类损失的计算过程为

$$L_{\text{cls}} = \text{BCE}(\text{MLP}(\text{ResNet50}(I)), \text{Label}) \tag{11-13}$$

将以上两个任务复合，进行并行的多任务训练，得到完整的多任务训练过程，优化 ResNet-50 部分用于后续提取图像特征，即

$$L = L_{\text{cls}} + L_{\text{res}} \tag{11-14}$$

为了同时处理不同类型、不同部位的医学图像数据，模型需要执行多个任务以进行并行推断。由于不同部位的图像数量不同，复杂度也不同，模型还需要训练一个分类器用于为后续的多任务分类器提供权重，直接使用上面使用的所有不同类型的图像，根据在图文匹配过程中标注的标签对所有的图像进行分类，SPAN 选择利用 McNet 的结构训练这一分类器。在训练过程中只使用其主干网络 backbone，输出图像所属于每个图像类别的概率 p，即

$$p = \text{Softmax}(\text{backbone}(\text{Image})) \tag{11-15}$$

多模型并行推断提取特征的完整流程如图 11-14 所示，多模型并行推断模块基于前面的内容根据不同类型的预训练语言模型分别利用三个模型提取对应的预训练特征，得到在未知网络类型下的多任务预训练图像特征。同时，利用前面所训练的分类模型生成一个分类权重用于后续的多模型并行推断。将图像输入分类器，得到对应脑部、胸部、腹部的 Softmax 权重 $w = w_1, w_2, w_3$，代表每一类图像在特征提取过程中的重要性，最终得到的图像特征计算方法参考式(11-16)。在多模型并行推断的过程中，v_a、v_b、v_c 分别代表使用前面所训练的多任务预训练语言模型 ResNet 提取的腹部、脑部、胸部的图像特征。w 是分类器输出的分类权重，根据定义，$w_1 + w_2 + w_3 = 1$，w_1、w_2、w_3 作为每个图像类型的分类权重用于最终输出的计算，最终输出 v 作为整体的图像特征：

$$v = w_1 v_a + w_2 v_c + w_3 v_b \tag{11-16}$$

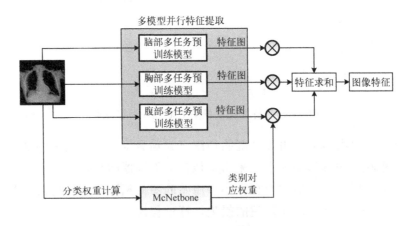

图 11-14　多模型并行推断提取特征的完整流程

3. 多模态交互

SPAN 模型工作的整体流程图如图 11-15 所示，得到图像和文本特征后，基于注意力机制实现多模态的融合、计数增强和注意力增强。

CSMA 多模态融合的整体结构如图 11-16 所示，空间结构特征的计算方法如式(11-17)所示，使用三个维度来编码原始特征中的水平采样结果和垂直采样结果，最后两个维度编码原始特征的长度与宽度信息。

$s_{ij} \in \mathbf{R}^{W \times H}$ 代表从原始图像对应区域中采集的像素点。H、W 分别为原始图像特征的

长度与宽度，通过遍历原始特征的每一个区域，进行线性插值并取平均，最后降采样，作为对应坐标点下的空间结构特征：

$$s_{ij} = \left[\frac{2i}{W}, \frac{2i+1}{W}, \frac{2i+\frac{1}{2}}{W}, \frac{2j}{H}, \frac{2j+1}{H}, \frac{2j+\frac{1}{2}}{H}, \frac{1}{W}w, \frac{1}{H} \right] \tag{11-17}$$

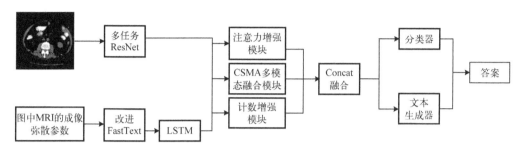

图 11-15　SPAN 模型工作的整体流程

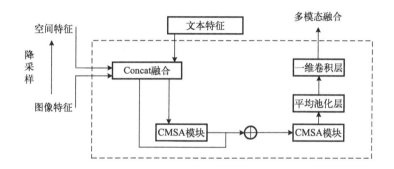

图 11-16　CMSA 多模态融合的整体结构

基于 Transformer 相关工作的启发(自注意力机制可以在已有特征基础上分析其内部关系并重新分配权重，进而实现多模态潜在特征的信息匹配)，SPAN 中提出了一种跨模态自注意力(CMSA)用于对多模态初步融合后的特征进行处理。CMSA 模块的网络结构如图 11-17 所示。

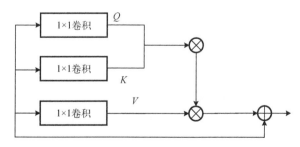

图 11-17　CMSA 模块的网络结构

该模块首先利用 1×1 的卷积在不影响特征图 F 大小的情况下调整输入特征的维度，以方便自注意力进行计算，计算的过程为

$$Q, K, V = \mathrm{Conv}_{1\times1}(F) = \mathrm{Conv}_{1\times1}(\mathrm{Concat}(q, s, v)) \tag{11-18}$$

经过卷积模块的调整后，保证了输入特征 Q、K、V 的最后一个维度大小相同。在 CMSA 模块中，为了更好地处理多模态特征，计算权重的过程中使用残差结构对输入特征进行分析。具体计算过程如式(11-19)所示，首先使用 Q 与 K 计算注意力权重 A，$A = QK^T$，然后使用权重 A 与特征 V 相乘得到注意力特征，最后利用残差结构与原始的多模态特征相加得到完整的多模态自注意力模块的输出 F'：

$$F' = F + F(\text{Softmax}(QK^T)V) \tag{11-19}$$

空间结构特征计算完成后，多模态融合过程将视觉特征 v、空间结构特征 s 以及文本特征 q 等所有的特征进行连接(Concat)，得到初步融合的特征图 F。然后将其输入 CMSA 模块中，利用残差结构与原始特征进行相加以保证原始特征不会因为注意力权重的计算而缺失信息。将第一个 CMSA 模块的输出继续输入到第二个 CMSA 模块中继续计算注意力，得到注意力调整后的多模态融合特征，如式(11-20)所示，其中 M 与 N 为 CMSA 模块输出的三维张量中后两个维度的大小：

$$\hat{F}_i = \frac{\sum_{i=1}^{M}\sum_{j=1}^{N}(F'_{ijk} + F_{ijk})}{M \times N} \tag{11-20}$$

参考 Rahman 等的工作，SPAN 在自注意力的基础上利用未经过融合的原始特征额外进行注意力分析，获取与答案直接相关的注意力信息，从而实现注意力信息的增强，在一定程度上解决了开放域回答效果差的问题。在实际模型预测最终结果的过程中，由于需要将所有信息嵌入至最终的语义空间中进行答案的预测，所以选择了利用引导注意力(Guide Attention，AGA)单元来构建注意力增强模块。

图 11-17 CMSA 模块的网络结构，将文本特征视作需要查询的特征向量 Q，图像特征视作生成回答所需的键值对信息(K, V)。模块基于自注意力机制计算加权平均得到多模向量 V'，参考 Huang 等的工作，拼接代表图像查询的向量 Q 和代表多模态特征的向量 V' 作为融合特征。然后 AGA 模块使用线性层调整向量维度，计算方法如式(11-21)所示，利用线性层结合门控机制实现对注意力信息的捕获与控制，并利用 Sigmoid 作为激活函数进行阈值控制。

$$\hat{F}_i = \frac{\sum_{i=1}^{M}\sum_{j=1}^{N}(F'_{ijk} + F_{ijk})}{M \times N} \tag{11-21}$$

得到注意力输出后，将输出 G 与前面的基于自注意力的多模态融合张量进行并行输出，根据需求调整输出张量 G 的维度，用于最终的文本生成和答案预测。

图 11-18 所示为一个引导注意力单元的网络结构，注意力机制的归一化过程会导致图像特征中的计数信息降维，在 SPAN 中实现了一个计数模块以实现答案预测过程中的信息增强。

依照 Rahman 等的工作，将文本信息视作查询，利用调制卷积层结合残差结构直接将图像中的计数信息输入至最终的答案预测结果中。相比于基于注意力的方法，调制卷积以全卷积的方式处理特征信息，在固定大小的局部窗口下计算效率更高；另外，计数问题是

需要在所有可能的区域进行搜索的,在大范围区域
搜索任务中,卷积特征一般优于边缘特征。

　　计数模块由四个相同的瓶颈层(Bottleneck
Layer)堆叠而成,每个瓶颈层接收问题类型作为查
询向量,将查询向量作为额外输入,利用全连接
层来处理特征图,并保持输出的特征图维度不变。
图像的特征信息处理和查询只在模块内部进行。
瓶颈层的实现参考 ResNet 中瓶颈层的实现,二者
的区别在于在卷积结构之前增加了一个调制卷积
层,通过问题类型来调整图像输出的特征。调制
卷积层的实现参考仿射变换层,实现在所有特征
图中通用的调制操作,保证在特征图中的任何一
个向量都能够进行变换。以其中任意一个向量 v 为
例,通过在每一个通道上对 v 进行线性变换得到输
出 $\hat{v}$,即

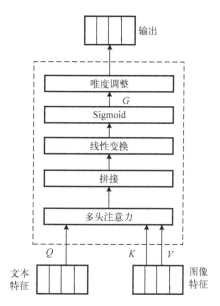

图 11-18　引导注意力单元的网络结构

$$\hat{v} = v \oplus W^{\mathrm{T}}(v \otimes \Delta\gamma) \tag{11-22}$$

式中,$\Delta\gamma$ 与 v 维度相同,作为放缩系数对 v 进行 scale 操作;β 代表线性表变换的偏置
项。在具体实现中,为了更好地将模块嵌入卷积网络中,权重矩阵 W 对文本特征进行学
习,如图 11-19 所示,查询向量使用文本特征,v 与 $\Delta\gamma$ 的内积通过利用全连接层的权重
矩阵 W 进行学习,通过卷积核大小为 1 的卷积调整维度后与原始的特征直接相加形成残
差结构来保证训练的稳定性。

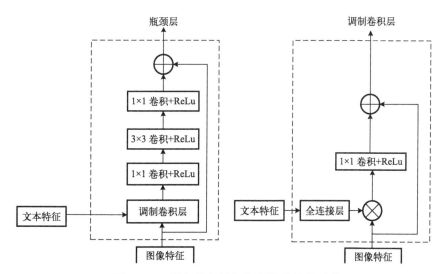

图 11-19　调制卷积层与瓶颈层的网络结构

4. 答案预测模块

在前面的内容中,调制卷积层模型已经获得了对应多模态输入的编码信息,包括多

模态融合表示 F'、信息增强表示 $\hat{v}$ 与注意力增强表示 $\hat{F}$。

在封闭域的答案预测中，无论答案是什么类型，都可以将答案预测任务视作一个分类问题。答案预测的过程中先使用 Concat 操作将获得的所有编码信息进行融合，然后将其输入至一个三层的多层感知机中进行分类，得到分类结果预测答案 s，即

$$s = \mathrm{MLP}(\mathrm{Concat}(F', \hat{F}, \hat{v})) \tag{11-23}$$

在开放域问题的答案预测中，将这个任务当作文本生成问题进行处理，通过生成输出答案中每个词的概率分布来进行操作，由解码算法对概率分布进行采样，生成最可能的词汇序列作为答案。选择使用集束搜索(Beam Search)预测答案，具体过程参考算法 11-1，首先利用 Concat 操作直接融合信息处理模块中所获得的所有信息，得到完整的多模态表示。然后建立缓存堆，利用集束搜索方法对文本的生成结果进行启发式搜索。利用对话结构对生成的结果进行动态规划，直到遇到停止文本生成的条件。

算法 11-1　预测开放域答案的集束搜索算法

输入：多模态融合表示 F'、信息增强表示 $\hat{v}$ 与注意力增强表示 $\hat{F}$

输出：预测文本 s

过程描述：

    1　Concat 操作融合 F'、$\hat{v}$、$\hat{f}$，得到多模态融合表示 $\hat{F}$

    2　以 F 为隐藏状态，起始符<SOS>为输入的文本，输入到解码器

    3　建立缓存堆 L，将初始结点插入到 L 中

    4　分析 L 的最后一个结点，如果是<EOS>，则结束算法，否则进入下一步

    5　扩展该结点，返回上一步进入循环

    6　停止循环，输出预测文本 s

11.6　问答系统在 MindSpore 框架中的应用

11.6.1　华为昇思 MindSpore 框架

昇思 MindSpore 是一个全场景深度学习框架，旨在实现易开发、高效执行、全场景覆盖。其中，易开发表现为 API 友好、调试难度低；高效执行包括计算效率高、数据预处理效率高和分布式训练效率高；全场景则指框架同时支持云、边以及端侧场景。

昇思 MindSpore 特点如下。

(1) 支持全场景协同。昇思 MindSpore 源于全产业的最佳实践，向数据科学家和算法工程师提供了统一的模型训练、推理和导出等接口，支持端、边、云等不同场景下的灵活部署，推动深度学习和科学计算等领域繁荣发展。

(2) 提供 Python 编程范式。昇思 MindSpore 提供了 Python 编程范式，用户使用 Python 原生控制逻辑即可构建复杂的神经网络模型，它使 AI 编程变得简单。

(3) 提供动态图和静态图统一的编码方式。目前主流的深度学习框架的执行模式有两

种，分别为静态图模式和动态图模式。静态图模式拥有较高的训练性能，但难以调试。动态图模式相较于静态图模式虽然易于调试，但难以高效执行。昇思 MindSpore 提供了动态图和静态图统一的编码方式，大大增加了静态图和动态图的可兼容性，用户无须编写多套代码，仅变更一行代码便可切换动态图/静态图模式，用户可拥有更轻松的开发调试及性能体验。例如，设置 set_context(mode = PYNATIVE_MODE)可切换成动态图模式；设置 set_context(mode = GRAPH_MODE)可切换成静态图模式。

(4) 采用函数式可微分编程架构。神经网络模型通常基于梯度下降算法进行训练，但手动求导过程复杂，结果容易出错。昇思 MindSpore 的基于源码转换(Source Code Transformation，SCT)的自动微分(Automatic Differentiation)机制采用函数式可微分编程架构，在接口层提供 Python 编程接口，包括控制流的表达。用户可聚焦于模型算法的数学原生表达，无须手动进行求导。

(5) 统一单机和分布式训练的编码方式。随着神经网络模型和数据集的规模不断增大，分布式训练成为神经网络训练的常见做法，但分布式训练的策略选择和编写十分复杂，这严重制约着深度学习模型的训练效率，阻碍深度学习的发展。MindSpore 统一了单机和分布式训练的编码方式，开发者无须编写复杂的分布式策略，在单机代码中添加少量代码即可实现分布式训练。它提高了神经网络训练效率，大大降低了 AI 开发门槛，使用户能够快速实现想要的模型。例如，设置 set_auto_parallel_context(parallel_mode = Parallel Mode. AUTO_PARALLEL)便可自动建立代价模型，为用户选择一种较优的并行模式。

层次结构如下：昇思 MindSpore 向用户提供了 3 个不同层次的 API(图 11-20)，支撑用户进行 AI 应用(算法/模型)开发，从高到低分别为 High-Level API、Medium-Level API 以及 Low-Level API。High-Level API 提供了更好的封装性，Low-Level API 提供更好的灵活性，Medium-Level API 兼顾灵活性及封装性，满足不同领域和层次的开发者需求。

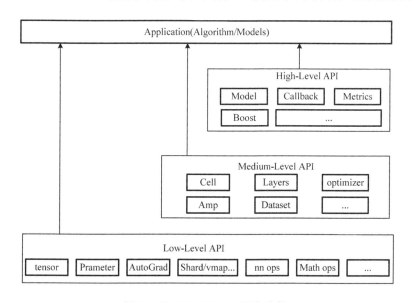

图 11-20　MindSpore 层次结构

基于 MindSporc 框架的 NLP 应用有基于 RNN 实现的情感分类和基于 LSTM-CRF 条

件随机场的序列标注应用，它们都能得到很好的训练效果，具体的基于 MindSpore 实现的过程介绍请参考基于 MindSpore 的 RNN 实现情感分析和基于 MindSpore 的 LSTM-CRF。本节将介绍基于 MindSpore 框架实现的问答系统应用：Multi-Turn Response Selection for Chatbots with Deep Attention Matching Network。

11.6.2　DAM 模型

　　DAM 模型的核心思想是利用 Transformer 中的注意力机制解决多轮检索式对话中对话内容的语义匹配问题，利用多级不同跨度的注意力机制捕获不同粒度下对话语义信息的相关性。DAM 提出了两种用于捕获语义关系的注意力机制。其一，自注意力(Self-Attention)，通过对话句子之间内部的注意关系计算注意力，捕获词语级的注意力词嵌入，再结合语义分析的方法捕获更大粒度的语句级别注意力进行叠加，并逐步构建不同粒度的语义表征。其二，协同注意力(Collaborative-Attention)，捕获文本与应答之间的语义相关性，实现对话中潜在信息的匹配。模型将每一个词视作上下文抽象语义片段的中心语义词，通过堆叠两种注意力实现上下文信息的捕获来丰富中心语义词的语义信息。在考虑文本相关性和依赖信息的基础上，基于不同粒度的片段对，通过捕获对话与回答的潜在语义关联。

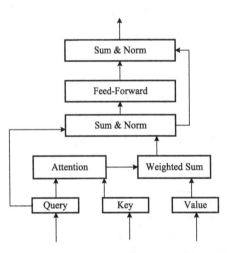

图 11-21　注意力模块

　　注意力模块如图 11-21 所示，与 Transformer 的结果类似，通过计算输入的 Q、K、V 之间的注意力衡量输入之间的语义对应关系，经过 Attention 层与 Weighted Sum 层将计算后的 V 相乘得到加权注意力的输入。后续的 Sum & Norm 和 Feed-Forward 过程与 Transformer 中相同。得到完整的注意力模块(Attention Module)用于后续计算 Self-Attention 和 Cross-Attention。

　　整体的 DAM 模型结构如图 11-22 所示，模型结构由四部分组成，分别为输入层、表示层、匹配层与聚合层。输入层使用的是常见的词嵌入方法，在此不做赘述，通过 Word2Vec 得到输入的话语与对应回答的词向量表示。表示层利用注意力模块捕获不同粒度下输入的话语与回答的语义关系，利用堆叠的 L 个 Self-Attention 得到不同粒度下 $L+1$ 种表示 $[R^0,\cdots,R^L]$、$[U^0,\cdots,U^L]$，并将其作为匹配层的输入。匹配层的作用是对输入的话语和对应的回答的 $L+1$ 种表示做语义匹配，分别通过 Self-Attention 机制和 Cross-Attention 机制对 $[R^0,\cdots,R^L]$、$[U^0,\cdots,U^L]$ 中每个粒度的特征表示进行匹配，得到 M_{self} 和 M_{cross} 两种二维匹配矩阵。聚合层将所有的 M_{self} 和 M_{cross} 并行排列来拼接以增加维度，聚合为一个大规模的三维图像 Q，再利用卷积和三维池化从三维图像中提取特征，最后通过 Softmax 线性层将输出维度转化为 1，计算匹配的分数，并采用负对数似然函数作为 loss 函数进行优化。

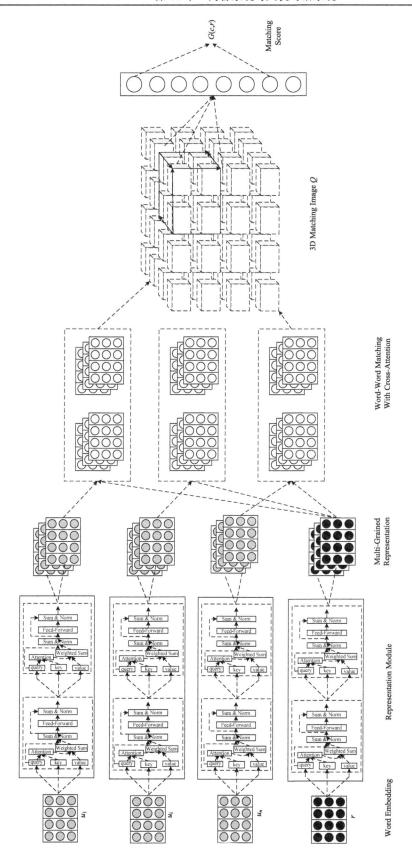

图 11-22　DAM 模型整体结构

11.6.3　基于 MindSpore 框架的 DAM 模型分析

第一是基本层的实现，对应 operations 文件和 layer 文件，主要实现神经网络的基本功能模块，使用的计算类算子较多，基本在 MindSpore 中都有实现，不缺少网络层。

第二是训练相关上下游工具的实现，如矩阵的复杂计算类算子以及训练相关的回调函数，MindSpore 已经实现了大多数常见复杂操作，如 sequence_mask、rsrqt 等，但在部分情况下仍然缺少一些实现方便的算子，这在一定程度上影响模型的精度与效率。

(1) Einsum 求积，MindSpore 现版本中没有，可以通过复合的矩阵相乘代替，但是效率比 TensorFlow 低。

(2) 在原始代码中计算带高斯核的编码向量分布时需要与 Numpy 和 Scipy 进行交互，如 Numpy 中的 mgrid，MindSpore 中有类似的实现，如 Meshgrid，但原理不完全相同，可能影响效率。Scipy 中的 multivariate_normal 则没有对应的实现，暂时未知 MindSpore 在网络构建过程中与 Scipy 交互的影响。

(3) Where：tf.where 与 MindSpore 中的 select 的原理和功能基本相同，但是使用方法不完全一致，where 中可以直接输入条件，select 需要得到比较结果，select 的比较条件必须是 Bool 值。

11.6.4　所用数据集

多轮对话研究中所使用的数据集主要有两类，即英语数据集(Ubuntu Corpus V1)与中文数据集中的(豆瓣对话数据集)。

Ubuntu Corpus V1：规模上，训练集中有 50 万条数据，每一句输入的对话有一句人工回答的正例与一句随机生成的反例。测试集和验证集中有 5 万条数据，各有一句人工回答的正例与生成的反例作为召回的答案。

豆瓣对话数据集：规模上，训练集中有 50 万条数据，测试集中有 5 万条数据，其中每一句都有十个答案作为召回结果备选，标签是人工标注的，只有其中一个答案是最佳的。验证集中有 1 万条数据，只有一个正例和一个反例。

在验证效果的实验中一般使用更贴合中文情况的豆瓣对话数据集。

11.7　本 章 小 结

目前多方对话已经取得了一定的关注，但仍然缺少成熟的多方对话系统的应用，其很大程度上受限于当前的研究水平。本章主要围绕基于深度学习技术的多方对话研究进行介绍。首先，分类梳理已有的研究成果，整理多方对话系统的说话对象和上下文利用两个关键问题，以及已有的解决方案；然后，总结基于多方对话的相关任务、已有解决办法和已有的多方对话数据集，供相关研究人员参考。

习　题　11

1．阐述问答系统根据系统的应用目的和获取问题答案所依据的数据分为几类，并且叙述每一类问答系统的特点。

2．阐述问答系统与传统信息检索系统的区别。

3．问答系统的关键技术有哪些？

4．知识库问答分为哪两部分？

5．如何理解人机对话系统和多方对话系统？

6．在一个社区问答系统中，找出专家用户回答问题的情况、用户提问的情况。

习题 11 答案

参 考 文 献

车万翔, 刘挺, 李生, 2005. 实体关系自动抽取[J]. 中文信息学报, 19(2): 2-7.

段丹丹, 唐加山, 温勇, 等, 2021. 基于 BERT 模型的中文短文本分类算法[J]. 计算机工程, 47(1): 79-86.

段瑞雪, 巢文宇, 张仰森, 2020. 预训练语言模型 BERT 在下游任务中的应用[J]. 北京信息科技大学学报: 自然科学版, 35(6): 77-83.

鄂海红, 张文静, 肖思琪, 等. 2019. 深度学习实体关系抽取研究综述[J]. 软件学报, 30(6): 1793-1818.

高源, 2019. 自然语言处理发展与应用概述[J]. 中国新通信, 21(2): 117-118.

古德费洛, 本吉奥, 库维尔, 2017. 深度学习[M]. 赵申剑, 黎彧君, 符天凡, 等译. 北京: 人民邮电出版社.

韩志恒, 2020. 浅析深度学习在自然语言处理 NLP 中的应用[J]. 电子元器件与信息技术, 4(11): 46-47.

何天文, 王红, 2017. 基于语义语法分析的中文语句困惑度评价[J]. 计算机应用研究, 34(12): 3538-3542, 3546.

洪铭材, 张阔, 唐杰, 等, 2006. 基于条件随机场(CRFs)的中文词性标注方法[J]. 计算机科学, 33(10): 148-151.

胡文博, 都云程, 吕学强, 等, 2009. 基于多层条件随机场的中文命名实体识别[J]. 计算机工程与应用, 45(1): 163-165.

李冬梅, 张扬, 李东远, 等, 2020. 实体关系抽取方法研究综述[J]. 计算机研究与发展, 57(7): 1424-1448.

李航, 2019. 统计学习方法[M]. 2 版. 北京: 清华大学出版社.

李金鹏, 张闯, 陈小军, 等, 2021. 自动文本摘要研究综述[J]. 计算机研究与发展, 58(1): 1-21.

李晓光, 王大玲, 于戈, 2005. 基于统计语言模型的信息检索[J]. 计算机科学, 32(8): 124-127.

李元祥, 丁晓青, 刘长松, 2001. 一种基于噪声信道模型的汉字识别后处理新方法[J]. 清华大学学报: 自然科学版, 41(1): 24-28.

李舟军, 范宇, 吴贤杰, 2020. 面向自然语言处理的预训练技术研究综述[J]. 计算机科学, 47(3): 162-173.

栗征征, 2021. 中文文本分类概述[J]. 电脑知识与技术, 17(1): 229-230.

林奕欧, 雷航, 李晓瑜, 等, 2017. 自然语言处理中的深度学习: 方法及应用[J]. 电子科技大学学报, 46(6): 913-919.

刘群, 2003. 统计机器翻译综述[J]. 中文信息学报, 17(4): 2-12.

马郅斌, 2020. 自然语言处理中的深度学习: 方法及应用[J]. 科技传播, 12(21): 128-130.

邱锡鹏, 2020. 神经网络与深度学习[M]. 北京: 机械工业出版社.

施聪莺, 徐朝军, 杨晓江, 2009. TFIDF 算法研究综述[J]. 计算机应用, 29(S1): 167-170.

宋仕振, 2019. 试论机器翻译与人工翻译的未来关系[J]. 未来与发展, 43(2): 25-30.

涂铭, 刘祥, 刘树春, 2018. Python 自然语言处理实战: 核心技术与算法[M]. 北京: 机械工业出版社.

万家山, 吴云志, 2021. 基于深度学习的文本分类方法研究综述[J]. 天津理工大学学报, 37(2): 41-47.

王乃钰, 叶育鑫, 刘露, 等, 2021. 基于深度学习的语言模型研究进展[J]. 软件学报, 32(4): 1082-1115.

王启发, 周敏, 王中卿, 等, 2021. 基于用户与产品信息和图卷积网络的情感分类研究[J]. 中文信息学报, 35(3): 134-142.

吴军, 2020. 数学之美[M]. 3 版. 北京: 人民邮电出版社.

徐菲菲, 冯东升, 2020. 文本词向量与预训练语言模型研究[J]. 上海电力大学学报, 36(4): 320-328.

许智宏, 于子琪, 董永峰, 等, 2020. 影评情感分析知识图谱构建研究[J]. 计算机仿真, 37(8): 424-430.

杨安, 李素建, 李芸, 2017. 基于领域知识和词向量的词义消歧方法[J]. 北京大学学报: 自然科学版, 53(2): 204-210.

余同瑞, 金冉, 韩晓臻, 等, 2020. 自然语言处理预训练模型的研究综述[J]. 计算机工程与应用, 56(23): 12-22.

曾锋, 曾碧卿, 韩旭丽, 等, 2019. 基于双层注意力循环神经网络的方面级情感分析[J]. 中文信息学报, 33(6): 108-115.

张仰森, 曹元大, 俞士汶, 2006. 语言模型复杂度度量与汉语熵的估算[J]. 小型微型计算机系统, 27(10): 1931-1934.

张志昌, 张珍文, 张治满, 2019. 基于 IndRNN-Attention 的用户意图分类[J]. 计算机研究与发展, 56(7): 1517-1524.

张卓奎, 陈慧婵, 2003. 随机过程[M]. 西安: 西安电子科技大学出版社.

赵栋材, 周雁, 2018. 基于深度学习的电子文本自然语言处理系统[J]. 电子技术与软件工程, 16(3): 180.

周祥全, 张津, 2017. 深层网络中的梯度消失现象[J]. 科技展望, 27(27): 284.

宗成庆, 2013. 统计自然语言处理[M]. 2 版. 北京: 清华大学出版社.

BAXENDALE P B, 1958. Machine-made index for technical literature—an experiment[J]. IBM journal of research and development, 2(4): 354-361.

BILMES J A, 1998. A gentle tutorial of the EM algorithm and its application to parameter estimation for Gaussian mixture and hidden Markov models[J].International computer science institute, 4(510): 126.

BREIMAN L，2001. Random forests[J]. Machine learning，45(3)：261-277.

COVER T U, HART P E, 1967. Nearest neighbor pattern classification[J]. IEEE transactions on information theory, 13(1): 21-27.

EDMUNDSON H P, 1969. New methods in automatic extracting [J]. Journal of the ACM, 16(2): 264-285.

GALÁRRAGA L, TEFLIOUDI C, HOSE K, et al., 2015. Fast rule mining in ontological knowledge bases with AMIE+[J]. The VLDB journal, 24(6): 707-730.

GALE W A, CHURCH K W, YAROWSKY D, 1992. A method for disambiguating word senses in a large corpus[J]. Computers and the humanities, 26(5-6): 415-439.

GHAHRAMANI Z, 2001. An introduction to hidden Markov models and Bayesian networks[J]. International journal of pattern recognition and artificial intelligence, 15(1): 9-42.

HINTON G E, SALAKHUTDINOV R, 2006. Reducing the dimensionality of data with neural networks[J]. Science, 313(5786): 504-507.

LUHN H P, 1958. The automatic creation of literature abstracts[J]. IBM journal of research and development, 2(2): 159-165.

MANN W C, THOMPSON S A, 1987. Rhetorical structure theory: a theory of text organization[J]. Text - interdisciplinary journal for the study of discourse, 8(3): 243-281.

MILLER G A, 1995. WordNet: a lexical database for English[J]. Communications of the ACM, 38(11): 39-41.

RABINER L R, JUANG B H, 1986. An introduction to hidden Markov models[J]. IEEE ASSP magazine, 3(1): 4-16.

SALTON G, YU C T, 1975. On the construction of effective vocabularies for information retrieval[J]. ACM SIGPLAN notices, 10(1): 48-60.

SHANNON C E, 1948. A mathematical theory of communication[J]. The Bell systems technical journal, 27(3): 379-423.

SU T F, ZHANG S W, TIAN Y N, 2020. Extracting croplands in western Inner Mongolia by using random forest and temporal feature selection[J]. Journal of spatial science, 65(3): 519-537.

THURA T, NA J C, KHOO C S G, 2010. Aspect-based sentiment analysis of movie reviews on discussion boards[J]. Journal of information science, 36(6): 823-848.

WATTS D J, STROGATZ S H, 1998. Collective dynamics of 'small-world' networks [J]. Nature, 393(6684): 440-442.

ZHI M, WANG X L, GUAN Y. 1999. The data smooth technology of n-gram language models[J]. Application research of computers, 16(7): 37-39.